GÉOLOGIE

DU

LIMOUSIN

PAR

E. BARRET

Chevalier de la Légion d'honneur

Conservateur au Muséum du Limousin

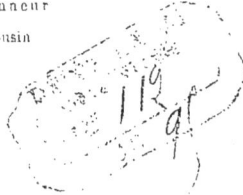

LIMOGES

IMPRIMERIE ET LIBRAIRIE LIMOUSINE

Vᵉ H. DUCOURTIEUX

7, RUE DES ARÈNES, 7

1892

GÉOLOGIE

DU LIMOUSIN

GÉOLOGIE

DU

LIMOUSIN

PAR

E. BARRET

Chevalier de la Légion d'honneur

Conservateur au Muséum du Limousin

LIMOGES

IMPRIMERIE ET LIBRAIRIE LIMOUSINE

Vᵉ H. DUCOURTIEUX

7, RUE DES ARÈNES, 7

1892

AU LIMOUSIN

C'est au Limousin que nous dédions cet ouvrage, destiné à le faire mieux connaître. D'autres esquisseront ses paysages si frais et si pittoresques, décriront ses vertes prairies, ses ombreux vallons, ses rivières, ses bois et ses châtaigneraies ; d'autres retraceront les mœurs de ses habitants ou raconteront les événements dont cette contrée a été le théâtre ; quelques-uns, peut-être, à l'exemple de Brizeux, chanteront dans des vers immortels cette autre

Terre de granit, recouverte de chênes,

qui vaut bien la Bretagne, mais qui attend encore son poète. Notre livre doit être en quelque sorte le prologue de toutes ces œuvres. C'est l'étude du sol même que nous nous proposons ici. La géologie est comme la première assise de cet édifice scientifique et artistique auquel ont travaillé et travaillent avec toute l'énergie du patriotisme, toute la tendresse de l'amour filial, tant de dévoués enfants du Limousin.

L'étude du sol doit précéder toutes les autres, non pas seulement parce que le sol préexiste à toutes les manifestations de la vie végétale, animale et sociale, mais parce qu'il exerce sur ces phénomènes une action considérable, persévérante, décisive, irrésistible. La nature du terrain ne détermine pas seulement la flore et la faune d'un pays ; d'elle dépendent l'alimentation de ses habitants, le mode de travail et l'industrie de la population, sa santé, son caractère, ses mœurs, ses relations avec ses voisins. Tout se relie dans la vie, et l'examen attentif des faits de tout ordre nous découvre chaque jour d'une façon plus précise les rapports intimes qui unissent le monde physique au monde moral.

L'homme s'attache aux idées et aux choses en raison de la connaissance plus ou moins parfaite qu'il en a acquise. C'est donc faire une œuvre bonne et utile que de répandre des notions plus exactes, plus complètes sur le pays natal. On ne peut manquer de fortifier le patriotisme en l'éclairant : la science n'a pas de tâche plus digne de ses efforts et qui lui soit plus chère. Pour notre part, notre ambition ne va pas au-delà, et si notre ouvrage atteignait ce but, nous nous tiendrions pour bien récompensé de notre labeur.

INTRODUCTION

Si les études historiques limitent le plus souvent le champ de leurs investigations aux divisions territoriales qui constituaient nos anciennes provinces, il semblera étrange, au premier abord, que dans le domaine scientifique nous ayons également adopté ce même périmètre.

C'est qu'en Limousin, le périmètre de la formation géologique qui nous occupe offre des rapports surprenants avec les limites de l'ancien *Pagus Lemovicinus*. Du côté du Périgord, de l'Angoumois, du Poitou et du Berry, les limites de cette formation géologique suivent avec une exactitude tout à fait digne de remarque les limites de l'ancien diocèse. Il n'existe qu'une délimitation purement conventionnelle du côté de l'Auvergne, car la masse granitique qui constitue le Plateau Central s'étend sur une partie de cette province et représente comme le noyau de notre territoire national.

Notre géologie envisage donc l'ancienne province du Limousin dans son ensemble, avec les départements de la Haute-Vienne, de la Corrèze, de la Creuse et les territoires du Nontronnais et du Confolentais, rattachés à la Dordogne et à la Charente en 1790.

Dans la première partie de ce travail, nous donnons un aperçu d'ensemble de la région centrale, qui doit à la nature du sol un aspect mamelonné, de nombreuses découpures, une végétation spéciale d'un effet très remarquable.

Nous examinons ensuite les terrains et les roches qui composent l'assiette de cette portion de la France. Puis nous entrons dans des considérations plus développées sur le mode de formation des massifs, des dykes et des filons, auxquels nous assignons une place dans l'ordre chronologique.

La deuxième partie traite des roches primitives constituant la presque totalité du sol Limousin ; des terrains de l'époque primaire qu'on trouve par lambeaux sur la lisière Sud-Ouest et sur quelques points du Nord et de l'Est ; des formations de l'époque secondaire dont les étages se succèdent en bordure autour du massif central ; des terrains tertiaires qui recouvrent sur une faible étendue les plateaux les moins élevés ; du diluvium et des alluvions récentes enfin, peu accentués et rares dans ces contrées.

Les roches sont groupées dans l'ordre naturel : chaque groupe ressort par ses caractères généraux ; chaque roche est ensuite envisagée aux divers points de vue, de la composition, de la structure, de l'étendue, des rapports, des variétés, des minéraux qu'elles renferment, des gisements, des propriétés agricoles et des usages.

Le même ordre a été adopté pour les terrains de sédiments. Chacun d'eux est examiné dans ses relations avec les séries, les périodes ou les époques auxquelles il appartient, puis étudié séparément avec mention de la faune et de la flore qui le caractérisent, du rôle qu'il joue en agriculture, etc.

Le dernier chapitre est consacré aux filons et aux gisements métallifères qu'il y avait avantage à grouper, afin d'en mieux faire ressortir la communauté d'origine, pour quelques-uns, les similitudes de composition et l'importance minéralogique ou industrielle.

Un ouvrage de ce genre ne pouvait que gagner à l'addition de cartes et de coupes qui facilitent la lecture du texte et donnent immédiatement une idée de l'importance des gisements et des gîtes.

La carte d'ensemble de notre région géologique étant fort chargée en raison de son format, nous avons dressé des cartes de détail pour les formations les plus importantes : schistes cristallins, — granites, — diorites, — éclogites, — porphyres, — serpentines, — anthracite, — houille, etc.

Nous donnons également plusieurs coupes suivant les sections de la carte d'ensemble.

Ce volume nécessiterait encore de longues et patientes recherches. Mais où s'arrêteraient nos investigations si nous voulions fouiller dans tous les sens cette vaste contrée et reconstituer un passé qui n'est autre que ce poème grandiose écrit par la nature elle-même.

« Si le plateau central est, comme le dit Elie de Beaumont, le pôle en relief de la France, il est resté fier et sauvage au milieu de son âpre cortège et représente le centre des vertus simples et antiques, fécond malgré sa pauvreté, il renouvelle sans cesse la population des plaines par des essaims vigoureux et fortement empreints de notre ancien caractère national. »

Que nos excursionnistes, le marteau à la main et le sac sur les épaules gravissent nos routes arides, qu'ils ajoutent quelques pierres à notre modeste édifice, qu'ils aient surtout la curiosité de l'inconnu comme objet de leurs investigations.

Heureux alors si cette succinte analyse peut faciliter leurs recherches et encourager leurs premiers pas ; heureux surtout si ce livre contribue à améliorer la situation industrielle et agricole de notre Province, en mettant en lumière les richesses si variées qui gisent à l'état de diffusion dans l'immensité de nos masses rocheuses.

———

Nous reproduisons la lettre que M. Adolphe Carnot, inspecteur général des mines, a bien voulu nous écrire à la suite de la communication de notre ouvrage, en le remerciant de l'intérêt qu'il a pris à notre œuvre et des conseils bienveillants qu'il a bien voulu nous donner.

Paris, le   août 1891.

MONSIEUR,

Je viens de lire avec beaucoup d'intérêt le manuscrit de l'ouvrage que vous avez préparé sur la géologie du Limousin. Je vous fais tous mes compliments de cette étude sérieuse et approfondie, à laquelle vous avez dû consacrer de longues années de recherches.

Vous avez décrit avec beaucoup de soin les variétés si nombreuses de roches cristalines qui se rencontrent dans l'étendue de cette Province.

La classification que vous en avez faite me semble fort bonne et conforme aux idées reçues en général.

Cependant sur quelques points spéciaux, comme l'âge relatif ou le mode de formation de quelques roches, vous vous êtes un peu écarté des théories communément adoptées ; mais l'on sent bien que vous l'avez fait à dessein, pour ne jamais être en désaccord avec les faits que vous aviez patiemment observés.

Dans ces conditions, la controverse ne peut que servir la science. Votre étude est principalement destinée aux personnes qui ont des notions assez étendues en minéralogie. Mais vous avez bien fait de terminer chacun de vos chapitres par quelques lignes mises à la portée de tous les lecteurs, où vous faites saisir les relations qui existent entre la nature géologique des roches et la composition du sol végétal formé à leur détriment.

Ces conclusions donneront à votre travail une utilité directe pour les agriculteurs qui voudront le consulter, surtout s'ils se pénétrent bien de l'idée que pour avoir de bonnes récoltes il faut par des amendements appropriés fournir au sol les éléments qui lui manquent.

Vous avez insisté avec raison sur la convenance de chauler les terres limousines, vous pourriez insister de même sur le grand avantage que trouveraient les cultivateurs à introduire des phosphates dans leur sol, où ils auront partout un excellent effet, parce qu'ils manquent aux roches du pays.

Pour la question des granulites, je ne vous détournerai pas du tout de conserver les distinctions que vous croyez avoir bien établies. La question est encore à l'étude et il me paraît très bon de faire connaître les témoignages sincères en faveur des différentes opinions.

Il peut fort bien y avoir lieu de distinguer, comme vous le faites, les granulites qui se rattachent aux pegmatites et celles qui se rattachent aux granites.

Agréez, Monsieur, avec mes félicitations, l'expression de mes sentiments les plus distingués.

Adolphe CARNOT.

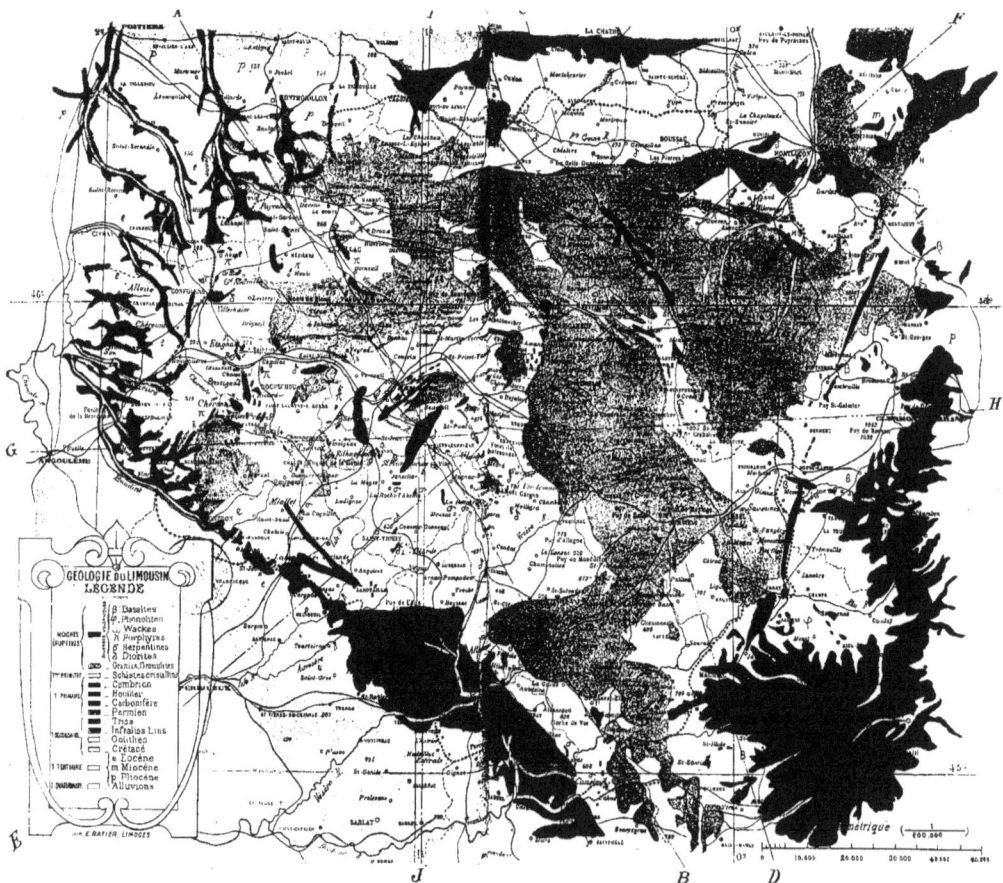

GÉOLOGIE DU LIMOUSIN
LÉGENDE

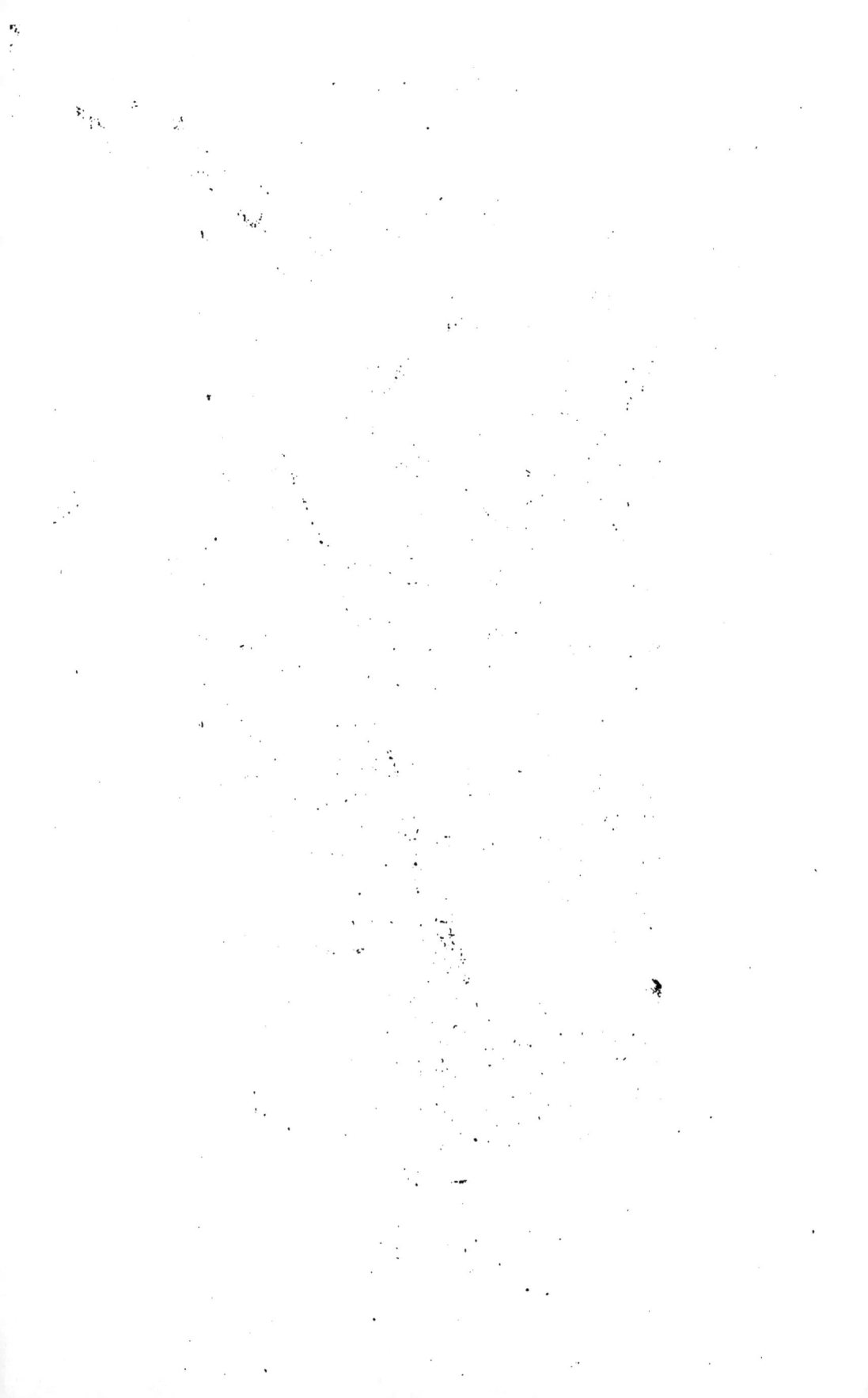

GÉOLOGIE DU LIMOUSIN

LIVRE I

CHAPITRE PREMIER

APERÇU GÉNÉRAL

A. — Relief du sol.

Dans son aspect le plus général, le pays ressemble à un amoncellement de dômes dont la configuration révèle la nature.

Le sol du Limousin appartient, en effet, à ce vaste ensemble de terrains primitifs qui occupent le centre de la France et dont les principaux reliefs vont se relier, vers le Sud-Est, aux monts d'Auvergne, et plus loin, aux Cévennes par l'intermédiaire des monts du Forez et de la Margeride.

Du plateau de Millevache, nœud de cette gigantesque tubérosité d'où la vue embrasse d'immenses étendues, part une série d'alignements qui, semblables à une colossale arachnide, étalent dans toutes les directions leurs pattes monstrueuses.

L'un de ces alignements se dirige vers l'Ouest, contourne au Sud la Haute-Vienne, pénètre par trois embranchements atténués dans les départements de la Dordogne, de la Charente et de la Vienne, et va se perdre non loin du littoral de l'Atlantique.

Un second alignement s'écarte, sous un angle de 55°, de l'arrête principale, se porte au Nord-Ouest, traverse la Creuse au Sud et s'éteint dans la Vienne, à proximité de Montmorillon.

Un autre alignement, moins élevé que les précédents, quitte le plateau Central un peu au Nord et gagne la rive droite de la Creuse qu'il suit jusque dans l'Indre.

Ces chaînes de montagnes communiquent ensemble, se soudent,

1

et leurs chaînons de renforcement, ramifiés à l'infini, pénètrent au cœur même des trois départements limousins.

Un chaînon particulier à la Haute-Vienne et à la Creuse prend naissance près de Montrol-Sénard, se dirige de l'Ouest à l'Est, assez exactement, s'élève insensiblement, pénètre dans la Marche à Saint-Sulpice-Laurière et va mourir sur la rive gauche de la Creuse à Busseau-d'Ahun. Sur son parcours, ce chaînon s'élargit ou plutôt reçoit l'appui de contre-forts transversaux, dont le centre oscille à 650 mètres d'altitude entre Saint-Sylvestre et Saint-Léger-la-Montagne. Le plus important de ces contre-forts oblique à l'Est et se porte à la rencontre d'autres contre-forts de la chaîne du Sud.

L'altitude moyenne aux départements de la Corrèze, de la Creuse et de la Haute-Vienne est de 350 à 400 mètres ; celle de la Haute-Vienne est un peu supérieure à 500 mètres. Les sommets les plus élevés sont situés autour du plateau de Millevache qui accuse près de 1,000 mètres et du plateau de Gentioux qui dépasse 800 mètres : Le mont Gargan (Haute-Vienne) marque 731 mètres d'altitude ; dans la Corrèze, le Puy de la Monédière est à 911 mètres, La Mijoie à 950, le Puy d'Audouze à 954, le signal du Mas-Chevalier à 971, et celui de Meymac à 978 ; ceux de la Creuse atteignent 906 mètres au Puy-Groscher, 920 au Puy-Crabanas et 931 à Fond-Rouge près de La Courtine.

Le sol s'abaisse progressivement du point central commun au périmètre de chaque département, sauf dans l'Est où il se relève de l'autre côté du Sioulet et de la Dordogne, pour rejoindre les monts d'Auvergne.

Le niveau au-dessus de la mer est de 155 mètres à la sortie de la Vienne du département de la Haute-Vienne, de 183 mètres au point où la Creuse quitte la Marche et de 80 mètres à l'entrée de la Dordogne et de la Vézère dans le Périgord.

B. — Distribution des eaux.

Le Limousin déverse ses eaux dans trois fleuves dépendant de bassins différents : dans la Loire par la Vienne, la Gartempe, les deux Creuse et le Cher, auquel la Tarde mêle ses eaux ; dans la Gironde par l'Isle, la Dronne et la Dordogne grossie de la Corrèze, de la Loyre, de la Vézère et de l'Auvezère ; enfin dans la Charente par cette rivière et ses affluents : le Trieux, le Bandiat et la Tardoire.

La Vienne, grossie du Taurion, son principal tributaire de la rive droite, de la Maude, du Tard, de l'Aurance et de la Glane, reçoit par sa rive gauche : la Combade, la Briance, l'Aixette et la Gorre. La Gartempe a pour affluents : le Vincou, la Couze, le Rivalier et l'Ardour. Outre ces rivières, la contrée est sillonnée d'une multitude de ruisseaux aux eaux claires, souvent torrentielles et encaissées, dessinant des vallées en miniature, remarquables par leurs tons variés, leur fraîcheur et leur pittoresque.

Elle offre aussi de nombreux étangs situés généralement sur des plateaux arides et battus par les vents, d'où s'échappent, sous la forme liquide, des forces naturelles que la petite industrie minotière a su approprier à ses besoins.

Le sol, en raison de sa texture et de sa dureté, est peu perméable. Des sources innombrables sortent à toutes les altitudes, alimentent en permanence les ruisseaux, fertilisent les prairies dont ces régions sont couvertes et favorisent par là même l'élevage de quelques-unes de nos espèces domestiques, du bœuf entre autres, qui n'a pas d'égal au monde comme bête de travail et comme animal de boucherie.

Une flore herbacée spéciale, des arbustes particuliers aux montagnes, des arbres au feuillage sombre, aux fruits et aux bois utiles, comme le châtaigner, le hêtre, le chêne, l'orme et le charme, aux branches déliées et tombantes comme le bouleau, y trouvent leurs moyens d'existence, malgré le peu de profondeur et l'aridité du sol, essentiellement siliceux et souvent dépourvu d'humus.

C. — Composition du sol.

Le Limousin est constitué en presque totalité par des roches de l'ère primitive et sur quelques points excentriques par des roches d'origine diverses, sédimentaires généralement. Parmi les premières, les granits, les micaschistes, les leptynites et les gneiss se font remarquer par leur extrême abondance. D'autres, moins fréquentes, mais qui jouent un rôle important dans la formation des terrains anciens, se rencontrent de ci, de là, au sein des masses principales comme des ilots de matière consolidée après coup, tranchant par leur nature sur l'ensemble des éléments encaissants ; tels sont les diorites, les syénites, les diallagites et les porphyres d'origine ignée. Parmi les secondes, les unes marquent la transition entre l'ère primitive et l'ère secondaire ; ce sont les schistes maclifères, les schistes argileux, les grès, l'anthracite et la houille des périodes cambriennes, permiennes et permo-carbonifères. Les autres, plus récentes, calcaires, grès feldspathiques, marnes, argiles, dépôts siliceux, mollasses, sables et cailloutis, dépendent soit de l'époque secondaire, soit de l'époque tertiaire, soit enfin de l'époque quaternaire.

Les granits granulitiques et les granits cristallins occupent le premier rang en superficie : 1,850 kilomètres carrés dans la Haute-Vienne, près du double dans la Creuse et un peu moins dans la Corrèze. Leurs immenses massifs, variables dans leur structure plutôt que dans leur composition, variables aussi dans leur origine, planent au-dessus des autres roches et atteignent les plus hautes altitudes. On les rencontre massés autour du plateau central, s'irradiant sur toute la Creuse et sur les régions nord-est de la Haute-Vienne et nord de la Corrèze, où ils constituent d'énormes amas qu'on chercherait en vain au sud et à l'ouest de ces derniers départements. Ils affectent des contours arrondis, mais leur direction d'ensemble n'a rien de précis.

Ces roches ont des rapports d'intime contiguïté avec les micaschistes plus particulièrement, avec les leptynites et les gneiss, rarement avec les diorites. Les porphyres les traversent ainsi que quelques filons de quartz et de nombreuses veines de pegmatite qui ne leur sont pas particuliers ; enfin les diallagites n'ont aucun contact avec eux.

Dans l'ordre indiqué plus haut, à la suite des granits viennent les micaschistes qui couvrent, eux aussi, de larges surfaces (1,500 kilomètres carrés environ dans la Haute-Vienne) et qui s'élèvent à 850 mètres au-dessus du niveau de la mer. D'une constitution assez homogène en général, les micaschistes se transforment en chlorito-talschistes au contact des granits, des diorites et des diallagites, se confondent avec les gneiss et les leptynites, aux approches de ces espèces lithologiques, dont ils empruntent quelques-uns des caractères, et forment avec elles des variétés intermédiaires. Ces roches sont disséminées de tous côtés, plus fréquentes néanmoins dans les régions moyennes ; elles entourent les granits et s'enchevêtrent avec les leptynites qui les pénètrent profondément.

Les leptynites hantent les mêmes régions que les micaschistes. Ils abondent surtout au nord de la Creuse, à l'ouest de la Corrèze et au sud de la Haute-Vienne. Leur étendue, dans ce dernier département, est de 1,340 kilomètres carrés et leur altitude de 600 mètres au plus. Les gneiss proprement dits, les gneiss purs sont relativement rares. Ils traversent de l'Est à l'Ouest, à une altitude qui ne dépasse pas 400 mètres, le département de la Haute-Vienne, qu'ils séparent en deux parties à peu près égales.

On les rencontre ordinairement en bandes étroites, alternant avec les micaschistes et les leptynites, au niveau des rivières principales, le long de la Dordogne, de la Luzèche, de la Creuse et sur les limites nord-ouest de la Marche. Ils ont de nombreux points de contact avec les granits qui les surmontent et avec les amphibolites qui les pénètrent. Leur superficie mesure de 500 à 520 kilomètres carrés dans la Haute-Vienne et à peu près autant dans chacun des autres départements du Limousin. A la vérité, il n'est pas toujours facile de les distinguer nettement des leptynites avec lesquels ils se confondent sur un grand nombre de points de la Corrèze et de la Creuse, et ce n'est qu'après avoir procédé à un examen attentif des lieux où on présume qu'ils gisent qu'on peut leur assigner des limites approximatives.

Les diorites et autres roches à base d'amphibole forment des bancs ou typhons dans la plupart des roches cristallines des temps primitifs. On en trouve dans les granits durs, en petite quantité toutefois, dans les micaschistes, dans les gneiss et surtout dans les leptynites, au travers desquels ils ont passé pour arriver au jour. Ils n'existent pas dans les régions fréquentées par les granits granulitiques, mais ils abondent dans celles où gisent les schistes cristallins. C'est donc sur les revers nord, sud et ouest du plateau central qu'on doit les rencontrer. Mais quels que soient leurs lieux d'élection, ils se montrent avec une disposition ellipsoïdale ou arrondie, applicable aux bancs d'une certaine puissance aussi bien qu'aux blocs de petite dimension qu'on trouve isolés ou en séries alignées dans quelques roches transformées en tuf. Dans tous les cas, leur étendue n'excède pas la quarantième partie de la superficie totale, soit 140 à 150 kilomètres carrés pour chaque département, et leur élévation au-dessus du niveau de la mer atteint à peine 400 mètres : c'est l'altitude maxima des gneiss.

Porphyres. — De même que les amphibolites, les porphyres sont peu communs dans la région nord de la Haute-Vienne. Quelques bandes ou îlots isolés apparaissent dans le Nord et le Nord-Est; dans le Sud ils font défaut. Si ces roches sont rares dans les régions précitées, par contre elles abondent dans le Sud-Ouest (arrondissements de Rochechouart et de Confolens), où leurs bancs se succèdent en lignes parallèles dans deux *directions* différentes. Sur la rive gauche de la Vienne, en face Limoges, elles sont agglomérées en séries régulières, se confondant au sud de la formation en un banc unique d'une grande puissance.

Les départements circonvoisins ont aussi leurs porphyres; toutefois, ces roches n'ont acquis qu'un faible développement dans la Corrèze, tandis que dans la Creuse, au contraire, elles se font remarquer par leur grande fréquence, notamment du côté d'Auzances et aux environs ds Bourganeuf et de Saint-Vaury.

Les porphyres traversent toutes les roches primitives. Tantôt ils percent les granits granulitiques, tantôt ils se sont fait jour au travers des granits cristallins, ou bien on les rencontre à la fois dans les micaschistes, les gneiss, les leptynites et le granit ; enfin, ils coupent les diorites subordonnés à la formation granitique. Dans la Creuse, ils accompagnent le carbonifère, dont ils interrompent la continuité en plusieurs endroits, et coexistent avec le quartz sur quelques points du territoire : Saint-Vaury, Saint-Médard, Magnat, etc.

On trouve ces roches à des altitudes variables, depuis 100 mètres (Saint-Germain de Confolens) jusqu'à 560 mètres (Bussy-Varache). Leur superficie totale est de 40 kilomètres carrés au moins dans la Haute-Vienne et dans la Creuse.

Les *Diallagites* et les *Serpentines* n'ont aucune relation avec les granits granulitiques. Elles sont donc inconnues dans la région des hauts plateaux où ces roches règnent en maître. Mais dans les régions fréquentées par les schistes cristallins, au sud de la Haute-Vienne, à l'ouest et au sud de la Corrèze, au nord de la Dordogne et du Lot, elles se multiplient, s'allongent dans un même sens et s'alignent dans les mêmes directions, formant relief au milieu des masses schisteuses qui les encaissent. Dans la Creuse elles sont rares et se montrent ordinairement en compagnie de quelques filons de quartz (de Cessac).

Les *Serpentines* et les diallagites, roches dérivées, ont fait leur éruption au travers des micaschistes presque exclusivement. Cependant quelques îlots percent les leptynites et, par exception, sur un point de la Haute-Vienne, à Saint-Bazile, un îlot s'est fait place au centre d'un banc de diorite. Nous reviendrons sur cette intéressante particularité qui mérite qu'on s'y arrête, car elle paraît être la démonstration évidente d'une éruption simultanée de ces deux roches au sein des schistes qui les enclavent.

Les serpentines n'apparaissent plus à une altitude supérieure à 500 mètres. Leur superficie équivaut à 20 kilomètres carrés environ dans la Haute-Vienne.

Les formations qui se sont succédées pendant l'ère primitive comportent encore d'autres roches, accidentelles il est vrai, mais qui n'en ont pas moins une certaine valeur géologique facile à apprécier : nous voulons parler des dykes et des filons qui coupent ces formations et qui leur sont subordonnés, quoique d'origines différentes.

Des filons de quartz, de nature, et d'âges variés existent dans le Limousin. Les uns se font remarquer par leur longueur excessive, d'autres par des dispositions spéciales et une structure particulière, d'autres enfin par les minéraux auxquels ils donnent asile.

On les trouve irrégulièrement disséminés, traversant tantôt un massif, tantôt un autre, coupant souvent des roches de nature différente et s'interposant quelquefois entre deux formations dissemblables. Les schistes cristallins, les micaschistes surtout, ont la propriété d'en renfermer un grand nombre. On ne les voit jamais dans les diorites et dans les serpentines; mais ils coexistent assez fréquemment avec des bancs de porphyres, soit dans le carbonifère de la Creuse et de la Corrèze, soit dans les schistes plus anciens de la Haute-Vienne.

A ces filons s'en ajoutent une infinité d'autres très petits, réduits le plus ordinairement à l'état de veines, qui sillonnent les roches primitives sans direction précise, dans le sens de la schistosité aussi bien qu'en travers l'orientation des éléments.

Il n'est pas aisé d'assigner aux filons de quartz l'étendue qui leur revient. Cependant, en ne tenant compte que de ceux qui accusent des dimensions exceptionnelles et en les réunissant en un tout, on peut admettre qu'ils représentent une superficie de sept à huit kilomètres carrés, avec un écart de quelques centaines de mètres en plus pour la Creuse et en moins pour la Corrèze.

Comme le quartz, les *Pegmatites* abondent dans les roches primitivement consolidées, et leurs caractères changent selon les formations qui leur ont donné naissance et dans un même filon, selon les gisements. Peu communes dans les granits, où elles se montrent sous un aspect particulier que nous ferons ressortir plus loin, elles acquièrent un grand développement et parfois l'importance de dykes très étendus dans les schistes cristallins, principalement dans les micaschistes et les leptynites qu'elles traversent indistinctement. Plusieurs d'entre elles ont subi la transformation argileuse. Le kaolin qui en est résulté n'existe pas sur tous les points des filons où on l'observe, mais en quelques endroits très limités, et seulement dans des régions privilégiées.

On trouve des pegmatites partout en Limousin, surtout dans la Haute-Vienne, où elles sont l'objet d'une exploitation suivie. Quant aux kaolins, ils n'ont d'importance réelle qu'aux environs de Saint-Yrieix-la-Perche et de quelques autres localités situées sur le parcours du filon de pegmatite qui s'étend de ce chef-lieu d'arrondissement à la frontière nord-ouest de la Corrèze.

De formation analogue aux pegmatites, les *granulites* particulières aux diorites et aux leptynites, qu'il ne faut pas confondre avec les granulites du type granitique, se présentent aussi en filons ou en dykes dans les régions fréquentées par les roches auxquelles elles sont subordonnées. En général elles établissent la liaison entre ces deux formations qu'elles ont pénétrées et dont elles se sont assimilées les éléments. On les rencontre au nord-ouest de la Creuse unies aux amphibolites, au centre et au sud de la Corrèze, au centre et à l'ouest de la Haute-Vienne et sur les frontières ouest du Bas-Limousin, dans la Charente, où leurs dykes ont acquis une puissance peu ordinaire.

Les *Cipolins* ou calcaires métamorphiques, si fréquents dans les Pyrénées et dans les Cévennes, sont très rares dans nos contrées. Ils existent néanmoins, mais leurs horizons sont étroits, mal circonscrits et peu variés. On les trouve en couches interstratifiées avec les schistes primitifs aux environs de Sussac (Haute-Vienne), de Gioux (Creuse) et de Savenne (Puy-de-Dôme).

Telles sont, au point de vue de la constitution, les roches de l'ère primitive, qui forment en grande majorité l'assiette du Limousin.

Maintenant, si nous recherchons parmi les formations moins anciennes les espèces qui ont contribué dans une certaine proportion à compléter l'ensemble géologique de cette contrée, nous constatons l'existence de phonolithes sur l'extrême frontière sud-est de la Corrèze et de schistes cambriens au nord de la Dordogne.

Toutefois, ces périodes sont peu marquées et se réduisent à quelques déjections volcaniques et à de rares poussées éruptives.

Les périodes suivantes sont beaucoup plus accusées.

Le houiller abonde dans les vallées du Cher, de la Creuse et de la Dordogne et sur quelques points élevés des arrondissements de Bourganeuf et d'Ussel.

Le carbonifère couvre une large surface du territoire nord-est de la Creuse.

Le grès rouge d'origine permienne est fréquent au sud de la Corrèze.

L'ère secondaire s'affirme avec autant de précision.

Le trias, représenté par des grès bigarrés, coexiste avec le permien de l'arrondissement de Brive.

Les calcaires infraliasiques et liasiques, auxquels se joignent des grès blancs et des marnes, se montrent dans la même région.

Le lias, auquel succèdent les autres étages jurassiques, ceint d'une zone étroite et régulière les régions limousines du Nord, du Sud et de l'Ouest. Quelques lambeaux de ce même terrain s'observent au nord-ouest de la Haute-Vienne et au sud d'Allassac (Corrèze).

L'ère tertiaire est largement représentée par des dépôts argilo-
sableux de plusieurs sortes, peu profonds en général et complètement dépourvus de fossiles. Les uns, ce sont les plus nombreux,
dépendent de l'éocène et recouvrent les plateaux les moins élevés
de la Haute-Vienne et la formation jurassique des départements
sud et ouest. Les autres se rattachent au pliocène. Ces derniers
fréquentent plus particulièrement les régions frontières Nord et
Nord-Ouest et le territoire de Gouzon, au nord-est de la Creuse.

Le *diluvium* et les alluvions récentes, on le comprendra sans
peine, n'ont pas pris une grande extension dans ces contrées centrales, dont la configuration s'oppose aux formations de ce
genre. On en trouve, cependant, quelques traces dans les vallées, mais seulement loin des sources et sur les basses et rares
plaines du Limousin.

Enfin, la Haute-Vienne, la Creuse et la Corrèze présentent de
nombreux accidents de roches que nous ferons connaître dans la
suite de ce travail, et une foule de filons minéralifères et métallifères. Ces derniers sont généralement pauvres et n'ont pas une
grande importance industrielle; mais ils offrent un vif intérêt pour
le minéralogiste, tant à cause des nombreuses espèces qu'on y
rencontre que de la rareté de quelques-unes d'entre elles.

Ces espèces seront mentionnées dans chaque roche et étudiées
plus tard avec soin dans le chapitre spécial qui leur est consacré.

*Tableau indiquant l'élévation et la superficie des roches de la
Haute-Vienne.*

Elévation moyenne.......... 500 mètres.
Superficie du département.... 5.543 kilomètres carrés.

	Superficie.		Altitude maxima.	
Granits..........	1.850 kilomètres carrés.		778 mètres.	
Micaschistes......	1.500	—	731	—
Leptynites........	1.340	—	600	—
Gneiss......	510	—	530	—
Diorites..........	160	—	400	—
Tertiaire	93	—	340	---
Porphyres.....e..	40	—	variable..	
Serpentines	20	—	500	—
Diverses.........	30	—	400	—

CHAPITRE II.

ÈRE PRIMITIVE. — Tous les auteurs sont d'accord pour reconnaître une origine primordiale aux roches du massif central de la France, dont le Limousin fait partie; mais ils diffèrent d'opinion lorsqu'il s'agit de les classer d'après l'ordre de leur apparition. La plupart des géologues sont cependant unanimes à considérer les gneiss et schistes cristallins comme les premiers en date.

Les gneiss, peu schisteux relativement, demandaient pour se constituer une certaine tranquillité que les mouvements constants d'un globe à peine ridé ne permettait pas, tandis que les schistes cristallins, souvent déplacés, pouvaient se former par couches superposées d'éléments de densité différente.

Pendant cette période de consolidation terrestre, les déchirements se produisaient avec d'autant plus de fréquence que l'enveloppe était plus mince. C'est par ces déchirures que les gneiss ont fait leur apparition, écartant, renversant et comprimant les micaschistes déjà solidifiés. Cette hypothèse paraît recevoir sa confirmation de ce fait, que les micaschistes affectent des directions très tourmentées, et que les gneiss ont beaucoup moins varié dans leur position première. Si ces derniers ont été disloqués à leur tour, s'ils présentent des ondulations plus ou moins accentuées dans la disposition de leurs strates, ils le doivent à l'apparition des leptynites qui les ont pénétrés et à l'éruption des granits Mais ils n'ont pas eu à subir ces déplacements considérables que montrent les micaschistes et les talschistes. Du reste, les ondulations observées dans les gneiss se rencontrent aussi dans les schistes cristallins et doivent être attribuées vraisemblablement aux compressions latérales exercées sur eux par les roches voisines, avant leur complet refroidissement.

Les granits ont succédé aux gneiss dans la formation de la croûte terrestre. Ces roches, de beaucoup les plus puissantes en épaisseur et en étendue, sont la base du système solide du globe. On admet avec raison qu'elles se sont constituées de tout temps et qu'elles continuent encore aujourd'hui à augmenter l'épaisseur de notre planète. Par des pressions excentriques et successives, les granits se sont élevés au-dessus des micaschistes et des gneiss, après les avoir traversés et refoulés, comme ils se sont fait jour plus tard au travers d'autres roches plus récentes. Ils se sont donc montrés à tous les âges de l'ère primitive.

Si dès les premiers temps les granits n'ont pas apparu avec la texture que nous leur connaissons, c'est qu'ils ne trouvaient pas les conditions qui leur étaient nécessaires pour se solidifier avec l'uniformité qui les caractérise. Leurs éléments constituants étant de même nature que ceux des gneiss et des micaschistes, on peut supposer que ces deux dernières roches se sont formées avec les matières primitivement destinées aux granits.

Le granit cristallin, semblable à une immense nappe d'une épaisseur considérable, enveloppe toute la terre et sert d'appui aux autres roches de la surface. Il paraîtra donc tout naturel qu'il ait fait éruption dès les premiers âges et pendant toute la période primitive, au fur et à mesure que les dislocations provoquées par la pression des vapeurs du dedans, ou par tout autre cause, se produisaient au sein des roches déjà consolidées.

La variété de granit à grains irréguliers, à mica blanc ou granulite est un granit de première éruption. La matière feldspathique, moins résistante que les autres éléments constituants, s'est modifiée sous l'influence de causes diverses, parmi lesquelles la chaleur, la vapeur d'eau surchauffée, les dissolvants que contenaient les eaux et l'atmosphère et sans doute aussi l'électricité qui devait abonder au-delà de toute expression dans ces temps chaotiques, ont exercé leurs actions multiples. Et tandis que dans la pâte granitique, le mica se cristallisait d'abord, le feldspath, qui avait acquis primitivement des formes cristallines bien définies, se fendillait, se dissociait, se kaolinisait même, et le quartz, le dernier solidifié, prenait la forme granulaire ou des formes géométriques à peine ébauchées.

Les granits à mica blanc ou à mica blanc et noir, à grain plus ou moins gros, porphyroïde ou non, dans lesquels le feldspath a éprouvé une altération quelconque, sont donc des granits de première apparition. Les granits cristallins, gneissiques et protoginiques ont fait leur éruption à des époques variables des temps primitifs. Ceux qui ont percé les micaschistes sont les plus anciens; ceux qui ont traversé les leptynites sont les plus récents. Tous sont antérieurs aux diallagites, aux amphibolites et aux porphyres. Ajoutons que les granits ordinaires, c'est-à-dire les granits composés d'éléments cristallins, n'offrant aucune trace d'altération, à un ou deux micas orientés ou disséminés, sont souvent traversés par d'autres granits à grain plus fin et à un seul mica. Ceux-ci sont, par ce fait, d'origine postérieure aux premiers. Ces mêmes granits ont sans doute passé au travers de formations plus récentes, mais nous n'avons pas à nous en préoccuper, attendu que nous ne pourrions, dans nos contrées, appuyer de faits précis ces arrivées tardives.

Les leptynites, granulites de plusieurs auteurs, sont considérés par quelques-uns comme des roches éruptives. A notre profond regret, nous ne pouvons accepter cette opinion. La grande étendue qu'ils occupent, l'aspect de leurs horizons, la disposition de leurs couches souvent feuilletées, l'état granulaire de leur pâte, l'abondance du feldspath et leur agencement avec les micaschistes, d'une part, et avec les schistes maclifères d'autre part, semblent indiquer qu'ils se sont constitués en vastes nappes, occupant les parties déclives d'une surface ondulée, peu accidentée encore, au sein d'un liquide chargé de matériaux solidifiables et aux dépens des gneiss dont ils conservent le faciès général et auxquels ils ont succédé.

Les *diorites* et les *amphibolites* sont postérieurs aux granits. Leur éruption s'est faite au travers des micaschistes, des gneiss et des leptynites, soit pendant l'acte du refroidissement, soit plus tard, alors que ces formations avaient achevé de se solidifier. Dans le premier cas, la horneblende a pénétré profondément dans les roches encaissantes et a donné naissance aux schistes amphiboliques. Dans le second cas, les masses dioritiques sont nettement délimitées et leur apparition n'a causé aucune perturbation aux points de contact.

Les *porphyres* ne sont arrivés qu'après les amphibolites et même après les diallagites. Cette assertion paraît ressortir des considérations suivantes : les dykes de porphyre sont très étroits par rapport à leur longueur, réguliers dans leur allure et s'étendent en ligne droite.

Ces particularités, qui ne sont pas exclusives aux porphyres du Limousin, ne peuvent manquer de frapper le géologue et de lui faire entrevoir le mode d'après lequel ces roches se sont formées. L'observation tend à démontrer, en effet, que les porphyres ont passé, pour arriver au jour, à travers des failles béantes, produites depuis longtemps par dislocation plutôt que par retrait — le retrait, sorte d'arrachement, donne lieu à des fentes sinueuses — et n'ont pas pénétré les massifs, comme l'ont fait le diorite et la serpentine par exemple, alors que ceux-ci étaient à l'état pâteux. Ils ont donc occupé une place vide au lieu de se frayer un passage au travers des roches préexistantes en voie de refroidissement.

Sur plusieurs points de la Creuse et de la Haute-Vienne, les porphyres se présentent en bandes parallèles souvent très rapprochées, continues ou interrompues. Malgré cette disposition, l'espace compris entre les bandes et les tronçons est invariablement rempli par les matériaux de la roche encaissante, sans que, dans aucun cas, ces matériaux se soient assimilés à ceux de la roche encaissée. En d'autres termes, il n'y a pas de roche de passage comportant le mélange des éléments propres à chacune des roches en présence.

Les seules modifications qu'aient eu à subir les enclaves à leurs points de contact sont dues au métamorphisme. Les granits se sont transformés en protogines et les micaschistes en chlorito-talschistes. On observe aussi, mais seulement en quelques endroits, des brèches formées par l'union de la pâte porphyrique avec des fragments arrachés aux roches voisines au moment de l'éruption : ce sont des brèches de froissement qui n'intéressent qu'une faible portion des roches mises en rapport et qui ne fournissent aucun argument contre l'opinion émise ci-dessus sur le mode d'apparition des porphyres.

Une brèche d'un autre genre, remarquable par sa structure et l'énorme espace qu'elle occupe au milieu des schistes cristallins de la région du Sud-Ouest, diffère essentiellement de la précédente. Nous voulons parler de la brèche porphyrique de l'arrondissement de Rochechouart, dont la formation est assez embarrassante à traduire et sur laquelle il n'a été fourni jusqu'à ce jour aucune explication satisfaisante. Toutefois, il est permis de supposer qu'aux endroits où ce porphyre existe, les déchirements du sol, quelles qu'en soient les causes, ont été plus considérables en tous sens que partout ailleurs dans le Limousin. Dès lors les conditions étant données d'une éruption débordante hors de proportion avec les voies préparées préalablement, l'action transformatrice s'est exercée avec une puissance extraordinaire, divisant, broyant, fondant les fragments et les blocs des roches disloquées; puis, au moment du refroidissement, reconstituant le tout en une masse incohérente dans laquelle les éléments mis en cause ont perdu la plupart des caractères physiques qui les distinguaient naguère.

Le peu d'ancienneté relative des porphyres relève encore de ce fait, qu'ils ont traversé, non-seulement toutes les roches primitives, mais aussi la plupart des roches primaires. Dans la Creuse, tout particulièrement, on constate leur présence dans le terrain carbonifère dont ils ont rompu la continuité.

Enfin sur les bords de certains dykes, on remarque des portions spongieuses, analogues aux produits volcaniques. Cette structure purement accidentelle est la conséquence de l'ébullition au contact de l'atmosphère des parties les plus fluides de la pâte pétrosiliceuse;

et il a fallu, pour que ce phénomène s'accomplisse, que l'air et le sol fussent depuis longtemps refroidis.

Les poussées de diallagites et de serpentines terminent la série des éruptions parmi les roches primitives. Nous avons dit qu'elles traversent les micaschistes presque exclusivement quelquefois, mais rarement les leptynites, et qu'en un seul point de la Haute-Vienne, à Saint-Bazile, elles se sont fait jour dans l'épaisseur du diorite. Nous avons dit aussi que la serpentine a dû apparaître à peu près à la même époque que le diorite, postérieurement toutefois et avant les porphyres, ainsi que tend à le démontrer la formation de Saint-Bazile précitée. Nous n'y reviendrons pas. Faisons remarquer néanmoins que les coulées serpentineuses se dressent au-dessus de leurs enclaves, se succèdent par îlots plus ou moins espacés dans des directions générales assez bien définies, et que leurs affleurements se poursuivent en séries au-delà de la région centrale, dans la Dordogne et le Lot.

On ne peut préciser, même approximativement, les dates d'apparition des *pegmatites*. Elles se sont constituées en filons, en poches ou en filons-dykes, dans toutes les roches principales de l'ère primitive. A Saint-Yrieix-la-Perche, par exemple, le dyke de pegmatite kaolinisée en partie, que tout le monde connaît, est enclavé dans les micaschistes et les leptynites. Au Vigen et à Pierrebuffière, les filons de pegmatite granulaire ou hébraïque pénètrent assez souvent dans les micaschistes, mais ils ont acquis leur plus grand développement dans les zones intermédiaires aux leptynites et aux granits. Ceux de Chanteloube, de La Croizille, de La Chèze et de La Borderie sont enserrés dans le granit granulitique. Ailleurs, c'est dans le gneiss ou le diorite, etc. Donc rien de fixe à cet égard. Il est bien évident toutefois que les pegmatites sont subordonnées aux roches qu'elles traversent et que, lorsqu'elles se trouvent sur la limite de formations différentes, elles se sont constituées après la dernière apparue.

Le calcaire de Sussac, de Gioux et de Savenne est certainement d'origine primordiale, car il est enclavé dans le gneiss schisteux parallèlement à la stratification. Mais on ne s'explique guère son mode de formation. Est-ce une roche éruptive? On est tenté de le croire à la manière dont il a pénétré dans la roche enclavante, non-seulement par des failles et des fissures, mais aussi en se mélant intimement à ses éléments. Selon nous, il est plus logique d'admettre qu'il s'est formé par voie de précipitation thermale. L'état cristallin sous lequel il se présente serait plutôt une preuve en faveur de cette opinion que contraire, et point ne serait nécessaire de faire intervenir le métamorphisme pour l'expliquer.

Les filons de quartz, puissants et nombreux, traversent, comme nous l'avons dit plus haut, les granits et les schistes cristallins. Quoiqu'affectant des allures semblables en apparence, ils ne se sont pas formés aux mêmes époques. Les uns, comme ceux de Saint-Quentin et de Magnac-Laval, sont tabulaires, vitreux ou opaques, concrétionnés, radiés ou compacts, selon le point où on les observe; ils contiennent de l'argile et souvent du fer limoneux. La présence de ces matières indique assez qu'ils sont d'origine aqueuse et relativement récents.

D'autres, comme ceux de La Roche-l'Abeille, sont cariés, hachés et recouverts d'hydrate de fer et de manganèse. Ils ont subi l'influence du métamorphisme et paraissent plus anciens que les précédents.

D'autres enfin, moins nombreux et moins puissants, sont métallifères. Ils renferment du wolfram, du fer arsénical, de l'étain, de l'antimoine, du plomb et du cuivre. Le quartz est souvent enfumé ou d'une limpidité parfaite. Ces filons sont subordonnés aux roches encaissantes; les uns très anciens sont liés à la formation des pegmatites; les autres plus récents se rattachent aux premiers filons que nous avons cités et doivent leur existence très probablement à l'action des eaux externes.

Les *greisens* qu'on rencontre à Vaulry, à Cieux, à Chanteloube, à La Chèze, à Montebras, etc. sont placés au voisinage de filons de quartz. Comme eux, ils contiennent de l'étain et autres métaux, comme eux ils sont encaissés dans le granit à deux micas. On peut en conclure qu'ils sont liés à la même formation et par conséquent contemporains de cette roche.

ÈRE PRIMAIRE. — L'ère primaire, encore appelée ère ou époque de transition, a succédé à l'ère primitive. Les phénomènes accomplis pendant cette phase géologique n'ont laissé aucune trace dans la Haute-Vienne. La Corrèze et la Creuse plus favorisées en portent des marques évidentes et nombreuses.

Le *cambrien*, première phase de cette époque, se traduit par l'existence de schistes amphiboliques et pyroxéniques aux environs de Sarrazac (Dordogne), de schistes maclifères près de Miallet, même département, et de schistes ardoisiers à Travassac et à Allassac (Corrèze). Ces formations qui ne laissent subsister aucun doute sur leur origine sont enclavées dans les micaschistes dans la Corrèze et dans les leptynites recouverts de tertiaire dans la Dordogne.

La période *permo-carbonifère*, qui fait suite à la période cambrienne sans transition, est largement représentée dans la Corrèze et dans la Creuse.

C'est d'abord le *carbonifère*, fréquent aux environs de Bort-les-Orgues, au sud-est de la Corrèze, le long de la Creuse entre Ajain et Guéret et entre Ladapeyre et Saint-Pardoux-le-Pauvre, au nord-est de ce dernier département.

Puis le *houiller*, dont les dépôts recouvrent le granit à Lapleau et entre Fourneaux et Lavaveix-les-Mines, ou les schistes cristallins à Saint-Michel-de-Veisse, à Bouzogles, à Bosmoreau, à Argentat et à Cublac.

Enfin le *grès rouge* lié à la formation houillère ou indépendant et recouvert de grès bigarrés triasiques qu'on trouve en abondance dans l'arrondissement de Brive.

Ère secondaire. — Les dépôts de cette époque sont de deux ordres. Les uns, constitués par des grès bigarrés, quartzeux généralement, argileux dans quelques cas, sans fossile et presque sans ciment, se superposent en couches discordantes aux grès rouges du permien. Cette formation très puissante au nord et au sud de Brive, à Objat, à Yssandon, à Ayen et à Cublac dépend évidemment du *trias*.

Les autres dépôts, situés plus au sud du département et à un niveau supérieur, sont formés par des calcaires argileux souvent bleuâtres ou gris, géodiques et cristallins par place et sur certains points par des grès friables où l'élément calcaire domine. Les fossiles que contiennent ces dépôts : térébratules lisses, bélemnites, gryphées, pentacrinites et ammonites, attestent par leur présence l'origine liasique de cette formation qui se rapproche de l'oolithe, caractérisé par l'*ammonites depressus*, qu'on observe sur les plateaux d'Ayen, de Turenne et de Saint-Sornin. Des dépôts analogues existent sur quelques points du nord-ouest et de l'ouest de la Haute-Vienne et, comme nous l'avons dit, sur les confins sud et ouest du Limousin, où les mêmes espèces fossiles ont été signalées.

Ère tertiaire. — A cette époque doivent être rapportées les couches de cailloux, de sable et d'argile qui recouvrent le sol jurassique dans les départements limitrophes et qui reposent directement sur les roches primitives dans la Haute-Vienne et dans la Creuse. Mais tandis que les dépôts de la Haute-Vienne, exclusivement argilo-sableux, se rattachent à l'*éocène supérieur*, ceux du nord de la Dordogne, ceux de la Vienne, de l'Indre et du Cher, qui contiennent une grande quantité de sphérolythes de fer et de manganèse oxydés se lient à la formation *oligocène*, et ceux de Gouzon (Creuse), dont les argiles renferment du gypse, dépendent manifestement du *miocène*.

Dans la Haute-Vienne, on trouve à la partie supérieure du tertiaire des graviers, des cailloux et des quartz fragmentaires d'origine locale, des pouddingues quartzeux, ferrifères, des quartzites divers imparfaitement roulés et des débris de roches volcaniques étrangères à la contrée. Cette diversité d'éléments lithologiques, jointe à la similitude des niveaux, paraît indiquer que ces dépôts superficiels, quelque peu dispersés, se sont formés sur le passage d'un fleuve venant du Nord-Est et portant ses eaux vers la mer dans la direction de Confolens.

A l'origine, après le soulèvement de la chaîne d'Auvergne qui avait eu pour conséquence immédiate le dessèchement de ce fleuve, les amas de cailloux, de graviers et de sables formaient une couche continue que les agents naturels ont entamée par la suite. L'action des eaux s'ajoutant à celle du temps, les matériaux des dépôts ont été entraînés dans les vallées et n'ont pas tardé à constituer de nouveaux lits où se sont confondus les dépôts anciens et les dépôts récents, tandis que les amas restant actuellement sur les plateaux se sont maintenus intacts, faute de causes destructives suffisantes.

Les dépôts analogues du nord-ouest et de l'ouest de la Creuse ont été soumis aux mêmes influences et se sont comportés exactement comme ceux de la Haute-Vienne.

C'est au milieu de ces dépôts pré-tertiaires qu'on a cru relever quelques traces de l'époque *quaternaire* si peu discernable en Limousin. C'est aux dépens de ces mêmes dépôts et avec l'aide des produits détritiques des ères antérieures que les alluvions récentes se sont formées au fond des vallées actuelles.

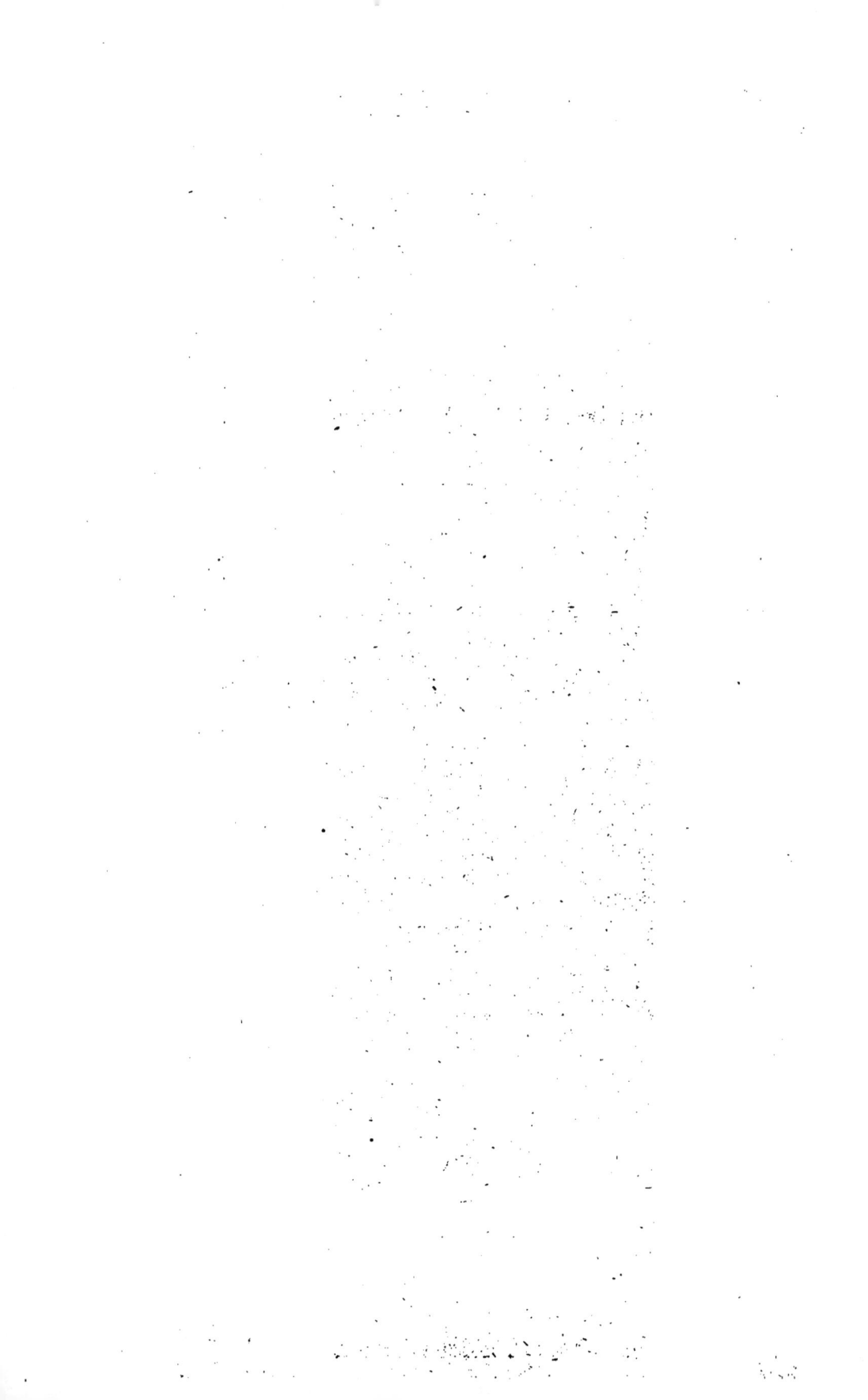

LIVRE II

ROCHES ET TERRAINS

Division.

Bien que la classification des roches au point de vue descriptif n'ait pas une importance absolue, il nous a paru avantageux de les grouper méthodiquement. Nous avons donc adopté l'ordre qui convient le mieux à l'ensemble de ce travail et qui, en même temps, correspond assez bien, croyons-nous, aux séries naturelles, c'est-à-dire l'ordre chronologique.

Nous commencerons par les micaschistes, les talschistes, les chlorito-talschistes, les gneiss, les leptynites et les schistes phylladiens qui formeront la première série. Les granits, comprenant les granits cristallins, les granits granulitiques (*granulites*) et les protogines, viendront ensuite (2° série).

Puis se succéderont les séries suivantes :

3° série, granulites pegmatoïdes, pegmatites ;

4° série, roches amphiboliques : diorites, syénites, kersauton, grenatites ;

5° série, roches pyroxéniques : diallagites, serpentines, éclogites ;

6° série, porphyres, roches volcaniques ;

7° série, roches accidentelles des terrains primitifs ;

8° série, roches de l'époque primaire ;

9° série, roches sédimentaires : A. secondaires, B. tertiaires, C. quaternaires, D. alluvions récentes ;

10° série, enfin nous terminerons par les filons métallifères que nous avons groupés dans un chapitre additionnel pour en mieux faire ressortir les caractères et les relations.

CHAPITRE PREMIER.

La réunion en un seul groupe des micaschistes, des chlorito-tal-schistes, des talschistes, des gneiss, des leptynites et des schistes phylladiens sous le nom générique de schistes cristallins ou primitifs paraîtra toute naturelle si l'on veut bien considérer les rapports étroits que ces roches ont entre elles, tant par leur origine, leur âge et leur mode de formation que par la nature, le nombre de leurs éléments constitutifs et la position qu'elles occupent dans les terrains anciens.

En effet, les schistes cristallins se sont consolidés, simultanément, à l'époque où le refroidissement s'emparait pour la première fois des matériaux de la surface, commençant à exercer son action sur les corps les plus légers, pour l'étendre plus tard aux corps plus lourds des couches profondes.

Et précisément, les éléments silice et silicates alumino-alcalins, qui entrent dans la composition des schistes, ont une densité moyenne de 2, 6, la plus faible qu'on ait observée dans les roches primitives.

Ces roches ont encore cela de commun entre elles, que leurs massifs coexistent dans les mêmes lieux et que dans les zones intermédiaires, leurs couches se mêlent, se superposent et donnent naissance à des roches mixtes. C'est ainsi que les micaschistes passent aux gneiss et réciproquement, que les gneiss se confondent avec les leptynites et que ceux-ci se transforment par addition du quartz et du mica en variétés voisines du gneiss ou des micaschistes.

D'autres motifs qu'il serait trop long d'exposer ici, resserrent le rapprochement entre les différents schistes de la période primitive. Etablissons seulement que les gneiss du plateau central occupent les régions les moins élevées. Ils sont établis dans les vallées, notamment dans les vallées de la Vienne, du Taurion, de la Luzège et de la petite Creuse. Aux environs de Limoges, le gneiss œilleté est situé à la base ; il supporte le gneiss granitoïde et celui-ci est recouvert par le gneiss gris à grain plus fin.

Dans tout le centre, cette formation est recouverte par le leptynite, au-dessus duquel le micaschiste a fixé ses larges et puissantes
assises.

A. — Micaschistes.

Composé de quartz amorphe, souvent lenticulaire et de mica,
auxquels s'associe une très petite quantité de feldspath, les micaschistes du Limousin offrent une structure franchement schisteuse et
assez uniforme.

Le quartz est transparent, gris ou blanc, et contient de nombreuses inclusions liquides. Il est disposé en zones parallèles plus ou
moins épaisses, entre lesquelles le mica s'étale en nappes ondulées
ou plissées, ou en couches constituées par des lamelles cristallines
groupées ou superposées.

Le mica appartient ordinairement à la variété biotite, assez souvent à la variété muscovite et par exception à la variété gilbertite
ou nacrite. Sa couleur varie du brun noir au blanc; elle est fréquemment violâtre ou jaune d'or par altération.

La matière feldspathique, quoique rare, n'en existe pas moins;
mais en général elle est peu discernable à l'œil nu. A l'aide d'un
instrument grossissant, on la voit accolée au quartz et au mica sous
la forme de fines granulations.

Cependant tous les micaschistes ne sont pas aussi pauvres en
feldspath. Il en existe un certain nombre dans lesquels cette espèce
minérale est même assez abondante. Dans le micaschiste de La Geneytouse, par exemple, le feldspath se présente en cristaux lamellaires assez gros, contenant des inclusions de silice cunéiforme. Dans
d'autres variétés, ce silicate est encore plus fréquent, et suivant
qu'il se montre à l'état cristallin ou granulaire, la roche qui le
renferme change de caractères et passe soit au gneiss, soit au leptynite : d'où les variétés gneissiques et leptynoïdes. Ces schistes
se font remarquer par le peu d'épaisseur de leurs strates, par leur
aspect grenu et aussi par la disposition du mica, dont les lamelles
sont rarement continues. On les observe aux points où les gneiss
et les leptynites se rencontrent avec les micaschistes, où ces roches
se pénètrent mutuellement.

Exemples de localités : Saint-Léonard, Sussac, Saint-Denis-des-
Murs, La Meyze, Saint-Yrieix, Auzette, etc.

Le micaschiste de la Geneytouse que nous avons cité un peu plus
haut offre quelques particularités assez intéressantes. Au quartz
enfumé et hyalin s'ajoute un quartz saccharoïde blanc, et au mica

brun s'associe du mica blanc nacré. Ces éléments sont disposés par couches dans l'ordre suivant : en prenant comme point de départ le quartz ordinaire, on voit que les couches qu'il forme sont flanquées à droite et à gauche de mica brun auquel succède une tranche interrompue de feldspath cristallin bleuâtre, suivie d'une couche mince de mica blanc à lamelles fines ; puis vient une couche plus épaisse de quartz saccharoïde, de l'autre côté de laquelle le mica blanc et le feldspath reparaissent.

La délimitation de ces couches n'est pas toujours bien tranchée, mais elle est parfaitement saisissable dans quelques portions de la roche. C'est dans le quartz saccharoïde que nous avons trouvé, avec le grenat qui abonde, de rares représentants du groupe des cordiérites.

En présence des diorites, quelques micaschistes se sont chargés d'amphibole qu'ils ont empruntée à ces roches au moment de leur éruption.

Localités : Saint-Yrieix-la-Perche, Labroul près de Saint-Martial, Burgnac, Saint-Priest-Ligoure.

D'autres, au contact des granits et des porphyres, ont acquis du graphite. L'existence du carbone impur dans les micaschistes coïncide généralement avec la présence d'une matière chlorito-talqueuse argiloïde, provenant sans doute de la transformation par métamorphisme du mica. Nous y reviendrons en parlant des talschistes.

Enfin la plupart des micaschistes du Limousin contiennent un grand nombre de microlithes aciculaires, blancs, soyeux, groupés en pinceaux déliés sur le mica principalement. Ces microlithes que nous avions pris pour de la sillimanite paraissent devoir être rattachés à la staurotide (de Lapparent.) On les observe au Cluzeau près de Limoges, au Bas-Carrier, au Vigen, à Saint-Denis-des-Murs, à Pouzol, à La Meyze, à La Geneytouse, etc.

La teneur en silice des micaschistes quartzeux est considérable ; elle s'élève jusqu'à 80 p. %. Mais elle n'est pas constante et certains schistes, les schistes amphibolifères entre autres, n'accusent que 40 p. %. Ces derniers font exception ; car les schistes cristallins en général et les roches riches en quartz et en feldspath orthose ou albite, possèdent un excédant de silice sur lequel M. Elie de Beaumont s'est appuyé pour instituer un groupe de roches qu'il a appelées acides, par opposition à un autre groupe qu'il a nommées basiques et dont la proportion de silice atteint 55 p. % au plus.

Les micaschistes se présentent en couches plus ou moins épaisses, droites, ondulées, plissées ou très tourmentées, avec une direction d'ensemble presque toujours inclinée ou complètement redressée.

Des granits, des porphyres, des serpentines et quelques diorités se sont fait jour au travers de leurs couches.

Ces roches occupent un vaste emplacement dans la Haute-Vienne. Leur étendue un peu inférieure à celle des granits n'est pas moindre de 1,500 kilomètres carrés et leur altitude varie entre 160 et 731 mètres.

Elles sont en rapport, dans le Sud et le Sud-Est, avec les leptynites, dans l'Est et le Nord-Est, avec les granits, dans l'Ouest et le Sud-Ouest, avec les leptynites et les granits et au centre, avec les gneiss.

Mais c'est surtout dans le Sud, le Sud-Ouest et le Sud-Est, où on les trouve étroitement entrelacées avec les leptynites, que les micaschistes acquièrent une grande importance. Dans ces régions voisines de la Corrèze et de la Dordogne, elles constituent trois grands massifs. L'un d'eux, celui du Sud-Ouest, est allongé du Nord au Sud, il part des bords de la Vienne, entre Chabanais et Saint-Junien, descend vers Rochechouart, Vayres, Saint-Bazile, Oradour, Chéronnac, Cussac et quitte le département entre Dournazac et Pensol.

Le deuxième part d'Aixe, prend la même direction générale que le précédent, englobe sur son passage un banc de diorite qui n'a pas moins de douze kilomètres de longueur, près de Séreilhac, contourne le granit et la protogine de Lastours, traverse les territoires de Beynac, Meilhac, Rilhac, Ladignac, La Meyze, Coussac-Bonneval, Saint-Yrieix et abandonne la Haute-Vienne au sud de Glandon, après avoir fourni une bande étroite remontant par Châlus jusqu'au delà de Gorre.

Le troisième s'étend de La Geneytouse, au Nord, à Saint-Gilles, au Sud. Dès son origine, il se bifurque pour entourer un énorme banc de leptynite, passe d'une part dans les communes de Saint-Paul-d'Eyjeaux, de Saint-Bonnet-la-Rivière, de Saint-Vitte, de Saint-Germain-les-Belles, de Magnac-Bourg, et d'autre part à Bujaleuf, Sussac et Saint-Gilles.

Au Nord-Est, les micaschistes sont moins abondants que dans le Sud et leurs rapports avec les autres roches n'ont plus lieu qu'avec le granit et le gneiss. Ils occupent les localités suivantes : Laurière, Saint-Sulpice-Laurière, La Jonchère, Les Billanges (Haute-Vienne), Saint-Martin-Sainte-Catherine, Saint-Pierre-Chérignat, Mérignat et Acrènes (Creuse). Un gros massif de granit granulitique à deux micas est placé au milieu de cette formation.

Deux autres bancs situés au Nord et à l'Ouest, moins importants que les précédents, vont se perdre, celui du Nord, dans le département de la Vienne au-delà de Bussière-Poitevine, et celui de l'Ouest dans la Charente, en face de Brillac, après avoir parcouru la région comprise entre Mézières, Blond et Bussière-Boffy. La direction générale de ces deux bancs est Est-Ouest. Ils sont indépendants l'un de l'autre et séparés par du leptynite. Enfin une foule de petits massifs, réduits souvent à de simples îlots, sont disséminés parmi les leptynites du Sud et du Sud-Est.

Les micaschistes, dans la Creuse et la Corrèze, sont inséparables des gneiss et des leptynites. Ils occupent les mêmes régions et se fondent au contact les uns des autres en roches mixtes souvent difficiles à classer. Leurs massifs s'intercalent avec ceux des granits qui les traversent, et quelle que soit la contrée, ils affectent tous la direction générale Nord-Ouest, Sud-Est.

Le massif le plus important de la Creuse est situé au nord et s'étend depuis Dun, Bonnat, Châtelus et Boussac qui le limitent au Sud, jusque dans l'Indre et le Cher, où il se prolonge.

Une bande très étroite suit le Taurion depuis sa source, près de La Nouaille, jusqu'à sa sortie du département. Cette bande se rompt entre Pontarion et Bourganeuf, au-delà elle s'élargit pour embrasser deux petits massifs de granit et se souder ensuite aux schistes cristallins de la Haute-Vienne.

Enfin, à La Courtine s'arrête un lambeau de micaschiste détaché du massif Nord-Est du département voisin.

Dans la Corrèze, la formation micaschisteuse a acquis un développement considérable. Elle constitue trois séries de massifs orientés Nord-Ouest, Sud-Est et à peu près parallèles.

L'alignement Nord-Est, commun à la Creuse et au Puy-de-Dôme, part de Saint-Denis et atteint Port-Dieu, après avoir passé par Saint-Martial, La Mazière, Eygurande, Monestier, Aix, Saint-Remy, Merlines, Saint-Etienne et Saint-Martin. Ces trois dernières localités sont surtout fréquentées par les micaschistes; les autres se trouvent sur le parcours des gneiss.

Un deuxième alignement de schistes cristallins, formé de plusieurs massifs, échelonnés dans la même direction Nord-Ouest, Sud-Est, s'étend de La Celle à Seilhac. Dans cette formation, où les micaschistes et les gneiss occupent un emplacement à peu près égal, les micaschistes se montrent plus particulièrement autour de La Celle, entre Saint-Martin-la-Méanne, Murat et Chaumeil et à Uzerche, à Saint-Augustin, à Beaumont, à Saint-Pantaléon, à Chamboulive et à Jonzac.

Plus au Sud, une longue bande de micaschistes traverse la contrée, toujours dans la même direction, de Pompadour et Juillac à Saint-Hilaire-le-Peyroux et Albignac, s'arrête devant un banc de leptynite qui le prolonge et reparaît à Saint-Pardoux, à Argentat, à Altillac et à La Rivière, à proximité de la frontière sud.

Au Sud-Est, un autre massif de micaschistes et de leptynites associés est circonscrit par La Chapelle-Spinasse, Saint-Hilaire-Foissac, Saint-Protet, La Rivière (Dordogne), Saint-Julien et Auriac.

Enfin, au nord de Villedieu, sur les limites de la Haute-Vienne, surgit le dernier lambeau de micaschiste de la Corrèze.

Les micaschistes sont traversés par de nombreux filons de quartz blanc ou ferrugineux, assez pauvres en minéraux, et par d'épais filons de pegmatite pure ou kaolinisée. Le fer à l'état de sulfure et sous forme de lamelles appliquées contre le mica, abonde dans tous les gisements où la roche a subi un commencement d'altération. La pyrite de fer cristallisée, le mispickel, le wolfram, le titane rutile, l'étain existent à Puy-les-Vignes, près de Saint-Léonard, dans une variété gneissique; le plomb à Vicq et à Glanges, l'antimoine à Puy-des-Biards, dans le quartz et la baryte, le spath pesant à Mazerolas près de Limoges et plus loin, dans la même direction, à Villebon près du Vigen. Le grenat almandin est très fréquent à La Geneytouse, à Saint-Paul-d'Eyjeaux, au Croup, à La Roche-Noire à l'est de Thiviers, etc. On rencontre aussi dans les micaschistes de la tourmaline, de l'amphibole, de la sillimanite, de la ripidolite, quelques cordiérites, du graphite et des veines de calcite dolomitique.

Variétés à consulter. — 1° Micaschiste proprement dit: quartz abondant en couches épaisses; mica brun lamellaire, jaune par altération, stratification presque droite, contient des grenats, de la cordiérite, de la sillimanite et du fer pyriteux. Localité : Le Fressinet, près de La Roche-l'Abeille.

2° Micaschiste quartzeux nodulaire, mica argentin et violet; les nodules sont formés par des grenats. Loc. : La Roche-Noire près de Thiviers, Dordogne.

3° Micaschiste fortement micacé; possède deux micas, l'un blanc, l'autre brun violacé. Loc. : Saint-Yrieix.

4° Mica argentin en lamelles nombreuses. Loc. : Nexon, route du Pont-Rompu au Pont-de-l'Aiguille.

5° Micaschiste gneissique, mica noir lamellaire, peu abondant, en zones minces; contient du titane rutile, du wolfram, du mispickel, de la tourmaline. Loc. : Saint-Léonard.

6° Même variété avec mica violet lamellaire, zones minces; la sillimanite abonde. Loc. : La Meyze, Saint-Denis-des-Murs.

7° Mica biotite violet disposé en nappes droites ou contournées, strates d'épaisseur moyenne, renferme des lamelles de fer pyriteux, de la sillimanite et quelques variétés de cordiérites. Loc. : Le Cluzeau, Le Vigen.

8° Micaschiste noueux à deux micas et à deux quartz, grenatifère et cordiérifère. Loc. : La Geneytouse.

9° Micaschiste amphibolifère. Loc. : Saint-Yrieix-la-Perche.

Rôle des micaschistes en agriculture. — Les terres provenant de la décomposition des micaschistes ne sont pas d'une grande fertilité, parce qu'elles sont pauvres en chaux qui ne s'y trouve qu'accidentellement; mais elles contiennent une assez grande quantité de potasse, à laquelle elles doivent leur fécondité relative. On peut établir ce principe, que la valeur des terres micaschisteuses est directement proportionnelle à la quantité de mica qui entre dans leur composition, car c'est le mica qui fournit la potasse, et plus cette espèce abonde plus le sol renferme d'alcali. Ces terres sont propres à la culture des céréales, des pommes de terre, des topinambours, du sarrasin et de quelques crucifères. Dans les sols profonds, les plantes pivotantes et les légumineuses viennent convenablement.

Usages. — Les micaschistes sont employés en guise de moellons; ils prennent bien le mortier et font de très bons murs. Les plaques saines sont usitées dans la confection des caves, des aqueducs et des égouts. On s'en sert aussi pour empierrer les routes.

B. — Talschistes chloritoschistes (chloritotalschistes).

Nous n'avons pas de talschistes et de chloritoschistes en Limousin, en tant que roches formant massifs. Cela n'implique pas que la chlorite et le talc en soient absents. Mais ces éléments ne se rencontrent qu'à l'état de mélange et dans certaines conditions parfaitement déterminées en dehors desquelles ils n'existent pas, que nous sachions tout au moins. S'ils font partie intégrante de quelques schistes, ils entrent aussi dans la constitution des gneiss, des leptynites, des granulites et même des granits cristallins, là où ces roches se trouvent directement en contact avec les roches plutoniennes.

Les schistes talqueux et chloriteux du Limousin ne se présentent donc pas avec un faciès normal; ils résultent d'un acte métamorphique ayant agi sur l'élément mica au moment de l'éruption des granits, des porphyres et des diorites.

Sous son influence, le mica s'est modifié en tout ou en partie et s'est transformé en une matière amorphe vert jaunâtre, gris brun ou complètement noire et graphiteuse, qui tient tout à la fois du talc et de la chlorite. Non seulement cette matière s'est substituée au mica, mais elle s'est infiltrée entre les autres éléments et dans toutes les fissures, formant des veines de plusieurs millimètres d'épaisseur et quelquefois des petits filons de plus d'un décimètre.

La substance chlorito-talqueuse dont nous parlons, telle que nous l'avons trouvée au Cluzeau-Limoges, se présente avec les caractères suivants : vue en bloc, elle est compacte ou semi-compacte, écailleuse, translucide sur les bords, lisse et striée sur les faces du clivage facile, grenue en apparence dans la cassure; ses éclats sont anguleux et souvent sur l'un des côtés on remarque des lamelles très fines, blanches ou gris verdâtre qui font pressentir la nature de la masse. Cette matière, à l'état sain, est plus dure que le talc et la chlorite, mais se raie sans trop de difficulté au moyen de l'ongle. Lorsqu'elle est altérée, elle forme une sorte d'argile stéatiteuse colorée très fréquemment en noir par du graphite. Dans les gisements où cette espèce minérale a été observée, elle enveloppe parfois des rognons de sillimanite dont les fibriles très fines et soyeuses sont étroitement accolées.

Quel que soit ce produit, du reste, il fait partie intégrante de la roche qui nous occupe, remplace le talc ou la chlorite dans les schistes cristallins métamorphiques et donne naissance aux chlorito-talschistes.

Nous verrons plus loin que les gneiss, les leptynites, les granits et les granulites se sont imprégnés de ce même produit, dans certaines circonstances géologiques que nous ferons connaître, et se sont transformés en roches protoginiques.

Minéraux accidentels. — Calcite, dolomie, chlorite lamelleuse ou compacte, argile stéatiteuse, graphite, praséolite, talc et pyrite de fer. Le carbonate de chaux magnésien est très fréquent et forme des veines ou des filons de plusieurs décimètres d'épaisseur dans le sens des couches ou en travers la stratification.

Parmi les localités où l'on peut étudier cette roche, nous citerons : Le Cluzeau, près Limoges ; Pouzol, Gilardeix et Pierrebuffière (Haute-Vienne); Chambon et Evaux (Creuse); Chéronies, Abjac, Lesterps, Montbron et Lapeyruse (Charente); partout enfin où les micaschistes sont en contact avec les porphyres.

Usages. — Les chlorito-talschistes fournissent un sol gras, souvent coloré, possédant au point de vue agricole des propriétés analogues aux micaschistes. Quant aux usages, ils sont très limités; ces roches, en raison de leur faible résistance, ne peuvent guère être employées que dans les constructions grossières et peu coûteuses.

C. — Gneiss.

Le gneiss résulte de l'association, en proportions définies, du quartz, du feldspath et du mica. Il se caractérise par la disposition rubanée de ses éléments et particulièrement de son mica. Celui-ci est aggloméré en couches discontinues, planes ou légèrement ondulées, de faible épaisseur. Il est presque toujours noir, parfois violâtre, et ses lamelles, au lieu d'être hexagonales, comme dans la plupart des roches primitives, se montrent déchiquetées et confusément assemblées.

Le quartz est souvent aligné et dans ce cas se présente sous la forme lenticulaire; mais d'ordinaire il est amorphe, blanc-gris ou légèrement enfumé. Il contient des inclusions liquides, plus centrales, plus petites et moins nombreuses que celui des granits (de Lapparent).

La matière feldspathique, plus abondante que les autres éléments réunis, est constituée par un mélange d'orthose et d'oligoclase, dans lequel l'orthose prédomine.

Dans quelques gneiss, le mica est assez rare et l'alignement des matériaux est moins prononcé ; la roche se rapproche du granit et prend, pour cette raison, le nom de gneiss granitoïde. Dans d'autres, au contraire, le mica affecte une forme cristalline, il surabonde, la schistosité est plus prononcée : le gneiss passe au micaschiste. Parfois, au mica noir s'associe le mica blanc cristallisé ; les éléments dans leur ensemble tendent vers une structure tabulaire ; d'où résulte une troisième variété, qu'on peut appeler leptynoïde et qui diffère des précédentes par cette particularité que le feldspath est souvent granulaire. Sur les bords des bancs de diorite, la roche emprunte de l'amphibole à sa voisine et devient amphibolifère. Enfin, au contact des roches ignées, le gneiss se métamorphose en pseudo-protogine et s'imprègne de graphite. Cette transformation, qui a atteint le mica plus spécialement, est identique à celle qu'ont éprouvée les micaschistes placés dans les mêmes conditions (Voyez talschistes et protogines).

Quelle qu'en soit la variété, le gneiss peut se présenter avec une texture nodulaire ou œilletée, assez fréquente aux environs de Limoges. Les nodules sont constitués par du quartz et plus fréquemment par du feldspath, dont la disposition en séries assez régulières, dans le sens de la schistosité, est mise en évidence par les ondulations plus prononcées des couches micacées qui les circonscrivent.

La distinction entre le gneiss proprement dit et le gneiss rouge (*gneiss refondu de M. Scheerer*) n'a pas raison d'exister dans nos contrées. Nous possédons bien quelques gneiss roses granitoïdes, mais ces roches ne se différencient en aucune façon, soit par la structure, soit par la conformation, des gneiss voisins auxquels ils font suite et avec lesquels ils se confondent. Du reste, il est bien possible que les gneiss rouges de quelques auteurs ne soient autres que des granulites micacées, analogues à celles dont nous avons signalé la présence dans les zones de contact des diorites avec les leptynites.

Dans la Haute-Vienne, le gneiss ne forme qu'un seul massif, ou plutôt un immense banc allongé du Nord-Est-Est, au Sud-Ouest-Ouest, s'étendant depuis Saint-Julien-le-Petit, d'une part, et Bourganeuf, d'autre part, jusqu'à Chabanais (Charente). Ce banc est parallèle à la Vienne à partir de Saint-Léonard et sert de rives aux affluents du Taurion. Il se renfle entre Aixe et Saint-Léonard, et à son extrémité Est, se rétrécie en face de Montbouché et s'atténue progressivement en gagnant la limite ouest du département. Ses couches sont généralement horizontales, quelquefois inclinées légèrement, jamais complètement redressées.

La superficie totale du gneiss est de 510 kilomètres carrés environ et son altitude ne dépasse pas 400 mètres ; c'est la roche la moins élevée du département.

Rapports. — Le gneiss est en rapport avec le granit et le micaschiste qui le bordent de tous côtés et le surmontent. Il encaisse à l'Est et au centre des groupes de porphyres euritiques et quartzifères, des diorites au nord de Sauviat, à Aixe et à Saint-Junien et quelques îlots de granit granulitique. La houille anthraciteuse s'est accumulée au fond de cuvettes creusées dans son épaisseur à Bouzogle, à Arfeuille près de Bourganeuf.

La minette est fréquente dans la plupart des gneiss, mais on l'observe plus particulièrement dans le gneiss granitoïde en bandes parallèles à la stratification, ou en masses arrondies de dimensions extrêmement variables. Loc. : La Bastide, Moulin-Rabaud.

Il n'est pas rare de rencontrer au milieu des gneiss à grain fin des portions de roche non stratifiée, dans lesquelles l'arrangement des éléments est analogue à celui des granits; sorte de granulite micacée, presque grésiforme, particulière aux gneiss. Loc. : Limoges.

Filons et minéraux accidentels. — Quelques filons étroits de quartz et de pegmatite caillouteuse, dont les plus importants sont situés auprès de Saint-Laurent-les-Eglises et de Châtenet, traversent le gneiss. On trouve dans cette roche un assez grand nombre de minéraux : wernérite, sillimanite, tourmaline, baryte, fluorine,

épidote, graphite, grenats, mispickel, fer pyriteux qu'on croit auri-
fère, fer limoneux, plomb, antimoine et wolfram ; ce dernier associé
au quartz à Mandelesse près Limoges.

Variétés à consulter. — Le gneiss offre plusieurs variétés qu'on
peut étudier sur place, car elles sont toutes concentrées autour de
Limoges dans un rayon de quelques kilomètres. Les plus intéressantes sont : le gneiss à gros grain gris brun, très ondulé; forme un
banc de peu d'étendue situé à quatre kilomètres au nord du chef-
lieu de la Haute-Vienne. Les rares veines de quartz et de pegmatite
qui le sillonnent renferment du feldspath orthose jaune saumon,
du quartz enfumé, du mica muscovite en cristaux hémitropes, de
la tourmaline, du mispickel et un peu de plomb. Loc. : Brachaut,
Couzeix, Texoniéras, Saint-Priest-Taurion.

Gneiss à grain moyen. Quartz et feldspath gris, mica violâtre ou
brun assez abondant. Cette roche est légèrement ondulé et œilletée.
Loc. : Le Breuil, Couzeix, Bonnac.

Gneiss granitoïde. A grain demi-fin. Zones presque droites, mica
rare, feldspath rose de chair ; contient en assez grande quantité du
fer sulfuré et arséniaté. Loc. : Moulin-Rabaud, Saint-Martin-Terres-
sus.

Gneiss à grain demi-fin. Noduleux, feldspath gris, mica noir,
violâtre ; cette variété passe au leptynite ; on y remarque des injec-
tions de granulite rose, de l'épidote d'un vert olive et du grenat.
Loc. : Chaptelat, Pont de Beissat, entre Le Dorat et Bellac.

Gneiss à grain très fin. Gris brun, pauvre en mica ; ses couches
sont horizontales. Loc. : Faugeras, près de Limoges, Juilhac.

Gneiss micaschisteux. Mica violet en couches plates ou très peu
ondulées ; la matière feldspathique est en partie altérée ; la sillimanite, la chlorite et le graphite s'y rencontrent quelquefois. Loc. :
Auzette, Limoges, Le Carrier, La Meyze.

Gneiss leptynoïde. Mica blanc associé au mica noir, en lamelles
cristallines. Feldspath abondant, grenu, grain fin ; montre une tendance à la structure tabulaire. Loc. : Château-Mas-Vergne, auprès de
Limoges.

Gneiss amphibolifère. Dans cette variété l'amphibole s'est substituée en partie ou en totalité au mica ; elle y forme des zones continues, se mêle au quartz et au feldspath. Loc. : Aixe-sur-Vienne.

Gneiss protoginique. Imprégné de matière chlorito-talqueuse.
Loc. : Pont de l'Aiguille, Pont du Vigen, Aixe.

Dans la Corrèze, les gneiss gisent entremêlés avec les micaschistes et les leptynites dans les alignements dont il a été fait mention
au chapitre précédent. Ils se montrent principalement dans la région

nord-ouest et au centre du département. Comme dans la Haute-Vienne et en général dans tout le Plateau central, ils présentent une structure granitoïde ondulée ou schistoïde et glanduleuse. Les gneiss granitoïdes occupent la base de la formation, les gneiss ondulés sont placés à la partie moyenne de l'étage et les gneiss schistoïdes s'étendent à un niveau plus élevé. La forme œilletée ou glanduleuse se rencontre dans les gneiss des trois étages et par conséquent n'appartient pas à une zone plutôt qu'à une autre.

Le principal banc de gneiss de ce département est enclavé dans les leptynites et se dirige du Nord-Nord-Ouest au Sud-Sud-Est, depuis l'ouest de Tulle jusqu'au-delà de la limite méridionale. Au nord de Vitrac, entre Mercœur et Beaulieu, à Altillac et au Mas-del-Bos, le gneiss devient amphibolifère. Sur quelques points, notamment de chaque côté de la rivière Corrèze, à Albussac, à Roussane et à Lairoux, il affecte la structure granitoïde. Vers l'Est, sur une bande assez longue, la roche gneissique prend la forme glanduleuse. Enfin, à la surface du plateau et au contact des amphibolites, le gneiss est injecté de granulite rose. Cette particularité, fréquente dans la Haute-Vienne et dans la Charente, a été remarquée principalement vers La Garde, Leix et Neuville.

On retrouve le gneiss au Nord-Ouest à Saint-Denis, à Saint-Martial, à Lamazière, à Eygurande, à Aixe et à Saint-Remy et au Sud-Est, à La Chapelle-Spinasse, à Saint-Protet et à Auriac.

Dans la Creuse, les gneiss s'interposent entre les granits granulitiques et les granits cristallins. Ils occupent le centre du département, et leurs massifs, moins accidentés que ceux des formations environnantes, entourent de toute part l'alignement de granits bleus qui s'étend de Saint-Vaury à Crocq, par Guéret, Aubusson et Felletin.

Cette bande aux trois quarts ellipsoïdale succède aux micaschistes de La Courtine, longe la Creuse jusqu'à Aubusson, descend en s'élargissant à Saint-Junien-la-Bruyère, par Bourganeuf, et remonte du côté de Grand-Bourg, de Saint-Etienne-de-Fursac et de Dun. Là, elle forme un coude brusque et revient vers l'Est, traverse la Creuse à Glénic, suit la direction Ajain et Jarnages, plonge sous le carbonifère des environs de Gouzon et atteint les limites Est et Nord-Est du département par Auzances et Chambon.

Nous ferons remarquer que les gneiss du Limousin prennent dans un grand nombre de cas la forme schisteuse et que leur mica, au lieu d'être déchiqueté sur les bords, accuse des contours franchement géométriques.

Ces caractères s'appliquent plutôt aux leptynites qu'aux gneiss, d'où cette conclusion : que ces deux formations ont été prises l'une pour l'autre et confondues en une seule par quelques géologues. Si ce n'était la question d'âge, la confusion n'aurait aucune importance, attendu que ces schistes affectent des allures semblables et fréquentent les mêmes parages. Mais les gneiss sont plus anciens et placés plus bas que les leptynites. Il importe donc, si l'on veut les déterminer d'une façon précise, de vérifier leur emplacement parmi les schistes cristallins, de contrôler leur niveau et de s'assurer de la forme des granulations et du mica, de tenir compte en un mot des caractères au moyen desquels on les distingue généralement.

Propriétés. Usages. — Comme les tufs micaschisteux, les tufs gneissiques contiennent une forte proportion d'alcalis. Il en résulte que leurs propriétés agronomiques sont assez prononcées. Leur fertilité s'accroît du reste avec l'épaisseur de la couche végétale dont ils forment la base et la quantité d'humus qu'ils acquièrent par le fait de leur situation dans les déclivités de la surface. Ces deux conditions se trouvent réunies dans le sol constitué par le gneiss de la Haute-Vienne, et les terres qui en dérivent sont considérées à juste titre comme les meilleures de ce pays.

Le gneiss, en raison de la facilité avec laquelle on l'extrait et on le divise, fournit de très bons matériaux pour la construction; mais il ne peut subir la taille. Il est très recherché comme moëllon. Avec celui qu'on retire de Brachaut, on bâtit des murs de soutènement d'une grande solidité. Le gneiss est utilisé aussi pour l'entretien des routes.

D. — Leptynite.

Densité, 2, 6 — Silice, 73 p. °/₀.

Plusieurs auteurs français et les Allemands ont réuni en une seule espèce le leptynite et la granulite. Nous ne partageons pas leur manière de voir. Ces roches sont bien différentes l'une de l'autre, ainsi qu'il résultera, croyons-nous des considérations dans lesquelles nous entrerons à ce sujet dans le chapitre consacré à la granulite. Il ne sera question ici que du leptynite proprement dit.

Contemporain du gneiss, ou de formation immédiatement postérieure, le leptynite est constitué par un agrégat d'éléments parmi lesquels l'orthose se fait remarquer par son extrême abondance. C'est une roche essentiellement feldspathique, qui admet aussi dans sa composition une faible quantité d'oligoclase et du quartz. Celui-ci est rare dans le corps de la roche; mais il abonde dans les nombreuses veines qui la sillonnent en tous sens et dans les filons parfois considérables qui la traversent. Cette matière est amorphe et contient des inclusions liquides très petites.

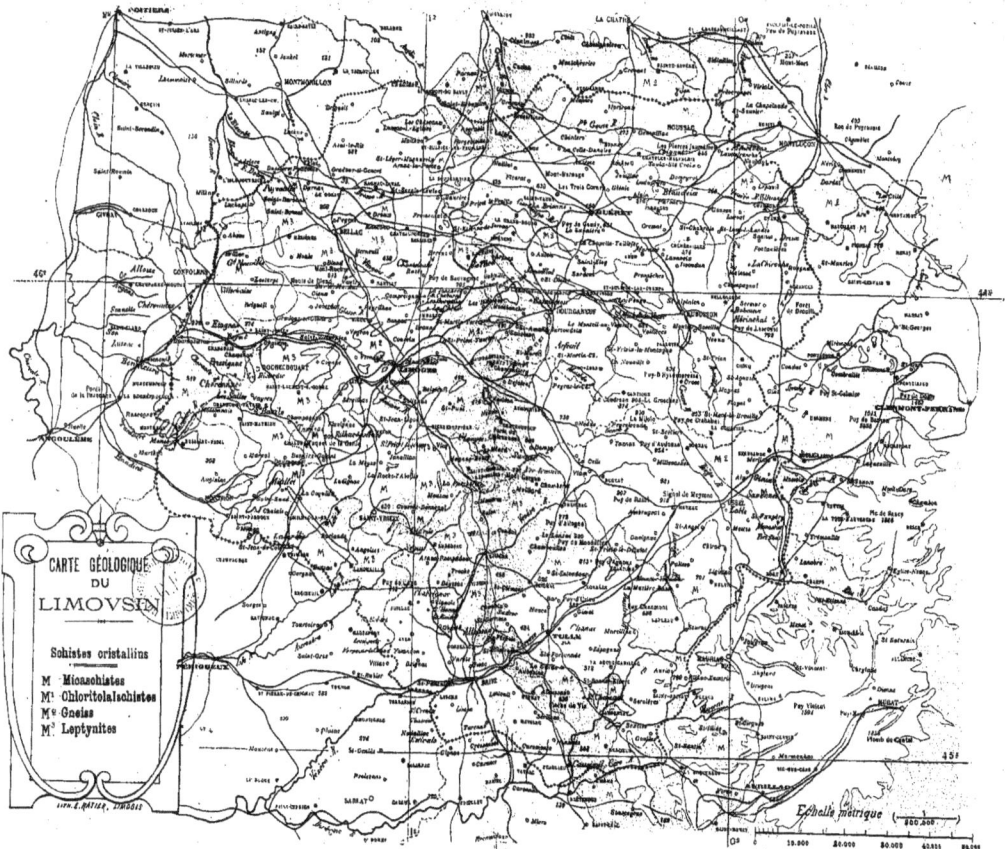

CARTE GÉOLOGIQUE
DU
LIMOVSIN

Schistes cristallins

M¹ Micaschistes
M² Chloritolaischistes
M³ Gneiss
M⁴ Leptynites

Echelle métrique

Le mica existe également dans la plupart des variétés ; quelques-unes en sont dépourvues ; d'autres au contraire en contiennent une assez forte proportion. Il est à remarquer que plus le leptynite est schisteux plus le mica est fréquent. Cet élément est brun ou blanc, exceptionnellement violâtre, et se montre en lamelles disséminées ou disposées en zones discontinues.

Le feldspath est grenu en général ou subcristallin, parfois lamellaire. Dans ce dernier cas, les cristaux dépassent en volume les granules amorphes qui l'entourent ; de plus, ces cristaux sont allongés dans le sens de la stratification et peu nombreux. Ils forment dans la roche des nodosités qui, bien plus que dans le gneiss, la rendent œilletée ; ou bien s'accumulent en quelques points, modifiant partiellement la structure qui devient granulitique.

Le leptynite se présente généralement avec un grain fin ou très fin ; mais il n'est jamais compacte comme quelques auteurs l'ont avancé.

L'eurite, avec laquelle il a été confondu, n'appartient pas à la même formation et n'offre pas, du reste, le même agencement moléculaire. Il est quelquefois grésiforme, ou plutôt très finement grenu, dépourvu de mica et sans indice de schistosité. Le plus communément, il est zonaire ou tabulaire. Dans quelques localités de la Creuse et de la Corrèze, et à Saint-Yrieix-la-Perche (Haute-Vienne), la roche se divise spontanément à l'air, ou à la moindre action, en plaques minces et larges que les habitants utilisent en guise d'ardoises pour couvrir leurs maisons.

Parfois la chlorite verte, lamellaire, occupe la place du mica. Une variété de ce genre se trouve à Aixe, à côté d'un leptynite amphibolifère, la roche est grenue, grise et peu schisteuse, assez souvent zonaire.

Plusieurs variétés ont pris naissance au contact des gneiss et des micaschistes. En présence des diorites, la roche mêle ses éléments à ceux de la roche amphibolifère ; il en résulte une variété souvent schisteuse, surchargée de hornblende (amphiboloschiste), dans laquelle l'oligoclase a déplacé une partie de l'orthose. Cette variété est très commune aux environs d'Aixe, de Saint-Paul-d'Eyjeaux, de Saint-Junien, dans la commune de Séreilhac, à Puy-Chéry et à Puy-Magnot (Haute-Vienne), aux environs de Saint-Paul-la-Roche et de Sarrazac (Dordogne).

Le grenat est fréquent dans cette variété et surpasse quelquefois en quantité la matière amphibolique. Localité : le Croup, près de Saint-Germain-les-Belles.

Dans d'autres circonstances, au voisinage des serpentines, le leptynite associe ses éléments au diallage, au pyroxène, au labra-

3

dor et se transforme en diallagite. La roche née de cette association est très finement grenue, noire ou verdâtre, véritable mélaphyre, dont plusieurs localités fournissent des exemples : Fargeas sur la route de Châlus à Nontron, la Porcherie, au sud de Saint-Germain-les-Belles, La Coquille (Dordogne). Au lieu appelé l'Ecubillon, à quatre kilomètres nord-est d'Oradour-sur-Vayres, le leptynite diallagitique contient en abondance du grenat, du pyroxène vert foncé et même du péridot noir amorphe visible à la loupe (Voyez éclogite et diallagite).

Enfin, dans une variété assez commune aux environs de Masseret (Corrèze) et au moulin du Grand-Coing, entre Miallet et Saint-Saud (Dordogne), le mica, couleur gris ardoisé, luisant et satiné, se montre disposé en nappes continues entre des feuillets minces de fedspath, finement granulaire. Cette roche, qui n'est en réalité qu'un schiste phylladien ancien, mais un schiste feldspathique plutôt que quartzeux, est encaissée dans le leptynite avec lequel elle a des rapports de composition et de structure très étroits.

En effet, elle est constituée presqu'en entier par du feldspath grenu, et celui-ci s'y trouve sous le même état et avec la même orientation que dans le leptynite. Si la matière micacée du schiste diffère par sa forme et par son abondance relative, elle n'en est pas moins associée à l'élément principal du leptynite. Le feldspath prédomine dans les deux roches.

C'est la raison qui nous a engagé à la faire figurer dans ce chapitre à côté du leptynite, nous réservant d'y revenir à l'article phyllade; car nous n'avons pas la prétention de confondre ces deux roches si dissemblables dans leur aspect et dans leur origine. Cependant, nous tenons à établir que le schiste phylladien en question nous paraît dériver du leptynite et qu'il résulte probablement d'une action métamorphique exercée sur la roche leptynitique par le granit d'éruption qui l'avoisine. Ajoutons également, que le leptynite se transforme en une variété intermédiaire aux abords de la pseudo-phyllade dont nous parlons.

Le leptynite est inconnu dans la région nord-est et est de la Haute-Vienne; mais il est très abondant au sud-est, au sud et au sud-ouest, autant à peu près que le micaschiste en compagnie duquel on le rencontre constamment et qui le recouvre. Ces deux roches se soudent par leurs bords profondément découpés et entre-mêlent leurs couches aux points où elles sont en rapport. Dans l'ouest, le leptynite forme un banc assez étendu que circonscrivent Le Dorat, Vaulry, Magnac-Laval, Droux et Gajoubert. Au centre, il est peu commun et borde le gneiss et le micaschiste.

Au sud, le leptynite étend ses puissantes assises et délimite, entre Excideuil et Nontron, les terrains de formation primitive.

La roche est partout schisteuse et micacée; mais les feuillets sont plus ou moins épais et le mica, souvent très abondant, est tantôt brun, tantôt blanc. Sur quelques points du territoire frontière, aux environs de Saint-Paul-la-Roche, de Sarrazac, de Dussac et de Lanouaille (Dordogne), cet élément fait place à la hornblende, dont les nombreux cristaux, réduits à de très faibles dimensions, s'allongent et s'orientent dans le sens du clivage facile.

Au sud de Sarrazac, entre cette localité et Saint-Sulpice-d'Excideuil, le leptynite affecte une forme particulière qu'il convient de faire ressortir. La roche, très fissile par elle-même, se divise avec une grande facilité dans le sens de l'allongement latéral des éléments. Ceux-ci sont indiscernables à l'œil nu et à peine visibles à la loupe. Néanmoins, en apportant à l'examen une sérieuse attention, on parvient à distinguer sans trop de peine un alignement de petits cristaux étirés, gris verdâtre, associés à du feldspath en grains extrêmement ténus. Dans son ensemble, le leptynite de Sarrazac présente une structure bacillaire assez nette. Il forme des couches droites ou redressées entre le leptynite proprement dit, qui le borde au nord, et le calcaire jurassique, qui le cotoie au sud. Ces rapports de contact avec des roches si différentes par leur origine, joints aux particularités de structure qui le distinguent des autres leptynites, en font une roche qu'on ne peut faire dépendre évidemment des terrains primitifs. Il convient plutôt de la rattacher au cambrien, dont on trouve quelques autres représentants dans cette contrée commune au Limousin et au Périgord.

Comme tous les leptynites du Limousin, ceux de la région sud ou sud-ouest se divisent en plaques, en feuillets ou moins fréquemment en blocs bacillaires parallèles. Leurs strates horizontales, penchées dans un sens ou dans un autre, quelquefois presqu'entièrement redressées, ont partout une épaisseur égale qui varie pour chacune d'elles. La division facile se produit naturellement dans le sens de la schistosité; mais la séparation transversale est inclinée sur la face stratifiée, de sorte que les échantillons, vus de face, représentent un parallélogramme dont les côtés latéraux, obliques par rapport aux deux autres côtés, circonscrivent des angles complémentaires de 75 à 85 degrés. Ce fait est constant dans les leptynites. C'est un des principaux caractères qui permet de reconnaître cette roche et de la distinguer des granulites, avec lesquels elle a été confondue et qui ne présentent pas cette particularité.

Des diorites, des serpentines, des grenatites, quelques porphyres euritiques et des massifs peu importants de granit cristallin traversent les leptynites. De nombreux filons de quartz, dont quelques-uns sont remarquables par leur puissance, les parcourent dans des directions diverses. Il est à noter que les pegmatites sont très communes dans cette roche. Les granulites pegmatoïdes, en filons ou en dykes, abondent également à proximité des diorites, des syénites et des autres roches amphiboliques.

Leptynites dans la Corrèze. — Complètement étrangers aux régions nord-ouest et nord-est, les leptynites se développent à l'ouest et au sud-ouest de ce département, où ils se soudent avec ceux de la Haute-Vienne.

Ils forment plusieurs bancs, souvent interrompus par des micaschistes, et s'avancent, d'une part, dans la direction Nord-Nord Ouest, Sud-Sud-Est, jusqu'à Albussac par Tulle, et, d'autre part, dans la même direction, des rives de la Corrèze aux rives de la Cère, par Saint-Hilaire-le-Peyroux, Beynat, Roche-de-Vic, Villac, Saint-Céré, Argentat, Espartillières, Pauliac, Memmaux et Teyssieu. Autour des massifs d'amphibolite, ces roches se chargent de hornblende (environs de Tulle, Altillac, etc.)

Les leptynites de la Creuse sont associés aux gneiss et en relation constante avec les micaschistes. On les rencontre dans la vallée de la Creuse et au nord-ouest dans la région des schistes micacés. Ils participent des mêmes propriétés et répondent aux mêmes usages que ceux des autres départements du Limousin.

Minéraux accidentels. — Le grenat est fréquent dans le leptynite, quelle que soit la variété. Il en est de même de l'amphibole et du diallage, mais seulement sur les points rapprochés des roches que ces minéraux concourent à former. La macle a été observée dans la variété phylladienne dont nous avons parlé sommairement. Le fer oxydulé titanifère (nigrine) est abondant dans les variétés amphiboliques et diallagiques. Le titane rutile, plus ou moins ferrifère, qu'on rencontre dans les terres labourées et dans le lit de quelques ruisseaux aux environs de Saint-Yrieix-la-Perche, de Saint-Yrieix-sous-Aixe et de Coussac-Bonneval, provient d'un leptynite micaschisteux (1). L'épidote et la chlorite sont

(1) Jusqu'à ce jour on attribuait aux gneiss seuls la propriété de donner asile au rutile, et la présence de ce minéral dans le leptynite n'avait pas encore été démontrée. Elle vient d'être mise en évidence tout récemment par M. Besnard du Temple, qui a recueilli le titane dans le leptynite amphibolique d'Aixe-sur-Vienne. Nous même nous l'avions observé à Puy-les-

assez communes, la première dans le leptynite injecté de granulite, la seconde dans les délits, au voisinage des porphyres et des diorites.

Signalons, enfin, la tourmaline, la sillimanite, le disthène et le fer pyriteux qui sont assez rares.

Propriétés. — Usages. — Le sol provenant de l'altération des leptynites possède, au point de vue agronomique, les mêmes propriétés que les gneiss. Il est très siliceux, mais il renferme une assez forte proportion d'alcalis, suffisante pour permettre aux plantes de se développer avec vigueur, à la condition toutefois que la couche arable ait l'épaisseur voulue, ce qui n'existe pas toujours.

Les leptynites fournissent des matériaux de construction assez estimés. Les variétés schisteuses et tabulaires sont employées aux mêmes usages que les micaschistes. Celles qu'on peut diviser en plaques minces sont utilisées dans la toiture et le dallage des habitations.

Variétés à consulter. — Leptynite grésiforme, sans mica, non schisteux. Loc. : Le Fressinet.

Leptynite commun, tabulaire, grain demi-fin, mica blanc et brun. Localités : Cussac, Bussière-Galant, Miallet, Jumilhac-le-Grand.

Leptynite ondulé, œilleté, deux micas, grain moyen. Loc. : Miallet (Dordogne).

Leptynite zonaire, grain très fin, mica noir. Loc. : Saint-Paul-d'Eyjeaux (Haute-Vienne).

Leptynite en tables minces, grenu, très fin, mica brun. Loc. : Saint-Yrieix-la-Perche.

Leptynite zonaire, grain très fin, mica blanc. Loc. : Saint-Paul-d'Eyjeaux.

Leptynite schisteux, grain très fin suramphibolifère, mica blanc. Loc. : Saint-Paul-d'Eyjeaux.

Leptynite feuilleté, suramphibolifère. Loc. : Saint-Paul-la-Roche (Dordogne).

Leptynite lamello-bacillaire, verdâtre, amphibolifère. Loc. : Sarrazac (Dordogne).

Leptynite protoginique, chlorite verte lamellaire, feldspath gris finement grenu, schistosité peu prononcée. Loc. : Aixe-sur-Vienne (Haute-Vienne).

Vignes, dans un leptynite gneissique. Ces découvertes viennent corroborer l'opinion que nous avions émise antérieurement, à savoir : que le rutile se rencontre beaucoup plus souvent, si ce n'est exclusivement, dans le leptynite que dans les autres roches de la même famille.

E. — Schiste phylladien.

Synonime : Schiste maclifère.

Ces schistes, que quelques auteurs considèrent comme des produits détritiques de roches primitives reconstituées par métamorphisme et que d'autres rangent au nombre des roches formées de toute pièce, marquent le passage des micaschistes aux phyllades à séricite et aux phyllades argileuses.

Etablissons d'abord qu'il ne sera question ici que des schistes phylladiens feldspathiques et non des schistes ardoisiers que nous étudierons plus loin.

Ainsi comprises, ces phyllades se caractérisent par une structure feuilletée, par l'abondance et la nature particulière du mica, par la prédominance du feldspath sur le quartz et par l'existence de macles.

Entre les feuillets très minces de la roche, une matière micacée, d'un gris ardoise clair, luisante, satinée, s'est établie en nappes continues, régulières et plus ou moins ondulées. Le mica ne paraît pas avoir la même composition que le mica des autres schistes primitifs ; il n'est même pas écailleux, ou s'il l'est, ses écailles ne sont pas discernables aux grossissements ordinaires ; il résiste à l'action du chalumeau et à la pression de l'ongle. Ce dernier caractère donne à supposer qu'il n'appartient pas aux groupes des chlorides et des talcides. Il semblerait qu'il ait été injecté entre les couches feldspathiques par une force puissante, à la manière des substances colorantes qu'une haute pression fait pénétrer dans des pores invisibles.

A ces éléments s'en ajoute un autre, la macle chiastolite, dont la présence dans le mica est presque constante.

Cette matière est cristallisée en prismes rhomboïdaux droits. Les cristaux, très petits et au moins quinze fois plus longs que larges, sont plus foncés en couleur que le mica qui les détient et n'ont pas de direction fixe.

Le schiste phylladien dont nous venons de donner une idée aussi exacte que possible forme un banc assez puissant dans le leptynite du sud-ouest du Limousin, entre Miallet et Saint-Saud (Dordogne), le long de la rivière la Dronne dont il suit la direction Nord-Est, Sud-Ouest.

Au Nord-Ouest, la roche feuilletée est en contact médiat avec le massif de granit qui s'étend de Chéronnac à Nontron et dont la présence n'est pas sans avoir exercé une grande part d'influence sur sa formation. Il semblerait que ce schiste, après avoir fait sa place — s'il est né de toute pièce — ait été comprimé par les masses voisines plus puissantes que lui, d'où seraient résultées la structure feuilletée et la direction des couches qui sont inclinées et parfois complètement redressées; ou bien, ce qui est plus probable, que sous l'action du granit d'éruption, le leptynite dont il dérive, selon nous, ait été disloqué, puis injecté de matière micacée et maclifère, pour subir ensuite et simultanément les énormes pressions qui l'ont transformé en une roche éminemment schisteuse.

Ce qui paraîtrait corroborer cette dernière manière de voir, c'est que le leptynite lui-même, au voisinage nord-est de la phyllade, a suivi celle-ci dans son mouvement ascensionnel et se trouve incliné, tandis que du côté opposé à l'Est, ses couches sont à peu près horizontales.

Enfin, dans la zone intermédiaire aux deux schistes, le leptynite, sans avoir éprouvé complètement la transformation phylladienne, s'est ressenti néanmoins du contact de sa voisine, la phyllade, à laquelle il a emprunté quelques-uns des caractères : structure feuilletée, finesse du grain, nature particulière et disposition du mica.

On peut étudier cette phyllade au pont du Cluzeau, près de Montbron, à Montembœuf (Charente), et au moulin du Grand-Coing, sur la route qui va de ce village à la tuilerie de Mazaubrun. En cet endroit, la route a été tracée en pleine roche, de sorte qu'on peut se rendre compte de sa direction générale aussi bien que de l'inclinaison de ses couches. Notons en passant que le petit dolmen dont on trouve quelques restes au nord de la Tuilerie a été dressé avec des plaques du schiste phylladien décrit ci-dessus.

Cette roche n'a pas son analogue dans la Haute-Vienne et dans la Creuse. Elle n'existe pas non plus dans la Corrèze, et les schistes qu'on trouve à Allassac, à Villac et à Travassac n'ont ni la même composition ni la même structure; ce sont des schistes argileux ou à séricite d'une nature toute différente.

La phyllade maclifère des environs de Miallet est contemporaine, selon toute vraisemblance, du leptynite amphibolifère, à schistosité double, de Sarrazac. Elle dépendrait donc du cambrien dont la formation, apparente seulement en quelques points et le plus souvent dissimulée sous l'une des assises du jurassique, s'étend du sud de la Corrèze jusqu'au delà Saint-Pardoux-la-Rivière qui est le lieu extrême où elle a été observée dans cette région.

F. — Schiste ardoisier.

Synonymes : Phyllade. — Ardoise.

Les schistes ardoisiers, bien différents des phyllades maclifères quoique contemporains, dérivent des roches primitives, du leptynite principalement qui, par gradation insensible, passe à l'ardoise, ainsi que M. de Boucheporn l'a constaté aux environs de Travassac.

Ces phyllades sont compactes, composées, d'après M. d'Orbigny, d'un limon talqueux plus ou moins mélangé avec quelques parties de feldspath, de quartz et d'anthracite, le tout consolidé par un ciment siliceux, chloriteux et calcaire.

Quelques auteurs ont affirmé qu'elles étaient le produit de la désorganisation des roches plus anciennement constituées. Le fait est possible, néanmoins il est permis de supposer qu'elles se sont formées de toute pièce, sans doute avec des débris limoneux profondément enfouis dans les crevasses du sol, à proximité des zones en ignition, d'où elles ont été projetées vers la surface sous l'effort de forces extrêmement puissantes, à travers des passages trop étroits, faisant office de laminoirs. Leur grande fissilité proviendrait aussi des pressions énormes exercées latéralement par les roches encaissantes sur la matière phylladienne avant son complet assèchement.

Quoiqu'il en soit, les schistes ardoisiers sont ternes ou luisants, presque toujours striés ou plissés sur les faces du clivage facile, souvent satinés et doués de teintes généralement sombres, noirâtres, verdâtres, bleuâtres, violettes ou rouges, qu'ils doivent à la présence de matières anthraciteuses ou d'oxydes de fer. Ils ont la propriété de se laisser diviser en plaques ou en feuillets minces de grande dimension. Ces schistes possèdent en outre des délits transversaux ou obliques qui facilitent leur extraction, mais qui ne sont pas sans dangers pour les mineurs.

Les phyllades de la Corrèze sont surmontées par les grès de la période houillère et par conséquent antérieurs à cette formation. D'autre part, elles ont succédé aux leptynites, les derniers venus de l'ère primitive ; d'où la nécessité de leur assigner comme origine la période cambrienne à laquelle elles appartiennent en réalité.

Les ardoises apparaissent sur plusieurs points au sud de la Corrèze : à Travassac près de Donzenac, à Villac et au Saillant près d'Allassac.

Leur exploitation se fait à ciel ouvert, au moyen d'entailles verticales de 12 à 15 mètres de profondeur. Les carrières les plus productives sont celles d'Allassac et de Travassac qui occupent de nombreux ouvriers. Ces ardoises, à l'exception de celles de Villac dont la qualité est médiocre, sont très estimées. On en fait usage dans maintes circonstances, pour couvrir les habitations, pour daller les trottoirs et les appartements, pour voûter les conduites d'eau et pour garnir de cloisons étanches les constructions de propreté.

G. — Schistes à séricite.

Ces roches ont été signalées par MM. de Boucheporn, Dufrénoy et Mouret, à Sainte-Féréole et à Donzenac (Corrèze), et par M. Coquaud, à Montembœuf, à Mazerolles, à l'Age, à Verneuil, à Lindois, à Lesterps et à Montbron (Charente).

A Sainte-Féréole, les schistes à séricite alternent avec les phyllades et les quartzites micacés. A la partie supérieure de la formation, ils passent aux ardoises, et sur les côtés ils se transforment graduellement en schistes micacés.

Dans la Charente, ces mêmes roches se montrent à la limite des schistes cristallins qui se modifient à leur contact et plongent sous les couches sédimentaires de la zone du lias.

H. — Schistes argileux.

La cristallinité de ces schistes est peu accusée ou nulle. Ils sont ordinairement tendres, feuilletés, satinés ou ternes, carburés et d'une couleur grise ou noirâtre.

Dans la Corrèze, ils affleurent au-dessus des phyllades entre Granges d'Ans et Terrasson, sur une longueur de 14 kilomètres et une largeur de 5. Leur direction varie selon la région ; du côté de Saint-Rabier ils sont orientés N. 80° Est. A Châtres et à Peyrignac l'orientation devient N. 110° Est, et à l'ouest de Villedieu ils se dirigent N. 20° Est. Ils décrivent donc une courbe dont la concavité regarde le nord. (Mouret.)

Dans la Haute-Vienne, Alluaud a signalé leur existence sur la limite septentrionale du département, au bas de la côte du Fay, sur la route de Paris à Barrèges, et à Manès au sud-ouest de Bussière-Poitevine. Dans la Charente, ils coexistent avec les schistes maclifères, à l'Age près de Montembœuf et à Lesterps.

Les phyllades argileuses sont dépourvues de fossiles. On y trouve de nombreuse veines de cipolin, des filons de quartz et de quartzites, du fer sulfuré et du fer hydro-oxydé. Au Puy-Catelin, canton de Bussière-Poitevine, le fer limoneux brun ou jaune forme un filon de 70 centimètres d'épaisseur qui n'a pas été exploité.

I. — Minette, Fraidronite.

Dans cette roche composée d'orthose et de mica ferro-magnésien, le feldspath se présente en grains généralement fins, souvent très atténués et parfois microscopiques. Le mica mêlé, d'une manière confuse à l'orthose et toujours visible à l'œil nu, se fait remarquer par son volume, sa couleur brune et sa fréquence : caractères qui le mettent en évidence sur le fond plus clair et moins distinct de la roche. Dans quelques variétés cependant, des lamelles de mica à peine perceptibles coexistent avec d'autres lamelles plus développées et celles-ci ressortent seules.

De couleur foncée, grise, violâtre, brunâtre, noirâtre ou verdâtre, cette roche est très tenace, ordinairement grenue, quelquefois porphyroïde et par exception schisteuse et surchargée de mica.

La minette forme dans les granits granulitiques et dans les schistes cristallins des amas de faibles dimensions, réduits parfois à de simples noyaux (Soumans, Toulx-Sainte-Croix (Creuse); Gilardeix près du Vigen), ou des couches peu épaissses, parallèles à la stratification (Moulin-Rabaud, La Bastide, Felletin, Aubusson, etc.).

Des minéraux accessoires dont la présence est à peu près constante, comme l'oligoclase et l'amphibole, ou accidentelle, comme le quartz, la chlorite, le fer piriteux et le fer oxydulé, ont été observés dans la fraidronite de la Haute-Vienne.

Variétés. — Minette très finement grenue ; deux sortes de mica ; l'une d'une ténuité extrême, l'autre plus développée très apparente (La Bastide).

Minette grenue, éléments discernables, mica peu abondant, amphibole verdâtre et quartz rares (Gilardeix près du Vigen).

J. — Leptynolithe.

Sous ce nom, Cordier a décrit une roche schistoïde, à grain très fin, composée, comme la fraidronite, d'orthose et de mica et contenant des cristaux imparfaits ou des taches de macle.

Nous avons trouvé au Cluzeau, faubourg de Limoges, au contact d'un micaschiste et d'un granit protoginique, une roche répondant assez exactement par ses caractères à l'espèce que M. d'Orbigny, à l'exemple de Cordier, a classée à la suite des schistes cristallins.

Nous ne voyons pas très bien la raison pour laquelle ces auteurs ont fait de cette roche une espèce distincte, car elle peut se rattacher, à volonté, au micaschiste feldspathique ou au leptynite micaschisteux. Mais puisque « elle n'admet jamais de grenat dans sa composition et que la matière maclifère en fait constamment partie », il y a peut-être lieu, bien que le motif soit assez plausible, de la ranger au nombre des espèces primitives à structure schisteuse.

Cependant, nous ferons remarquer que les délits (fissilité latérale) sont toujours obliques par rapport aux faces de la schistosité, ce qui est le caractère constant des leptynites.

Quoi qu'il en soit, dans le leptynolithe du Cluzeau, l'orthose à l'état grenu et le mica écailleux, violâtre, forment des couches alternantes, minces et droites. On observe sur les faces de la schistosité des nodules assez gros et saillants de matière maclifère amorphe.

La roche renferme toujours un peu de quartz et accidentellement de la chlorite et du fer pyriteux.

Usages. — Le leptynolithe est employé aux mêmes usages que le micaschiste et le leptynite schisteux.

Variété unique. — Leptynolithe violacé, tabulaire (Le Cluzeau).

CHAPITRE II

GRANITS.

Les granits si remarquables par leur abondance et par la part énorme qu'ils ont prise dans la formation de la croûte terrestre, le sont aussi par leur uniformité de structure et de composition.

Ces roches forment autour de notre planète une couche continue qui n'a pas moins de 33 kilomètres d'épaisseur (1). Elles servent de soubassement à toutes les autres roches qui se sont constituées aux dépens de leurs éléments ou de leurs débris; elles se sont consolidées dès les premiers temps géologiques, ont fait éruption au travers des couches déjà condensées et se forment encore de nos jours, contribuant ainsi à augmenter l'épaisseur de la croûte solide, au fur et à mesure que le refroidissement envahit l'intérieur du globe, et à modifier le relief extérieur par des soulèvements lents et progressifs.

(1) Albert de Selle.

C'est au travers des granits disloqués par les révolutions internes que les roches moins âgées se sont fait jour pour arriver à la surface; c'est au travers des granits que passent les déjections des volcans actuels.

Ces roches ont donc une importance considérable. Dans le Limousin, elles constituent plusieurs grands massifs. Le plus considérable est commun à la Corrèze, à la Creuse et à la Haute-Vienne. Il a son centre aux plateaux de Millevache et de Gentioux et s'étend, d'une part, jusqu'au sud de Tulle, par Meymac, où il atteint l'altitude la plus élevée de cette région, 987 mètres, et, d'autre part, jusqu'à La Souterraine, par Royère, Bénévent et Le Grand-Bourg. Auprès de cette dernière localité, il se soude à un autre grand massif englobant une grande partie de la Creuse, depuis Flayat, Bellegarde, Auzances, Evaux, à l'Est, jusqu'à Lavaud-Franche, au Nord, Guéret et Saint-Vaury, à l'Ouest. Un autre massif moins important, mais encore énorme, particulier à la Haute-Vienne, et affectant une direction Nord-Nord-Est, Sud-Sud-Ouest, part de La Souterraine, où il se relie aux précédents, et atteint Saint-Junien par Bessines, Châteauponsac, Nantiat et Blond.

En somme, ces massifs, qui en réalité n'en forment qu'un seul, couvrent la presque totalité de la Creuse, les trois quarts de la Corrèze et un peu plus du tiers de la Haute-Vienne. Plusieurs petits massifs de granit cristallin, quelquefois surmontés d'une faible couche de granit granulitique, se montrent isolés dans les régions moyennes et Sud-Ouest de la Haute-Vienne, au milieu des schistes anciens qu'ils ont traversés.

Parmi ces derniers, nous citerons le massif de Saint-Léonard, compris entre cette localité, Aureil, Boisseuil et le Vigen; celui du sud-est de Saint-Germain-les-Belles; un autre, situé entre Nexon et Bussière-Galant; d'autres placés entre Cognac et Saint-Cyr, entre Chéronnac et Nontron (Dordogne), autour de Saint-Bonnet-la-Rivière et aux environs de Limoges (Le Palais, Saint-Lazare, Isle, Condat).

En général, le granit présente une structure cristalline à la base et sur les flancs des massifs, tandis que sur les sommets et quelquefois aussi sur les bas-côtés il se montre sous la forme granulitique.

Bien que ces roches offrent des caractères généraux constants, elles diffèrent souvent dans leur structure et dans la proportionnalité et le degré de cohésion de leurs éléments. D'où résultent des variétés que nous avons réunies en deux groupes distincts; ces groupes constituant deux sous-espèces qui peuvent elles-mêmes se subdiviser en variétés intermédiaires plus ou moins rapprochées des types principaux.

A. — Granit cristallin.

Syn. : Granit dur, granit commun, granit bleu, granit récent.

Densité : entre 2,60 et 2,73. — Silice : moyenne 65 $_o$/°.

Ce granit, que nous considérons comme type et que nous appelons commun, parce qu'il est le plus universellement répandu, est dense, tenace et d'une constitution homogène; propriétés essentielles et constantes.

C'est le plus récent des granits, car on le trouve dans tous les terrains des différents âges de l'époque primitive.

Le quartz, le feldspath et le mica à l'état d'agrégation parfaite, entrent dans sa composition qui n'admet aucun autre élément principal. Ces espèces minérales sont pures de toute altération et affectent des formes cristallines régulières.

Le quartz est vitreux, hyalin, blanc ou gris, souvent enfumé. Il est granulaire, par conséquent amorphe, et se moule sur les autres éléments. Il est quelquefois pénétré par des lamelles de mica qui se sont implantées dans sa substance avant sa complète consolidation (1).

D'après Rosembuch, le quartz des granits contient une grande quantité d'inclusions liquides auxquelles il doit sa teinte laiteuse. Nos propres observations nous ont permis de constater ce fait, et nous devons ajouter que non-seulement le microscope y fait découvrir des bulles aqueuses, mais aussi des inclusions gazeuses et des microlithes.

L'orthose est l'élément de constitution le plus abondant. Il se montre en cristaux spathiques ou prismatiques, blancs, gris rougeâtre ou verdâtre, semi-vitreux, opaques ou translucides, d'un volume un peu supérieur aux grains de quartz et parsemé assez souvent de lamelles de mica qu'il a emprisonnées en se solidifiant. L'oligoclase blanc mat accompagne l'orthose, mais il ne forme ordinairement que des plages restreintes. Exceptionnellement, le labrador remplace l'oligoclase.

Le mica est moins commun que les autres éléments. Il se présente en paillettes hexagonales, toujours noires ou brun-tombac,

(1) La pénétration du mica dans les granules de quartz concourt à la démonstration de ce fait, mis en évidence par M. Michel Lévy, à savoir: que la matière siliceuse est des éléments de granit celui qui s'est solidifié le dernier.

assez régulières, comblant les interstices laissés libres entre les cristaux et les granules ou implantées dans l'élément siliceux. Les lamelles de mica n'affectent aucun ordre dans leur disposition ; les unes sont parallèles à la surface qu'on examine, d'autres sont perpendiculaires ou obliques. Il en est de même du reste de la matière feldspathique dont les cristaux sont isolés ou maclés et couchés en tous sens dans la masse granitique.

Les granits cristallins de nos contrées sont généralement gris. Loc. : Nieul, Périlhac, Le Vigen, Masléon, etc.; ou bleuâtres. Loc.: Cognac, Saint-Junien, Saint-Lazare, Condat, Isle. Du côté de Mézières, la roche est brun clair dans l'ensemble, mais le feldspath s'y montre sous deux couleurs distinctes, le rose clair et le gris. A Confolens (Charente), près de nos frontières départementales, même particularité de coloration.

Le grain varie peu. Dans quelques localités seulement, à Aureil, à Saint-Léonard, à Manin, près de Saint-Germain-les-Belles, et aux Cars, par exemple, il est assez volumineux; tandis que du côté de Saint-Hilaire-Bonneval, à La Planche, à Oradour-Saint-Genest, à Ségaud, non loin de Beaumont, il est petit et même très fin. Partout ailleurs, le granit comporte un grain de moyenne dimension.

Variétés.

Granit porphyroïde. — Quels que soient le grain, la teinte, le gisement, le granit proprement dit peut être porphyroïde, c'est-à-dire admettre dans sa structure des cristaux d'orthose simples ou maclés, plus ou moins volumineux, disséminés sans ordre et tranchant par leur teinte blanche sur le fond de la roche, ce qui lui donne l'apparence des porphyres. Un même banc peut présenter cet aspect et montrer à côté une structure uniforme. Loc. : Saint-Lazare, Le Palais, Népoulas, Cognac, Boisseuil, Aureil, Moulin de Royères, Eymoutiers, Nexon, Magnac-Laval, etc.

Granit chloritifère, protoginique. — Le granit est quelquefois imprégné de chlorite jaune ou jaune-verdâtre ou noirâtre, rarement cristallisée, le plus ordinairement répandue en couche autour des granulations dont elle dissimule la couleur et la transparence. Cette substance a pris la place de tout ou d'une partie du mica. La substitution due au métamorphisme s'observe sur les bords des massifs dans la zone de contact avec les gneiss, les porphyres et les micaschistes. Il en résulte une constitution protoginique d'où le talc est exclu en tant que matière pure. La plupart des protogines signalées

dans la Haute-Vienne n'ont pas d'autre origine. (Voir : Protogine).
Loc. : Le Cluzeau, Saint-Lazare près Limoges, Nieul, Vaulry, Pont-Rompu, le Palais, La Geneytouse.

Granit amphibolifère. — D'autres fois, c'est la hornblende qui a déplacé le mica. Le déplacement est rarement complet ; il s'est fait dans l'intérieur même de la roche, au sein des éléments, sans démarcation bien tranchée et en dehors des failles et des délits. Par sa présence, l'amphibole a modifié le granit et l'a transformé en syénite des anciens géologues.

Dans la carrière de Saint-Lazare, déjà citée, il n'est pas rare de rencontrer des portions de roche syénitique traversées par des sortes de cylindres plus ou moins volumineux de hornblende presque pure ou par des amas allongés et stratifiés de mica violâtre. Le même fait s'observe à Masléon, ainsi qu'à Excideuil (Charente). Ces variétés de granit se rencontrent presque toujours réunies dans un même massif.

Granit gneissique. — Gneissite d'Elie de Beaumont.

Granit stratiforme. — Il est fréquent de constater dans la disposition des matériaux du granit proprement dit une tendance à l'orientation. Dans ce cas, la roche passe au gneiss ; mais à part cette différence de constitution, elle conserve ses autres caractères granitiques, de sorte qu'on ne peut la confondre avec cette espèce stratifiée, dont les allures sont nettement distinctes.

Ce genre de granit est généralement à grain fin ou très fin. La couleur du feldspath varie du gris-bleu ou du gris-brun clair ou rouge très foncé. Le mica est ordinairement noir ou brun, exceptionnellement blanc et quelquefois verdâtre par altération.

A La Planche, près Saint-Hilaire-Bonneval, la roche est gris-bleu, à grain fin, grenatifère, et empâte quelques paillettes de mica blanc.

A Bussy-Varaches, non loin d'Eymoutiers, le granit gneissique forme un petit massif au milieu des granits granulitiques qu'il surmonte, en compagnie d'un filon de porphyre pétrosiliceux qui le traverse. Dans cette localité, il se montre à grain fin, d'un rouge très foncé par place et surchargé de mica noir verdâtre, en voie de transformation chlorito-talqueuse. On le retrouve avec la même structure et une teinte à peu près semblable près de Bersac, entre Meilhac et Lussac-les-Eglises, et avec des caractères plus généraux à Nexon, Maisonnais, les Sables, Domps (Haute-Vienne), Ventadour, Ussel et Treignac (Corrèze), etc.

Filons. — Les filons métallifères sont rares dans le granit cristallin et ses dérivés. A Népoulas seulement l'existence du wolfram, du fer sulfuré et du fer arsénical a été signalée par Alluaud dans un filon de quartz. Par contre, les filons et les veines de quartz, de pegmatite granulitique ou hébraïque et de calcaire spathique blanc sont fréquents ; mais la plupart sont étroits et sans valeur industrielle. Loc. : Saint-Lazare, Plénartige.

Minéraux accidentels. — L'argile pure jaunâtre ou le calcaire argileux tapisse les délits du granit de Saint-Lazare, d'Isle, de Condat, du Pont-Rompu, du Vigen, de Périlhac, de Nexon, de Nieul, etc. Le calcaire primitif associé à la ripidolite se montre à Saint-Lazare et dans la plupart des localités précitées. Le zircon, le grenat, le sphène, la praséolite, l'émeraude incolore en très petits cristaux et la wollastonite accompagnent l'amphibole dans le même lieu. L'apatite, la fluorine verte, le bisulfure de fer et la pyrite magnétique sont assez rares. Loc. : Népoulas, le Palais, Saint-Lazare, Plénartige.

Les granits cristallins de la Creuse apparaissent sur plusieurs points, la plupart très circonscrits. Un seul massif accuse une réelle puissance. Située au pied de la chaîne granulitique du Sud, c'est-à-dire, dans l'espace compris entre le Taurion et les rives de la Creuse qu'il déborde à l'Est, ce massif s'étend dans la direction Nord-Ouest, Sud-Est, de Bussière-Danoise à Flayat, passant par Saint-Vaury, La Brionne, Guéret, Saint-Sulpice-les-Champs, Aubusson, Felletin, Crocq, Dontreix, Bellegarde et Chénérailles.

Ce granit affleure sur une faible étendue à La Souterraine, d'une part, et à Verneige sur la limite nord-est du département, d'autre part. Enfin, deux îlots se montrent à Prassat, entre Gouzon et Chambon, et un autre au confluent des deux petites Creuse, entre Boussac et Châtelus.

Dans la Corrèze, les granits durs sont également placés à la base des massifs granulitiques. On les rencontre principalement en relation avec la chaîne du Sud, au nord et au sud de Tulle, à Chanac, auprès de La Guenne, à Sainte-Féréole, etc. Dans la région septentrionale ils sont moins apparents, mais certainement aussi nombreux ; on en trouve auprès de Lapleau, à La Celle, sur la route d'Egletons à Limoges et en maints autres lieux.

Ces granits, comme dans les autres régions du Limousin, sont souvent amphibolifères ou protoginiques et affectent la structure porphyroïde ou gneissique, selon leurs rapports et leurs gisements.

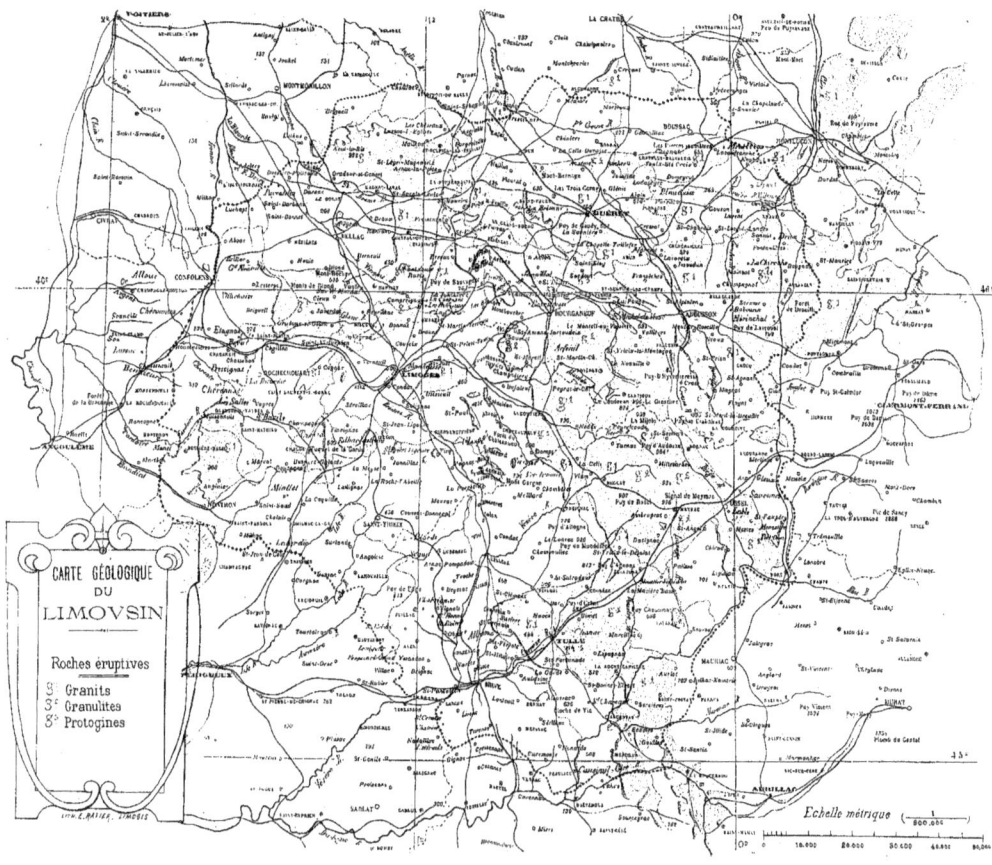

CARTE GÉOLOGIQUE
DU
LIMOVSIN

Roches éruptives

γ Granits
γ^{ε} Granulites
γ° Protogines

Echelle métrique

VARIÉTÉ INTERMÉDIAIRE ENTRE LE GRANIT CRISTALLIN ET LE GRANIT GRANULITIQUE.

Aux variétés de granit dur mentionnées ci-dessus, nous ajouterons une autre variété, assez commune dans le département, qui diffère des types précédents en ce que ses éléments sont un peu plus volumineux et offrent moins de régularité et moins de cohésion. Ces caractères différentiels, qui relèvent uniquement de la structure, en font un type particulier qui se rapproche des granits granulitiques tout en restant lié par son expression générale aux granits cristallins.

On peut donc considérer cette roche comme une variété intermédiaire entre les deux groupes de granits que nous avons cru devoir instituer.

Nous ferons remarquer du reste que la plupart des roches, bien que parfaitement constituées comme espèces, ne sont pas tellement fixes dans leur structure et dans leur composition, qu'elles n'admettent certaines modifications dans quelques-uns de leurs caractères, soit dans l'intérieur même des massifs, soit, le plus souvent, dans les zones de contact.

D'où ces variétés qu'on appelle roches de passage et que MM. Boubée et de Boucheporn, à l'exemple de la plupart des auteurs, ont décrites.

Dans son traité de géologie, page 1315, M. de Lapparent dit qu'il n'y a pas de séparation bien tranchée entre le mode granitique et le mode granulitique. Cette remarque, absolument juste en ce qui concerne les granits, s'applique aussi à un grand nombre de roches et notamment aux roches des premiers temps géologiques : gneiss, schistes cristallins, porphyres, etc.

Les variétés elles-mêmes n'échappent pas à ce fait d'ordre naturel, et il n'est pas rare de rencontrer dans un même massif des sous-variétés s'écartant plus ou moins des types secondaires.

Quoiqu'il en soit, le granit dont nous parlons n'offre pas une grande ténacité et ses éléments peuvent être orientés ou ne présenter aucune trace de stratification.

Aureil, Saint-Nicolas, les Cars, Beaumont, Flavignac, Manin en fournissent des exemples.

A Saint-Nicolas et Manin près de Saint-Germain-les-Belles, la roche possède la structure gneissique. Entre Flavignac et les Cars, le granit est parsemé de petites mouches d'un bleu violet clair dont la nature nous échappe (1).

(1) Cette matière paraît se rattacher à la dumortiérite. 4

Usage. — Le granit cristallin, en raison de sa grande dureté, ne peut être employé qu'à certains usages. On en retire des pavés d'échantillon pour l'entretien des routes et des rues. Les ouvrages d'art exécutés sur la nouvelle ligne de Limoges à Brive sont construits en entier avec ce granit taillé à demi et auquel on a donné des formes géométriques simples. Il fournit d'excellent ballast et un très bon macadam. Quelques variétés de granit gneissique se divisant avec assez de facilité dans le sens de la schistosité sont avantageusement employées comme bordure de trottoirs. On peut aussi les utiliser en guise de moellon.

Echantillons d'étude.

Granit bleu, grain très fin, très tenace, La Porcherie (H. V.).
— — protoginique, Nexon (Haute-Vienne).
— grain moyen très dur, Condat (Haute-Vienne).
— — amphibolifère, Saint-Lazare-Limoges.
— — — avec sphène brun cristallisé, Saint-Lazare-Limoges.
Granit bleu, grain moyen avec praséolite, Saint-Lazare-Limoges.
— — avec apatite cristallisée, Plénartige.
Granit gris gros grain, mica orienté, Aureil (Haute-Vienne).
— — gneissique, Manin (Haute-Vienne).
Granit rose, grain moyen, Tulle (Corrèze).
— amphibolifère, Tulle (Corrèze).
Granit bleu, grain serré, mica orienté, Saint-Hilaire-Bonneval.
— grenatifère, La Planche (Haute-Vienne).
Granit gris, argilifère, Peyrilhac (Haute-Vienne).
— à Villarsite, Le Palais (Haute-Vienne).

B. — Granit granulitique.

Syn. : Granulite, granit tendre, granit à gros grain, granit à deux micas, granit à mica blanc, granit stannifère, granit ancien.

Comme l'indiquent les noms sous lequel il a été désigné, ce granit contient un ou deux micas. Il se caractérise par son grain irrégulier, plutôt gros que fin, par son peu de cohésion, par sa teinte claire et aussi par la propriété presqu'exclusive qu'il possède de servir de gangue à l'étain, d'où la dénomination de stannifère que plusieurs géologues lui ont donnée.

Les auteurs modernes l'appellent granit granulitique, pour cette raison sans doute qu'il n'offre qu'une faible ténacité, qu'il est dépourvu d'homogénéité et peut-être aussi parce que les éléments qui le composent se sont condensés à des heures différentes. D'après M. Michel Lévy, les éléments cristallisés, mica, orthose, oligoclase, quartz bipyramidé ont pris les premiers et successivement les formes géométriques qu'ils accusent; les éléments confusément cristallisés appartiennent à une deuxième phase de consolidation et les matériaux amorphes, quartz et feldspath granulaires, n'ont acquis l'état solide qu'après les précédents.

Cette roche ne porte aucun indice de stratification et nous la considérons comme le granit le plus ancien.

De même que le granit commun, le granit granulitique est composé de quartz, de feldspath et de mica. Mais ces éléments n'y figurent pas sous le même état moléculaire et dans les mêmes proportions.

Le quartz est généralement gris ou enfumé, toujours vitreux, hyalin ou translucide, chargé d'inclusions, granulaire ou cristallisé d'une façon confuse, quelquefois pyramidé, rarement bipyramidé. Il entre dans la composition de la roche pour deux cinquièmes environ.

Le feldspath se présente sous la forme de cristaux prismatiques, simples ou maclés; il est laminaire ou saccharoïde, blanc, gris ou rougeâtre, en partie ou totalement kaolinisé. Quelques cristaux d'orthose acquièrent parfois un grand développement et la roche affecte la structure porphyroïde. Loc : La Jonchère, Villedoux, Chéronnac, Sauviat, Farsac près de Beaumont, etc.

L'orthose et l'oligoclase coexistent dans ce granit. L'oligoclase sert souvent de noyau de cristallisation à l'orthose dont il est entouré et qui surabonde. Ce fait signalé par M. Alluaud s'observe dans le granit de Faneix, de Razès, de Compreignac et, en général, de tout le plateau central.

L'albite ou le microcline remplace quelquefois l'oligoclase. A Chanteloube, à La Chèze près Ambazac, on trouve réunis dans les mêmes lieux l'orthose, le microcline, l'oligoclase et l'albite.

Le mica est peu abondant; il comporte deux variétés affectant l'une et l'autre la forme hexagonale ou rhomboïdale. La variété muscovite contient du fluor et se présente en lamelles blanches nacrées ou légèrement enfumées. La variété ferro-magnésienne à un axe (biotite), est noire ou brune. En général, ces deux variétés s'observent dans la roche granulitique, mais le plus ordinairement c'est le mica noir qui domine, parfois même il existe seul, comme dans quelques portions de la roche de Faneix. Enfin il est rare que le mica blanc l'emporte en quantité sur le mica noir. Cette particularité se fait remarquer cependant dans quelques granits à gros grain des environs de Razès, de Chanteloube, de Saint-Léger-la-Montagne, de Saint-Sylvestre, des Places, de Saint-Christophe, etc.

Le granit granulitique offre peu de cohésion, avons-nous dit. En effet, on le rencontre altéré presque toujours, quoique à des degrés différents, et sa friabilité est d'autant plus grande que l'altération est plus prononcée. Quand l'altération est complète, elle s'étend aux deux feldspaths, à l'exclusion des autres éléments de la roche; dans ce cas, la matière feldspathique a subi la transformation kaolinique, et le kaolin qui en résulte est quelquefois assez pur pour être exploité; exemple : La Jonchère, Villedoux, La Richardie, près Vayres (Haute-Vienne); Treignac, Bugeat, Egletons (Corrèze). Quand l'altération est incomplète, c'est le cas le plus fréquent, l'oligoclase se montre plus ou moins kaolinisé, tandis que l'orthose n'a subi qu'une modification à peine appréciable, qu'une simple désagrégation. La plupart des granits du Limousin et du plateau central présentent cette intéressante particularité, très apparente à Fancix, Saint-Jouvent, Blond, Beaumont, Nedde, Compeix, Millevaches, Gentioux, Meymac, etc. Les granits granulitiques doivent leur aspect extérieur aux teintes qu'ils affectent et au volume que représentent les matériaux qui les composent.

La couleur dominante est fournie par les feldspaths. Elle est généralement gris-clair ou gris-foncé passant au brun (Saint-Jouvent), rose (Fancix) ou presque blanche (La Jonchère, La Richardie); mais elle n'est pas exclusive, et l'on trouve fréquemment dans une même carrière des granits de teintes différentes.

Il en est de même à l'égard du grain. La plupart des granits de la Haute-Vienne, du sud de la Corrèze et de la Creuse ont un grain un peu au-dessus de la moyenne et assez uniforme. Ces granits sont totalement dépourvus de minéraux accessoires ou accidentels, sauf la pinite qui abonde aux environs de Bourganeuf et de Toulx-Sainte-Croix. Les granits à gros grain sont irréguliers, très micacés et plus ou moins friables. On les rencontre plus particulièrement aux environs de Razès, de Chanteloube, de Saint-Sylvestre, à Saint-Christophe, à l'ouest de Blond, à Meymac, à Soumans (Creuse), etc., etc.

C'est dans le granit à gros grain qu'on a trouvé la plupart des espèces minérales auxquelles le Limousin doit sa renommée : étain, wolfram, nobium, tantale, bismuth, etc.

Les granits à grain fin que les géologues modernes appellent granulites, mais qu'il importe de distinguer d'autres roches du même nom particulières aux diorites et aux leptynites, constituent tantôt des amas peu importants dans les granits granulitiques à gros grain, tantôt des massifs considérables s'élevant au-dessus de ces mêmes granits qu'ils ont traversés à une altitude qui dépasse souvent 800 mètres.

Ces granulites ne diffèrent du granit granulitique que par le volume réduit de leurs éléments, qui subsistent en même nombre, si ce n'est en égale proportion. Comme dans le granit granulitique, le quartz est granulaire, amorphe et offre au microscope des inclusions liquides de très petites dimensions ; le feldspath est toujours fendillé, comme craquelé ou décomposé en partie, et le mica, qu'il soit blanc ou brun, affecte des formes hexagonales ou rectangulaires. Cette dernière forme cristalline s'observe de préférence chez le mica blanc, qui est moins fréquent que son congénère brun.

La pâte granulitique renferme dans quelques cas de gros grenats ferrifères altérés, ou de la matière grenatifère injectée parmi les éléments, dont on retrouve les noyaux en grand nombre dans les cours d'eau qui descendent des montagnes de la rive gauche du Taurion, entre Bourganeuf et Saint-Hilaire-le-Château.

On rencontre en outre des amas de granulite dans presque tous les granits granulitiques du Limousin ; citons, entre mille autres exemples : Saint-Jouvent, Thouron, Ambazac, Saint-Sylvestre, Chanteloube, Bourganeuf, Ussel, Tulle, etc.

Une importante formation de granulite occupe toute la région comprise à l'est de Bourganeuf, depuis cette ville jusqu'auprès de Vallières : Pontarion, Saint-Hilaire-le-Château, Banise, Vidaillat, Monteil-au-Vicomte, Compeix et Soubrebost circonscrivent dans son ensemble ce puissant massif.

Le granit granulitique est parfois traversé par des filons dans lesquels les éléments de la roche encaissante se retrouvent avec un volume exagéré et sous un état cristallin particulier, groupés entre eux ou associés à d'autres espèces minérales.

Charles Alluaud a donné le nom de granit à grandes parties à l'ensemble des matériaux constituant ces filons-dykes. Nous estimons que cette formation doit être rattachée aux pegmatites plutôt qu'aux granits, car si certains amas contiennent tous les éléments du granit, comme à La Barost, d'autres peu éloignés de ce point géologique ne sont formés que de quartz et de mica (Mas-Barbu) ou bien de mica et d'émeraude (même lieu) ou encore de mica et de phosphates (Chanteloube, carrière inondée), ou enfin de pegmatites à gros éléments ou à grains très fins (Chanteloube, La Croizille, Margnac).

Quoi qu'il en soit, le feldspath joue un rôle prépondérant dans ces filons. Le quartz s'y trouve en cristaux enfumés ou noirs, prismatiques, pointés seulement à l'une des extrémités et sous un volume qui atteint parfois plusieurs décimètres cubes. L'orthose prismatique ou lamellaire y forme des masses considérables. Le mica, ou plutôt les micas, s'y rencontrent en boules, en rognons plus ou moins volumineux, en plaques, en amas lamellaires ou laminaires, enchevêtrés noirs et blancs, ou confusément radiés, semi-sphériques ou palmés, de couleur et de composition variées (Chanteloube, Margnac).

C'est dans ces filons qu'on a découvert le béril émeraude aux dimensions énormes, des quartz complètement entourés de mica biotite, des phosphates divers et une foule d'espèces minérales que nous énumérerons plus loin.

Le granit granulitique encaisse aussi des filons de pegmatite commune et de pegmatite grenue minéralifère dans lesquelles l'orthose est associé à l'albite, au microcline au feldspath lithique, à la lépidolite et à la damourite cristallisée ou compacte et siliceuse. Loc. : Chanteloube, La Chèze.

A Chanteloube, à Maillaufargueix, à Nichapt, à Compreignac, à Faneix et à Saint-Sylvestre de très petits massifs de porphyre euritique de couleur variée, pinitifère ou micacé, transformé parfois en argilophyre, ont traversé cette roche. A Faneix, comme à Saint-Sylvestre, le porphyre n'arrive pas toujours jusqu'à la surface, il se montre en gros blocs, disposées en chapelet dans une pâte détritique récente, que le creusement des carrières a fait découvrir.

Au Pré-Saint-Yrieix, près de Pouzol, un filon de baryte, appartenant plus particulièrement au gneiss et au leptynite qu'il traverse de l'Est à l'Ouest jusqu'au delà de la Briance, est venu se mettre en contact avec la roche granulitique.

Le granit de Compreignac, non loin de Croix-Forge, renferme un dyke de kersanton exempt de calcaire, le seul que nous possédions dans le département.

En d'autres lieux enfin, des bancs ou des filons de quartz, dont quelques-uns contiennent de la tourmaline, coupent en différents sens le granit granulitique. A Vaulry et à Cieux par exemple, le quartz est minéralifère et se présente à l'état de greisen dans les gisements d'étain. Il en est de même à Margnac, à Chanteloube et à La Chèze. Mais dans ces dernières localités, le greisen est surchargé de mica qui en change l'aspect, et contient des espèces minérales très différentes.

En résumé, le granit granulitique offre un puissant intérêt tant à cause de son mode de formation que des nombreux minéraux qu'il renferme.

Parmi les localités que l'on peut visiter avec fruit et où l'on retrouve encore quelques-unes des variétés indiquées ci-dessous, Chanteloube, La Chèze et Vaulry sont à signaler aux savants et aux amateurs. A Chanteloube, bien que les carrières soient en parties comblées et que certaines espèces y soient fort rares, le lithologue pourra faire un choix varié de micas.

Nulle part au monde, peut-être, on n'en rencontre une aussi grande quantité qu'à Chanteloube, à La Villatte et au Mas-Barbu. Presque toutes les variétés de muscovite y sont représentées; la lépidolite et la biotite s'y montrent abondantes, soit à l'état lamellaire soit en larges plaques ondulées.

Le minéralogiste trouvera des bérils verdâtres ou bleuâtres en prismes hexagonaux de toutes les dimensions au Mas-Barbu, à La Barost et à La Croizille; des bérils blancs opaques, bacillaires, à La Villatte, et, si la chance le favorise, des émeraudes incolores ou nuancées de blanc ou de vert, enchâssées dans une collyrite grise, à La Barost, ainsi qu'à Margnac, aux Hureaux et à Malabard. Dans les mêmes lieux, ses recherches aboutiront à la découverte de phosphates divers, tels que : apatite, triplite, hétérosite, triphylline, dufrénite, vivianite, alluaudite et huréaulite, pour ne citer que les plus importants. Sa récolte deviendra complète s'il rencontre du malakon, de la niobite, du tantalite, de l'étain et du wolfram tantalifères, de l'uranite, de la molybdénite, du cuivre panaché, du fer arséniaté et sulfuré et du grenat spessartine.

La Chèze lui fournira de la lépidolite, de la damourite, des feldspaths potassiques, sodiques, lithiques, de l'étain tantalifère, de l'apatite et de la topaze en cristaux microscopiques.

Enfin, les gisements de Cieux et de Vaulry, inaccessibles aujourd'hui, renferment de l'étain oxydé, du wolfram, du molybdène, de l'urane phosphaté, du cuivre natif ou oxydé noir, du fer arséniaté et sulfuré et de l'or.

Les granits granulitiques de la Corrèze et de la Creuse sont entièrement semblables à ceux de la Haute-Vienne.

Dans la Corrèze, leurs massifs s'alignent du centre de la formation générale aux limites sud-est du département qu'ils franchissent pour opérer leur fusion avec ceux du Cantal.

Deux de ces alignements sont surtout remarquables par leur puissance. Le plus considérable relie les granits de la Haute-Vienne et de la Creuse à ceux du sud-ouest de l'Auvergne et passe par Bugeat, Meymac, Ussel et Bort. Le second suit la direction Saint-Yrieix, Lubersac, Pompadour, Tulle et Servières. Ces deux grandes lignes, orientées Nord-Ouest, Sud-Est, sont réunies à la hauteur d'Egletons et de Corrèze par des massifs transversaux qui atteignent les altitudes les plus élevées.

Les granits de la formation nord sont souvent à gros grain, porphyroïdes, quelquefois tourmalinifères (Meymac, Egletons) et en partie désagrégés; de ce chef, ils relèvent du type granulitique. Ceux du Sud, à grain moins gros, sont également friables sur de grandes étendues, de Gimel jusqu'à l'extrémité sud-est du département.

On les rencontre sous cet aspect aux environs de Servières, Haute-Brousse, Saint-Bonnet-le-Pauvre, Saint-Cirgues et Saint-Julien-le-Pèlerin.

Dans la Creuse, ces mêmes granits se maintiennent dans l'alignement général Nord-Ouest, Sud-Est.

Leurs massifs, intimement liés à ceux d'Ussel, Meymac, Bugeat, Eymoutiers, s'avancent vers Gentioux, atteignent Felletin, Pontarion et Bourganeuf, s'inclinent un peu à l'Ouest et se soudent à La Souterraine aux massifs de la chaine de Blond, Nantiat, Bessines. Un autre alignement beaucoup moins puissant se détache du précédent, à La Souterraine, et gagne Boussac, Toulx-Sainte-Croix et Soumans par Dun, Bourg-d'Hem et Châtelus.

Ces formations sont en contact, à la périphérie, avec les micaschistes, les gneiss et les granits cristallins. Elles sont traversées par de nombreux dykes de porphyres et de quartz et par des filons métallifères dont les plus célèbres sont ceux de Montebras et de Meymac.

Usage du granit granulitique. — Le granit granulitique reçoit son application dans toutes les œuvres de maçonnerie. Il fournit des moellons qui prennent bien le mortier et des pierres de taille remarquables souvent par leur grande dimension. Il est assez tendre pour être fouillé au ciseau et assez résistant pour supporter les atteintes des âges. L'art le façonne à sa guise et en retire des ouvrages aussi élégants que solides. Mais tous les granits ne sont pas également propres aux travaux d'architecture : les uns sont grossiers et friables, d'autres à grain plus fin n'ont pas le liant nécessaire et s'altèrent à la longue; très rares sont ceux qui possèdent toutes les qualités requises par le constructeur. Les pierres de taille ordinaires sont extraites des carrières du champ de Brach, près de Tulle, d'Argentat, de Pompadour, de Hautefage (Corrèze), de Guéret, d'Aubusson, de Saint-Vaury, de La Souterraine, de Toulx-Sainte-Croix (Creuse), etc., de Fancix, de Pierrebuffière, de Margnac et d'Aureil (Haute-Vienne). Ces dernières sont très dures et appartiennent à la variété intermédiaire entre le granit cristallin et le granit granulitique. Les blocs destinés aux soubassements et en général aux parties principales des œuvres de longue durée sont empruntés à la carrière de Saint-Jouvent.

Enfin le granit le plus recherché pour la finesse de son grain, sa ténacité relative et sa grande résistance provient de Compeix (Creuse). On le retire de blocs énormes libres, épars à la surface du sol. Il trouve son emploi dans les terrasses, les entablements, les arcatures, les colonnettes, les gargouilles, etc. Sont employées aux mêmes usages, les granulites de Pontarion, de Soubrebost et de Saint-Hilaire-le-Château qui appartiennent à la même formation.

Sols granitiques. — Les granits, désagrégés sous l'influence des agents atmosphériques et climatériques, puis altérés pas des actions chimiques plus intimes, ont contribué, dès les époques les plus reculées, à la constitution des terrains de sédiments.

A l'époque quaternaire, leurs débris, emportés par les eaux et les vents, se sont accumulés dans les bas-fonds, comblant les vallées d'un limon productif, d'autant plus fertile qu'il est plus atténué, plus profond et plus éloigné du lieu d'origine.

Cette migration des éléments altérés du granit se poursuit de nos jours, et le limon qui en résulte augmente sans cesse. La fertilité de ce limon est due à la présence de la silice libre, du fer, et surtout de la potasse, de la soude et de la chaux que les feldspaths et les micas détenaient à l'état de combinaison avant leur décomposition.

La fertilité de la terre arable tient aussi, il est vrai, aux matières organiques qu'elle contient. Mais il est acquis en agronomie que la proportion de ces matières est en rapport direct avec la quantité d'alcali existante dans le limon.

On doit en conclure que plus un sol possède d'alcali plus grande est sa fécondité. Or, c'est précisément le cas pour les sols granitiques qui renferment en quantité suffisante tous les principes inorganiques utiles au rôle qu'ils ont à remplir. Leur richesse au point de vue agricole n'est plus qu'une question de lieu, de niveau, de profondeur des couches et de degré de décomposition des éléments primordiaux.

Au point d'origine, ces sols sont graveleux, lavés, très superficiels ; les actions désagrégeantes n'ont produit que des effets incomplets ; la terre est dénudée, aride, inféconde. Un peu plus bas, les causes désorganisatrices ont agi avec plus de puissance ; les matériaux atténués par le frottement ou les dissolvants sont plus nombreux ; la fertilité est relative. Puis, à mesure que le niveau s'abaisse et s'aplanit, la couche arable acquiert plus d'épaisseur ; elle devient plus compacte, plus riche en produits assimilables, sa fécondité augmente et ne tarde pas à atteindre son maximum.

On pourrait croire que le sol des vallées s'appauvrit à la longue ;

il n'en est rien. La nature prévoyante sait y pourvoir. De nouveaux matériaux, sans cesse renouvelés, prennent la place de ceux dont la végétation s'est emparée ou que les agents de transport ont entraînés plus loin.

Toutes choses étant égales d'ailleurs, les terres résultant de la décomposition des granits sont plus fertiles que celles qui proviennent des autres roches, quelles qu'elles soient, parce qu'elles contiennent en proportions définies, exactement nécessaires à la nutrition des végétaux, les principes qui leur conviennent.

En résumé, la fécondité des sols granitiques est subordonnée à la profondeur des couches, à la nature et au degré d'altération des éléments qui les composent.

Echantillons d'étude. — Granit grain moyen, peu tenace, à mica noir ou blanc, Faneix (Haute-Vienne).

Granit granulitique à gros grain, mica noir orienté, Aureil (Haute-Vienne).

Granit granulitique à grain moyen, mica noir, Pierre-Buffière.

Granit granulitique à gros grain friable, deux micas, Razès (Haute-Vienne).

Granit granulitique à gros grain deux micas, feldspath microcline albitique, La Villate (Haute-Vienne).

Le même, mica blanc dominant, Chanteloube (Haute-Vienne).

Le même, deux micas, tourmalinifères, St-Gilles, Egletons, Meymac.

Granulite, brun-clair, grain fin, deux micas, altérable à la longue, Saint-Jouvent (Haute-Vienne).

Granulite, gris-brun, mica blanc dominant, grain très fin, tenace, Compeix (Creuse).

Granulite brune, deux micas, le mica blanc en lamelles rectangulaires, résistant à l'usure, Soubrebost (Creuse).

La même, grenatifère, Soubrebost (Creuse).

Granulite, grain très fin, mica noir, La Chèze près d'Ambazac (Haute-Vienne).

Granulite gros grain, mica noir, pinitifère, Bourganeuf (Creuse).

Granulite, gros grain, deux micas, pinitifère, Soumans et Toulx-Sainte-Croix (Creuse).

C. — Protogine.

Synonime : granit chloriteux. Granulite chloriteuse.

En parlant du granit commun, nous avons fait remarquer que l'un des éléments de cette roche, le mica, a été transformé en chlorite au contact des filons éruptifs postérieurs à son apparition, et qu'il en était résulté une sorte de protogine à grain fin. Nous avons dit aussi que le même fait s'est produit dans des conditions identiques à l'égard du micaschiste et du gneiss. Mais ces roches ne sont pas les seules qui aient subi la métamorphose chlorito-talqueuse.

La granulite et exceptionnellement la pegmatite admettent également dans leur constitution l'élément chlorite et présentent une texture protoginique manifeste.

De sorte qu'on serait porté à considérer la protogine comme une roche complexe de structure, tout en ayant une composition élémentaire invariable.

En effet, si nous admettons que la protogine résulte de l'association du quartz cristallisé ou amorphe, de deux feldspaths, du talc, de la chlorite, ou d'une matière analogue provenant de l'altération du mica, ces conditions se trouvent réalisées dans les roches métamorphiques que nous venons de citer. Et nous serons autorisé à conclure que la plupart des roches des premiers temps géologiques, ayant acquis de la chlorite aux dépens du mica, ont contracté la constitution protoginique partout où l'action du métamorphisme s'est opérée.

Mais il est admis, en général, que la protogine est une roche granitoïde et que toute autre structure ne peut s'allier à l'idée qu'on s'en fait, eu égard à la disposition de ses éléments.

Il ne faut donc considérer comme protogines que les seules roches chloriteuses à structure granitique, granulitique ou pegmatoïde.

Ainsi restreinte, la protogine est une roche plus ou moins quartzeuse et granulaire, souvent riche en feldspaths, orthose et microcline, ou orthose et oligoclase. Le mica, quand il existe, a subi une modification moléculaire profonde ; il se présente avec une teinte blanche ou verte, en lamelles froissées, tendres et onctueuses au toucher, rappelant la chlorite et non le talc. Du reste, l'existence de cette matière est contestée dans la plupart des protogines. Ce que l'on prend d'habitude pour du talc n'est qu'un produit de l'altération plus ou moins avancée du mica (1). Le fait est exact en ce qui concerne les roches protoginiques de la Haute-Vienne.

Le plateau central, le Limousin en particulier, offre peu de protogines bien caractérisées. Cette roche que plusieurs auteurs, entre autres Manès, ont signalée comme abondante dans notre ré-

(1) Fouqué et Michel Lévy.

gion, ne s'y montre qu'exceptionnellement avec sa physionomie normale.

Le massif de protogine le plus important de la Haute-Vienne, pour ne pas dire l'unique, a son centre d'assise au château de Lastours. Il occupe toute l'étendue comprise entre Bussière-Galant et Nexon sans se modifier sensiblement, si ce n'est du côté de cette dernière localité où la roche emprunte à la granulite sa texture et son grain fin.

Un quartz blanc grisâtre, amorphe, chargé d'inclusions, deux feldspaths, l'orthose et l'oligoclase, ce dernier jaunâtre, et la chlorite verte de teinte sombre, entrent dans la composition de cette protogine. Le quartz et le feldspath sont répartis à peu près en égale proportion. La chlorite occupe la même place que le mica dans les granits ; elle contourne les granules siliciques, forme de petits nids entre le quartz et le feldspath, et pénètre même parfois la substance propre de ces deux éléments. La roche possède un grain moyen assez uniforme. Elle offre sur les bords de nombreux délits de froissement que tapisse une matière argileuse jaunâtre analogue à la villasite.

Nous le répétons, certaines pegmatites, quelques leptynites et même quelques diorites, doivent à la présence de la chlorite une contexture protoginique qui autorise à les assimiler aux roches de ce nom (Aixe-sur-Vienne, Gigondat, Gilardeix).

Les granulites de Saint-Julien et de Bellac pourraient être appelées protogines pour la même raison.

Le granit à grain très fin de Jourgnac (route de Nexon à Limoges), et le granit du pont de l'Aiguille sont dans le même cas. Semblables aux précédents sont les granits de contact de Saint-Lazare, de Pouzol, du Pont-Rompu, du Palais et du chaînon de Blond, revers ouest.

Par extension, le gneiss métamorphique d'où le mica est exclu et qui est largement imprégné d'une matière tendre, brun-jaunâtre, tenant du talc et de la chlorite répandue en nappe uniforme entre les strates, peut-être admis au nombre des roches que nous qualifions de protoginiques. On peut étudier cette dernière variété au Cluzeau près de Limoges et au pont du Vigen sur la Briance.

Dans la Creuse, au contact des granulites qui constituent les hauts et puissants massifs de la rive gauche du Taurion, à l'est de Bourganeuf, on remarque sur la route de Bosmoreau à Pontarion et à Saint-Hilaire-le-Château, une protogine pinitifère à grain fin, de couleur blanche ou grise et assez tenace. Cette roche présente la structure granulaire ; le quartz y est amorphe, l'orthose s'y montre en association avec l'oligoclase, et la chlorite, qui dans l'espèce est l'élément déterminatif, accompagne la pinite qu'elle entoure de ses lamelles plissées.

La roche est généralement stratifiée, ou plutôt rubanée, comme le gneiss auquel elle ressemble. Chez elle l'élément chloriteux abonde et forme des couches continues entre d'autres couches de quartz et de feldspath mélangés. Elle existe aussi à l'état grenu, sans stratification sensible ; dans cette variété la chlorite, moins fréquente, est condensée sur certains points où la matière pinitifère s'est également localisée.

En résumé, le Limousin possède peu de protogines bien caractérisées ; mais les roches protoginiques s'y rencontrent en assez grand nombre.

Celles-ci ne forment pas de massifs proprement dit ; elles constituent au contact des roches éruptives des zones comparables aux salbandes des filons et des couches minéralifères.

Le granit chloriteux est commun dans la Charente ; on le rencontre à Sauvagnat, à Menet, près de Montbron, à Saint-Germain de Confolens et à Chéronies.

Minéraux accidentels. — Les minéraux que nous avons observés dans les roches protoginiques sont : le bisulfure de fer, l'oxyde de fer, le cuivre carbonaté vert, en écailles disséminées sur les faces des délits (Pont de l'Aiguille), l'amphibole, la sillimanite et la chaux carbonatée.

Propriétés agricoles. — Usages. — Les protogines et les roches protoginiques ont les mêmes propriétés agricoles et peuvent être employées aux mêmes usages que les roches dont elles dérivent.

Variétés à consulter.

Protogine stratifiée pinitifère, Saint-Hilaire-le-Château (Creuse).
—   non stratifiée pinitifère, Pontarion (Creuse).
—   granitique, grain moyen, château de Lastours (H.-V.).
—   —   grain fin, Nexon (Haute-Vienne).
—   gneissique avec matière chlorito-talqueuse, pont de l'Aiguille, Le Vigen (Haute-Vienne).
Protogine leptynitique chloritifère, Reignefort (Haute-Vienne).
—   pegmatoïde, Mézières (Haute-Vienne).
—   granitoïde très chargée en chlorite, Saint-Germain de Confolens (Charente).

CHAPITRE III

ROCHES PEGMATOÏDES

A. — Granulite pegmatoïde.

Synonyme : Harmophanite *(Cordier)*. Leptynite *(des Allemands)*. Aplite *(Rosenbuch)*. — Protogine *(Michel-Lévy)*. Eurite de quelques auteurs.

Densité : **2, 5**. — Proportion de silice : 76 °/₀.

De toutes les roches anciennes, celle qui se rapproche le plus du granit par sa structure est incontestablement la granulite. Cette roche est classée par M de Lapparent à la suite des granits, sa place naturelle.

Cependant, comme nous l'avons dit plus haut, la plupart des auteurs modernes donnent ce nom au granit que nous appelons granulitique. Quelques *géologues*, les Allemands surtout, la confondent avec le leptynite. Cette divergence d'opinions provient sans doute de ce que le terme *granulite* s'applique à deux sortes de roches qui peuvent offrir certaine similitude de caractères optiques, mais qui se différencient aux points de vue de la structure apparente, de la composition, voire même de l'origine.

Ces roches ont cela de commun qu'elles sont toutes d'origine éruptive. Mais tandis que les unes — celles qui dépendent du mode granitique — se sont soulevées en masses considérables au travers des granits à deux micas, les autres, à la manière des porphyres, se sont constituées dans des failles occasionnées par le retrait de la matière au moment de son refroidissement.

D'autre part, les granulites subordonnées au granit sont invariablement composées de trois éléments, quartz, feldspath, mica, tandis que dans celles qui se rattachent à la formation des pegmatites le mica est généralement absent et, quand il existe, il est rare, altéré ou transformé en chlorite.

Enfin, dans les premières, le feldspath est en partie désagrégé ; dans les secondes au contraire cet élément n'a subi aucune modification moléculaire.

Maintenant si nous comparons les granulites pegmatoïdes avec les roches similaires de la Norwège et de l'Allier, nous constatons une ressemblance frappante sous tous les rapports. Comme celles-ci, la plupart des granulites qu'on rencontre au centre et à l'ouest de la Haute-Vienne, sur quelques points de la Creuse, de la Corrèze et de la Charente, au contact des diorites et des leptynites, offrent la structure inhérente aux pegmatites. Elles sont composées de quartz amorphe et de feldspath lamellaire, rarement grenu, le mica en est exclu en tant qu'élément essentiel. Ce genre de roches s'éloigne assez, ce nous semble, de la formation granulitique subordonnée aux granits et se rapproche beaucoup plus du mode pegmatoïde que M. de Lapparent a institué, et dans lequel on peut les ranger sans forcer en aucune façon les analogies.

Pour terminer cette étude comparative, nous dirons que certaines granulites sont stratifiées, ou plutôt présentent une orientation très accusée de l'élément accessoire, mica ou chlorite, et cette forme n'est pas compatible le moins du monde avec la structure granitique. Ajoutons enfin que le gneiss emprunte aussi, dans quelques cas, la forme granulitique. Sous cet état la roche gneissique n'est pas stratifiée ; elle affecte une structure granulaire très nette, à laquelle concourent le quartz, le feldspath et le mica dans des proportions à peu près identiques à celles que présente la granulite granitique.

Cette granulite particulière aux gneiss, dans laquelle les éléments sont sains, ne constitue pas de masses considérables ; elle n'existe ni en filons ni en veines. On la trouve sous la forme de nœuds ou de boules de volume variable, lesquels sont emprisonnés dans la substance même de la roche, sans communication d'aucune sorte avec d'autres formations du même genre. Autour de ces sphéroïdes, le gneiss récupère sans transition sa structure ondulée.

Cette variété qui n'est en somme qu'un accident dans le gneiss, ressemble, à part l'absence d'altération du feldspath, au granit granulitique dont elle s'assimile l'aspect grésiforme. Elle correspond assez bien, semble-t-il, à l'aplite de Rosembuch.

On la rencontre communément sur les rives de la Vienne et plus particulièrement à Saint-Victurnien, au Mas-Varvant et aux environs de Limoges.

De ce qui précède il résulte qu'il y a réellement deux sortes de granulites : l'une subordonnée aux granits, c'est la granulite des géologues français ; l'autre se rattache à la formation des leptynites c'est celle des auteurs allemands.

Nous ne nous occuperons pas davantage des granulites à forme granitique que nous avons étudiées au chapitre précédent. Il ne sera plus question dorénavant que des granulites pegmatoïdes.

Ce type se rattache aux roches amphiboliques qui ont fait

éruption au travers des leptynites. C'est dans les diorites et les syénites qu'il existe en filons sous l'état le mieux caractérisé ; c'est dans les diorites et plus encore entre ces roches et les leptynites qu'il constitue d'importants dykes transversaux.

A Saint-Junien, Bellac, Saint-Priest, Saint-Jean-Ligoure et Fressinet dans la Haute-Vienne, à Lacour, Lesterps, Petit-Lessac et Loubert dans la Charente, non loin des limites départementales, les seules localités, pour ainsi dire, où on l'observe en filons d'une certaine puissance, la granulite est en contact à la fois avec le diorite et le leptynite, servant de trait-d'union entre ces deux roches si différentes, et les pénétrant parfois assez profondément. Nulle autre part on ne la trouve avec les caractères distinctifs que les auteurs lui ont assignés et qu'offrent les granulites de Norwège et de l'Allier prises pour types. Composée de feldspath généralement lamellaire, parfois grenu, appartenant aux variétés orthose ou microcline, de quartz rarement cristallisé, gris ou incolore, renfermant de nombreuses inclusions souvent dihexaédriques (de Lapparent) et accessoirement de mica, la granulite, comme son nom l'indique, se présente sous l'aspect granulaire, avec un grain uniformément fin ou très fin, avec une couleur rose, exceptionnellement gris brunâtre ou tout à fait blanche. Sa ténacité est relative ; exempte de mica, elle est aussi dure que le granit ; sous le choc cette roche se sépare en fragments plats, avec d'autant plus de facilité que ses éléments s'éloignent d'avantage de l'état cristallin ; la variété quasi-schisteuse se laisse diviser sans effort.

Quelques granulites sont presque en entier formées de feldspath (harmophanite de d'Orbigny); le quartz n'en est pas absent néanmoins, mais il est très menu et peu discernable à l'examen microscopique.

D'autres, ce sont les plus nombreuses, possèdent ces deux minéraux en quantité et en volume à peu près égaux.

L'élément feldspathique n'est pas exclusivement représenté par l'orthose ou le microcline. Dans la granulite des environs de Bellac, par exemple, on distingue très nettement un feldspath strié, translucide, blanc rosé, paraissant appartenir à l'espèce labrador. Le mica existe dans beaucoup de granulites, mais il n'est pas constant, ce qui prouve qu'il n'est pas nécessaire à la constitution de la roche. Quand il en fait partie, il y figure en nids irrégulièrement disséminés, comme dans les granits, ou le plus fréquemment aligné en zones à peu près parallèles, comme dans le leptynite. Dans ce dernier cas, la roche affecte une structure schistoïde d'autant plus prononcée que le mica abonde d'avantage. C'est pour cette raison sans doute que les Allemands l'ont rangée parmi les leptynites.

Le mica des granulites est rarement noir ; il est plutôt blanc ou verdâtre et souvent altéré.

L'amphibole dans les zones de contact avec la diorite remplace le mica et transforme la granulite en une syénite essentiellement feldspathique, Petit-Lessac (Charente). Sur d'autres points, c'est la chlorite qui se substitue à l'élément micacé. Quelquefois ces trois minéraux se rencontrent au voisinage les uns des autres dans un même dyke.

Il existe donc des granulites pegmatoïdes avec ou sans mica, des granulites amphibolifères ou chloritifères et des granulites stratiformes. Les granulites chloritifères peuvent être rapportées à la protogine de M. Michel Lévy, bien que la chlorite ne soit jamais en aussi grande quantité et distribuée de la même façon que dans la protogine de formation granitique.

On peut aussi considérer comme une granulite protoginique la variété dans laquelle le mica s'est transformé en une matière stéatiteuse verdâtre ou brunâtre, voisine de la chlorite.

La granulite a peu de tendance à la kaolinisation. Cependant à la surface ou à la tête de quelques filons dépendant des leptynites on trouve du kaolin pulvérulent, rude au toucher et d'un blanc pur. Exemple : Chaptelat, Bourdelat.

Le Limousin offre plusieurs variétés de granulites. L'une d'elles est exactement semblable à celle de l'Allier, bien connue dans les collections; constituée par du quartz grenu et du feldspath lamellaire rose, elle n'accuse aucun indice de stratification et ne comporte pas de mica. Çà et là quelques cristaux octaédriques de fer oxydulé titanifère sont disséminés dans la masse. On l'observe à Fressinet près de Laroche-l'Abeille, ainsi qu'une variété blanche sans mica, qu'on prendrait volontiers pour de la pegmatite granulaire. Cette granulite existe aussi à Lacour (Charente), à Saint-Jean-Ligoure, à Saint-Priest-Ligoure et à Chaptelat (Haute-Vienne).

Une autre variété brun clair, à grain très fin, renferme une multitude de petits cristaux de nigrine (Aurance, rivière).

Le dyke de granulite de Saint-Junien, ceux de Lesterps, de Loubert (Charente), les filons de Saint-Victurnien contiennent du mica verdâtre et orienté. Cette variété est rose et présente quelques indices de stratification.

Au Châtenet, près de Saint-Denis-des-Murs et à Bellac, la roche est semblable à la précédente, à cette différence près, que le mica est noir, un peu altéré parfois, au lieu d'être vert.

Notons enfin la granulite stratifiée, chloritifère d'Aixe-sur-Vienne, la granulite rose-violet de Montebras (Creuse) et celle de Chamberet (Corrèze).

5

Dans ce dernier département, les filons de granulite deviennent apparents dans les leptynites amphibolifères d'Argentat, de Neuville et de Pradines, ainsi qu'à Laval-de-Cère et Lolin. On les remarque également dans les amphibolites au sud de Saint-Céré et assez loin de ces roches, au nord-est de Beaulieu, à Saint-Martin-Entragues, à La Chapelle-Saint-Géraud et à Mercœur.

La granulite a pénétré par injection dans les micaschistes et les leptynites des environs de Tulle, de Gimel, de Teyssieu, de Lantillac et de Saint-Céré.

D'autres filons très ramifiés, orientés E.-O. se retrouvent entre Argentat et Beaulieu, autour de Bassignac-le-Bas, à Brivezac, au sud de Chenaliers et vers Saint-Hilaire-Taurieux. Enfin les phyllades de Donzenac en décèlent des filons peu importants et quelques nappes interstratifiées.

Minéraux accidentels. — L'épidote est fréquente à Saint-Junien et dans la vallée de la Ligoure où on l'observe en veines, associée avec le quartz. Le grenat ferrifère et la nigrine abondent dans les variétés du Fressinet, de l'Aurance et de Chaptelat. La sillimanite accompagne l'amphibole à Aixe-sur-Vienne.

Echantillons d'étude.

Granulite rose, non stratifiée, sans mica, avec nigrine, Le Fressinet (Haute-Vienne).

Granulite blanche, sans mica, Le Fressinet (Haute-Vienne).

— grise, grésiforme, sans mica, Le Fressinet (Hte-Vienne).

— brune, grain très fin, peu de quartz, nigrine, Aurance (rivière).

Granulite rose, faiblement micacée, mica altéré et orienté, Saint-Junien (Haute-Vienne), Petit-Lessac et Loubert (Charente).

Granulite rose, mica noir sain, orienté, Bellac (Haute-Vienne).

— sans mica, injectée dans diorite, Saint-Jean-Ligoure (Haute-Vienne).

Granulite rose injectée dans leptynite, Chaptelat (Haute-Vienne).

— violette, sans mica, Montebras (Creuse).

— amphibolifère, Petit-Lessac (Charente).

B. — Pegmatite.

Les pegmatites forment un groupe spécial parmi les roches des premiers temps géologiques. Elles se rapprochent par leur composition de ces mêmes roches ; mais s'en écartent par leur structure et aussi par la proportion de leurs éléments.

Elles se présentent en poches et en filons dans toutes les roches primitives et plus particulièrement dans les micaschistes et dans les leptynites. Les porphyres qui paraissent en recéler ailleurs en sont dépourvus dans nos contrées.

Leur structure et leur état de conservation sont liés à la nature des roches dans lesquelles elles se sont constituées ; leur composition elle-même change selon que le gisement qui les détient appartient à telle ou telle formation. Il en résulte que les pegmatites se montrent sous des états très variés, s'éloignant beaucoup parfois des types les plus généralement connus.

Deux éléments essentiels entrent dans leur composition : le quartz et le feldspath; accessoirement le mica ou la chlorite s'ajoutent à ces espèces minérales.

La matière feldspathique prédomine toujours. Elle est même tellement abondante, dans un grand nombre de cas, qu'à elle seule elle constitue la presque totalité de la roche (Marcognac, Saint-Yrieix, Coussac-Bonneval, La Barost).

Le quartz est généralement amorphe, blanc, gris ou enfumé, chargé d'inclusions; quelquefois cette matière est nettement cristallisée; d'autres fois elle prend la forme de coins allongés. Dans la variété dite hébraïque, le quartz est noyé dans le feldspath et aligné dans le sens de la stratification ou en travers la direction du clivage facile. Dans la variété granulaire, il se moule sur l'élément spathique et n'affecte aucune orientation.

Le feldspath est le plus souvent l'orthose seul ou mêlé au microcline (Chanteloube, La Chèze et la plupart des gisements granulitiques), ou l'orthose associé soit à l'oligoclase (Le Vigen, Saint-Yrieix, Coussac, Marcognac, Aixe, Pradelles), soit à l'albite (La Villate, Chanteloube, La Chèze), soit au labrador (Gilardeix, Gigondat, Séreilhac), soit enfin au feldspath lithique (La Chèze). Quel qu'il soit, le feldspath est constamment laminaire; ce n'est qu'exceptionnellement qu'il se montre cristallisé en prismes orthorhombiques (La Barost).

Le mica qui existe presque toujours dans les pegmatites, quoiqu'en très faible proportion, est disposé en nids, s'étale entre le quartz et le feldspath et s'implante même dans l'un ou l'autre de ces éléments. Quelquefois les lamelles micacées sont réunies en petites masses sphéroïdales ou en rognons souvent énormes : c'est ainsi du moins qu'on le rencontre à Chanteloube (carrières de La Barost et de La Villate-Basse). En général le mica des pegmatites appartient à la variété muscovite; il est blanc, verdâtre, brun ou noir. Mais dans plusieurs gisements il apparaît avec une composition et un aspect différents. En effet, on en trouve, soit à Chanteloube, soit à La Chèze, soit à Margnac, de nombreuses variétés, parmi lesquelles la biotite, la lépidolite, la damourite et la rubellane se font remarquer.

Les pegmatites pures, c'est-à-dire celles qui n'ont subi aucune altération, prennent le nom de péthunt-zé ou caillou à émail; celles qui ont éprouvé une modification chimique assez avancée passent à l'état d'argile et reçoivent la dénomination de terre à porcelaine. L'altération est plus ou moins complète; elle n'atteint que la matière feldspathique et, selon que le feldspath potassique s'adjoint comme base la soude, la chaux ou la lithine, le kaolin qui en résulte a des propriétés différentes que l'industrie de la porcelaine sait mettre à profit (Voir kaolin).

Souvent dans un même filon on recueille le péthunt-zé et l'argile kaolinique. Ce fait est notoire pour le filon de Saint-Yrieix. Dans le filon du Vigen, le kaolin n'apparaît qu'à Saint-Victurnien, à son extrémité ouest. Quoiqu'il en soit, l'altération des feldspaths est rarement complète et jamais uniforme; mais elle s'accuse autant à la surface que dans les parties profondes.

Les pegmatites, avons-nous dit, offrent des variantes dans la proportionnalité et l'état des éléments de constitution. Les pegmatites communes aux micaschistes et aux leptynites, au nombre desquelles doivent être rangées celles qui forment les importants filons dykes de Saint-Yrieix et du Vigen, se retrouvent dans une foule de filons secondaires avec une structure et une composition à peu près analogues pour toutes. Les feldspaths sont l'orthose, qui prédomine, et l'oligoclase. Le quartz est gris et amorphe généralement; il affecte parfois la forme de coins plus ou moins courts, serrés ou lâches, et toujours alignés, ou disposés en zones étroites, ondulées, presque vermiculaires. Le mica ou la chlorite sont rares. Ces pegmatites ont un grain plus ou moins volumineux, rarement fin, quelquefois assez gros, comme à Marcognac. Elles sont granulaires et sans délit; quelques-unes cependant sont stratifiées. Ces dernières se font remarquer par la disposition cunéiforme de l'élément quartzeux. Ces deux variétés se rencontrent côte à côte dans un même gisement et sont également exploitées. Bougeras près du Vigen, Coussac-Bonneval et Marcognac en fournissent des exemples. Souvent la pegmatite est caillouteuse, c'est-à-dire abondante en quartz; mais dans aucun cas le quartz n'égale le feldspath en quantité. En principe, du reste, la pegmatite hébraïque contient peu d'acide silicique, tandis que la pegmatite granulaire en renferme toujours une forte proportion.

Ces pegmatites sont d'un blanc laiteux ou bleuâtre. Les plus recherchées pour la fabrication de l'émail et de la porcelaine se trouvent au Vigen, à Mont, à Bougeras, au Pont-Rompu et sur tout le parcours du filon de Saint-Yricix à la limite de la Corrèze. Des variétés semblables sont extraites des carrières de Champsac, des Pradelles, des environs de Nexon, de La Meyze, de La Grimaudie, de Puy-de-Mont, de Pierrebuffière, etc. Les seuls minéraux qu'on observe dans les pegmatites subordonnées aux schistes cristallins sont : le fer oxydé, le fer oxydulé et l'acerdèse.

Les pegmatites que détiennent les gneiss sont peu communes et sans valeur industrielle, en raison de la présence d'une trop grande quantité de mica et du peu d'épaisseur des filons. Leur feldspath est l'orthose gris saumon et leur quartz est imparfaitement cristallisé, gris ou enfumé. La tourmaline en gros cristaux s'y rencontre quelquefois (Brachaut, près Limoges).

Pegmatites des diorites. — Cette variété n'est pas rare dans les roches amphiboliques ; mais elle occupe peu de place. Elle diffère des précédentes en ce qu'aux éléments normaux s'ajoute la chlorite hexagonale verte ou jaune-verdâtre. Le quartz est toujours amorphe et gris. Le feldspath est généralement rose chair, ou rouge foncé, et parfois complètement vert. A l'orthose s'associe l'oligoclase de même couleur, ou le labrador vert, gris ou blanc. Cette pegmatite possède un grain moyen assez uniforme. On la trouve dans tous les diorites du Limousin, et plus communément à Aixe-sur-Vienne, à Gilardeix, à Gigondat et à Séreilhac. Le mica violâtre, le fer sulfuré, la hornblende l'actinote et le sphène en sont les minéraux accidentels.

Pegmatites des granits. — Le granit cristallin possède quelques filons très étroits de pegmatite à base d'orthose, granulaire ou hébraïque, sans importance.

Plus nombreuses et plus intéressantes sont les pegmatites des roches granulitiques. Partout où le granit ancien existe, on trouve des pegmatites grossières, dans lesquelles les éléments sont irrégulièrement répartis et mêlés au mica. Celles-ci n'ont rien de remarquable.

Mais il en est d'autres appartenant à la même formation qui, par leur composition et leur structure, diffèrent considérablement des précédentes. On ne les rencontre, du reste, que dans quelques localités, en tête desquelles nous placerons Chanteloube que beaucoup de géologues ont visité, puis La Chèze près d'Ambazac, Les Hureaux, Croizille et Margnac.

Chanteloube fournit trois variétés de pegmatites : pegmatite à grandes parties, pegmatite grenue ou micropegmatite, pegmatite albitique.

Quelles qu'elles soient, elles sont contenues dans de grandes poches ou dans de larges et courts filons. Dans la variété à grandes parties, l'orthose et le microcline, de couleur rose chair, forment des masses largement spathiques. Le quartz est cristallisé, pointé à une seule extrémité ou fragmentaire, souvent d'un volume exagéré : il est toujours enfumé quelquefois presque noir, odorant sous le choc. Le mica est peu commun ; mais au lieu d'être disséminé, il se présente en sphéroïdes composés d'une infinité de petites lamelles imbriquées appartenant à la variété biotite-rubellane. Telle est la pegmatite de La Barost qui admet comme minéraux accidentels : des phosphates de fer et de manganèse, de l'apatite, de l'émeraude verte, du béril incolore enchassé dans une argile grise, de la lithomarge et de la lenzinite. Au Mas-Barbu, à Razès, à Croizille, à Margnac, à La Villate-Basse et à Chabanne, commune de Saint-Sylvestre, on observe une formation analogue. Cependant dans ces derniers gisements le mica est extrêmement abondant et très varié. La biotite entoure de toute part le quartz fragmentaire à Croizille et au Mas-Barbu. La muscovite forme d'énormes blocs encadrant de monstrueux bérils au Mas-Barbu. La biotite-rubellane sert de gangue à la triplite et au béril à Villate-Basse.

La deuxième variété de pegmatite appelée par nous albitique, se montre à la Villate-Haute, à Croizille, aux Hureaux, à Compreignac et à Razès. Elle est composée de quartz enfumé amorphe et de feldspath lamellaire potassique et sodique d'un blanc laiteux, à reflets satinés ; son grain est moyen. La matière feldspathique est très abondante par rapport à l'élément quartzeux. Sans être désagrégée, elle a subi un commencement d'altération qui la rend friable. La muscovite en lamelles isolées, blanche ou jaune-verdâtre, constitue l'élément accessoire, auquel s'ajoutent accidentellement le mica palmé, le mica hémisphérique, l'astrophyllite, le grenat spessartine, l'apatite, la niobite, le tantalite, le wolfram tantalifère et le malakon.

A Chanteloube même on peut étudier la troisième variété de pegmatite. Là, la roche est finement grenue, grésiforme (1), et ses éléments, peu discernables, n'adhèrent que faiblement les uns aux autres. Elle se présente sous la forme de blocs facilement séparables, dont les délits sont tapissés par une argile uranifère (uranocre) sur laquelle s'étalent des mouches et des dendrites d'acerdèse altérée.

Le mica jaune ou blanc, l'apatite, la molybdénite, l'uranite,

(1) Micropegmatite de MM. Fouqué et Michel Lévy.

l'étain tantalifère, le fer peroxydé et manganésifère sont les minéraux qu'elle renferme.

Les pegmatites de La Chèze sont tout aussi curieuses. Elles sont grenues comme celles de Chanteloube ou à gros éléments. La variété grenue est composée de quartz non cristallisé et des mêmes feldspaths que la variété à grandes parties. Celle-ci admet dans sa composition un quartz gris ou blanc, amorphe, l'oligoclase et l'orthose spathiques et le microcline cristallisé en plaques pyramidales, dans lesquelles les felspaths potassique, sodique et probablement aussi lithique s'enchevêtrent dans le sens transversal à la pyramide, par des lames presque fibreuses, de couleurs différentes, blanches et roses, rouges, ou violettes, d'un très bel effet. La lépidolite et la damourite écailleuses ou compactes s'y trouvent associées. Comme minéraux accidentels on y rencontre: l'étain tantalifère, l'apatite cristallisée, la topaze, des pointillés rouge de fer oxydulé décomposé et une matière brune ou jaune, résinoïde, non déterminée.

Les pegmatites ne sont pas exclusives à la Haute-Vienne. On les trouve aussi, subordonnées aux granits, aux schistes cristallins surtout et aux amphibolites, dans les autres départements du Limousin. Mais dans la Creuse, aussi bien que dans la Corrèze, leurs filons sont moins nombreux, moins puissants et moins riches en feldspath.

M. de Cessac, d'un côté, et M. de Boucheporn, de l'autre, ont fait pressentir leur existence dans les gisements de kaolin de Mauchier, commune de Bosmoreau, de Bonnefond, de Courbefayère, de Puy-Cros, de Chêne, de La Borderie, commune de Janaillat, de Combovert, de Sime, de Bois-Ménard, commune de Thauron, des Roches et de Clugnac, pour la Creuse; de Treignac, de Bugeat et de Tulle, pour la Corrèze.

M. Mouret a signalé les pegmatites au voisinage des granulites de filon, dans la région des leptynites et des diorites. Elles sont assez fréquentes au sud de Saint-Céré, au nord-est de Beaulieu, à Merceur, à Saint-Martin-d'Entragues, à La Chapelle-Saint-Géraud et sur un grand nombre d'autres points de la Corrèze, entre Argentat et Beaulieu, du côté de Brivezac, de Chenaliers, de Saint-Martin-Taurieux, etc.

Tout récemment, nous en avons découvert plusieurs filons au village du Mas, commune de Vidaillat (Creuse), au bas d'un massif de granulite granitique passant à la protogine.

De toutes ces localités, aucune, si ce n'est Combovert, n'a pu irer profit de ces maigres gisements.

Variétés à consulter.

Pegmatite hébraïque dans le granit bleu de Saint-Lazare. Limoges.
—   hébraïque grise, Mont, près du Vigen (Haute-Vienne).
—   granulaire, Pierrebuffière (Haute-Vienne).
—   caillouteuse grise, Saint-Victurnien (Haute-Vienne).
—   —   à grandes parties, La Barost (Hte-Vienne).
—   à gros éléments, kaolinique, Marcognac (Hte-Vienne).
—   hébraïque vermiculaire, Saint-Yrieix (Haute-Vienne).
—   albitique, micacée, La Villate (Haute-Vienne).
—   grésiforme uranifère, Chanteloube (Haute-Vienne).
—   — stannifère, La Chèze, près Ambazac (Hte-Vienne).
—   rouge chloritifère des diorites, Aixe (Haute-Vienne).
—   verte, feldspath strié, avec sphène, Séreilhac(Hte-Vienne)
—   rouge des diorites, Tulle (Corrèze).
—   caillouteuse gris jaunâtre, Le Mas (Creuse).

CHAPITRE IV

ROCHES AMPHIBOLIQUES.

Dans les roches que nous venons d'examiner, les minéraux essentiels sont invariablement le quartz, le feldspath et le mica. Chacune de ces espèces a pu prédominer sur les autres, faire défaut ou se montrer avec un arrangement particulier; mais, en somme, aucune autre, si ce n'est accessoirement, n'a fourni son concours à la formation des roches auxquelles nous faisons allusion.

Les roches groupées dans le présent chapitre contiennent, outre les éléments ci-dessus, un quatrième minéral, l'amphibole, qui existe toujours, quels que soient le nombre et l'espèce des autres minéraux.

La matière feldspathique, comme la matière amphibolique, est indispensable à la constitution de ces roches. Le quartz et le mica peuvent abonder ou manquer complètement.

De la prédominance de l'un ou de l'autre des deux premiers éléments, de la nature du feldspath et de la présence accidentelle ou constante du quartz et du mica résultent des espèces et des variétés dont la détermination n'offre en général aucune difficulté.

L'association de l'amphibole avec l'un des feldspaths striés donne le diorite.

Le mélange d'amphibole et d'orthose seul ou accompagné d'un autre feldspath constitue la syénite de quelques auteurs modernes.

Le groupement des éléments ci-dessus avec le quartz et le mica fournit la syénite proprement dite.

Lorsque la hornblende surabonde, la roche prend le nom d'amphibolite.

Enfin, ces différentes roches doivent à la présence du grenat la dénomination de grenatite que les géologues leur donnent d'un commun accord lorsque ce minéral est très abondant, ou d'éclogite, si à la hornblende et au grenat se joint le pyroxène.

A. — Diorite.

Synonyme : amphibolite.

Le diorite est une roche composée de feldspath oligoclase cristallisé et de hornblende prismatique à cassure lamellaire. L'oligoclase est laiteux, quelquefois verdâtre ; l'amphibole est noire, à reflets bruns ou verts, ses cristaux sont aplatis, plus ou moins allongés, quelquefois cubiformes.

Dans les diorites proprement dits, ces deux minéraux existent en quantité à peu près égale. Le plus généralement, la hornblende prédomine sur le feldspath. L'amphibole est même tellement abondante parfois qu'elle dissimule la matière feldspathique, qu'on a de la peine à découvrir. Ce dernier caractère, propre aux amphibolites, est le principal qui les différencie des diorites.

Les amphibolites ont une composition analogue à celle des diorites, mais elles montrent une tendance très marquée à la schistosité. Malgré cette dissemblance dans leur structure et l'excès de hornblende qui les caractérisent, nous n'en ferons pas une espèce particulière. Nous les considérerons comme des variétés de diorite et nous nous servirons indistinctement de l'un ou l'autre terme sous lequel on désigne ces deux roches en décrivant, dans la suite de ce chapitre, les variétés que présente le Limousin.

En raison des écarts souvent considérables qui existent dans la proportionnalité des éléments de constitution, il résulte que la teneur en silice des roches amphiboliques est très variable. Néanmoins, ces roches ne sont jamais acides ; c'est tout au plus si les diorites quartzifères sont neutres, et la quantité de silice qu'elles contiennent ne dépasse pas 55 °/₀.

Leur densité se maintient aux environs de 2,9.

Les diorites du plateau central sont de deux sortes : les unes affectent la structure granitoïde: elles sont d'un blanc ou d'un rouge moucheté; les autres sont finement grenues, de couleur très foncée, noire même, et communément schisteuses.

On rencontre souvent des amphibolites à grain très fin, dans lesquelles le quartz à l'état grenu se présente sous la forme d'un pointillé blanc, tranchant sur le fond noir de la roche et encadrant, dans la plupart des cas, un grenat à peine perceptible. Cette variété très curieuse existe dans la vallée de la Briance, ainsi qu'à Arliquet, à Puy-Chéry, à Masgondeix, à La Chaise, commune de Veyrac, et à Ladignac.

Dioritine. — Une autre variété, la dioritine, assez rare dans la Haute-Vienne, plus fréquente dans la Creuse, possède une structure semi-compacte et ses éléments, à peine discernables à la loupe, prédominent alternativement l'un sur l'autre. Cette variété, qui est assez pauvre en amphibole, se trouve accidentellement dans quelques bancs de diorite, notamment dans celui de Roureix, au nord de Bujaleuf.

Diorite labradoritique. Bien que l'oligoclase soit le feldspath qu'on observe le plus généralement dans les diorites, il n'est pas le seul qu'on y puisse rencontrer. En effet, il existe des diorites à base d'anorthite, d'autres à base de labrador, d'autres encore à base d'albite (1). Ces derniers sont douteux; le diorite à anorthite est particulier à quelques contrées étrangères au Limousin; mais les roches amphiboliques de ce pays renferment du labrador. Ce feldspath n'occupe du reste qu'une place assez limitée dans les bancs de diorite où on le trouve (en filons minuscules), soit à l'état pur et sous des couleurs variées, parfois assez vives, telles que le rouge, le vert, soit à l'état grenu dans l'intérieur même de la roche (Séreilhac, Gigondat).

Amphibolite porphyroïde calcarifère. — D'autres particularités se dégagent de l'étude des roches amphiboliques du Limousin. Au Pont-de-l'Aiguille, à Saint-Jean-Ligoure et à Bellac, par exemple, on remarque des roches constituées par un assemblage de gros cristaux prismatiques, un peu plus longs que larges, clivables parallèlement à la base, bruns ou verdâtres, disposés sans ordre et réunis par un ciment feldspathique ou calcaire. Cette roche, qu'Alluaud a assimilée à l'euphotide, n'est autre qu'une amphibo-

(1) *Mémoire sur les roches dioritiques de la France occidentale* (Rivière, 1844).

lite porphyroïde, tantôt feldspathique, tantôt calcarifère. Les deux variétés se rencontrent dans le même gisement du Pont-de-l'Aiguille. D'après M. Lacroix, à qui M. Besnard du Temple a soumis quelques échantillons de ces variétés, l'espace interlamellaire de la hornblende est occupé par de nombreux et microscopiques cristaux de sphène.

Diorite épidotifère. — Ligourite. — Le sphène n'est pas rare dans les diorites de nos contrées, pas plus du reste que l'épidote. Ces deux espèces minérales se montrent souvent aux côtés l'une de l'autre et leur présence coïncide avec un changement notable dans les caractères physiques de la roche. Le diorite de la vallée de la Ligoure est dans ce cas.

Deux feldspaths, l'oligoclase et l'orthose, concourent à la former. L'un d'eux est strié rose, rouge ou blanc, mat; l'autre est translucide, plutôt blanc que coloré et moins abondant que son coexistant. L'amphibole est lamellaire; ses cristaux, vert-foncé par transparence, sont généralement assez volumineux. L'épidote, d'un vert jaunâtre pâle, remplit des veines ou occupe des géodes et paraît avoir été injectée postérieurement à la condensation des autres éléments. Il est rare de la rencontrer dans l'intérieur de la roche mêlée au feldspath et à l'amphibole. Le sphène, comme dans la roche du Pont-de-l'Aiguille, est disséminé entre les lamelles de la hornblende, mais se montre aussi en cristaux discernables à l'œil nu, intercalés entre les éléments feldspathiques.

Cette roche, à laquelle Allnaud a donné le nom de ligourite, est granitoïde, à grain moyen; le quartz manque souvent; un mica verdâtre, souple, appartenant à la variété biotite, abonde par place.

La ligourite est donc une variété épidotifère et micacée de diorite, avec les apparences de la syénite. On la rencontre sur les bords de la Ligoure, depuis sa source jusqu'à son embouchure, dans la vallée de la Briance, à Masléon et à Saint-Junien. Partout où on l'observe, elle est en contact avec la granulite rose qui la pénètre et la traverse. Ce fait d'observation tendrait à démontrer que la ligourite est le résultat de l'addition au diorite des éléments de la granulite.

Au nord de la Briance, cette roche se transforme en amphibolite.

Diorite chloriteux. — La chlorite se fait remarquer dans un assez grand nombre de roches amphiboliques. On la rencontre tout particulièrement dans les zones de contact. Cette matière est quelquefois cristallisée en lamelles, mais le plus souvent elle est amorphe et se présente avec des caractères analogues à ceux que nous avons signalés plus haut. (Voyez gneiss, granit protoginiques.)

Diorite quartzifère, micacé. — Le quartz et le mica sont rares dans la plupart des diorites, la ligourite exceptée, qui contient souvent une forte proportion de matière micacée. Lorsque ces espèces minérales existent en quantité notable, l'amphibolite et le diorite sont dits quartzifères ou micacés.

On observe ces variétés sur les limites des micaschistes principalement.

Grenatite. — Le grenat est fréquent dans les diorites, surtout dans les variétés suramphibolifères. Mais en général sa quantité n'est pas assez co. sidérable pour les dénaturer. Dans quelques cas, cependant, il abonde à tel point qu'un changement de dénomination de l'espèce devient nécessaire. Le diorite passe alors à la grenatite; c'est ainsi que se présente celle qu'on trouve en amas arrondis dans le leptynite du Croup, petite localité située aux environs de Saint-Germain-les-Belles. La roche du Croup est largement schisteuse et très tenace. Les grenats, plus nombreux que les cristaux de la hornblende, sont très petits, visibles néanmoins, et enchâssés, comme le minéral coexistant, dans une pâte feldspathique d'un blanc verdâtre.

Minéraux accidentels. — Outre les minéraux dont l'existence est normale pour chacune des variétés de roches amphiboliques, il s'en trouve quelques autres qui, bien qu'accidentels, font rarement défaut. Parmi eux, nous citerons la nigrine, très fréquente dans les amphibolites de Puy-Chéry et de Masgondeix et dans la ligourite; le sphène, assez abondant dans les roches du Pont-de-l'Aiguille, de Bellac, de Saint-Jean et de Saint-Priest-Ligoure; le calcaire plus rare; l'orthose, l'albite, le quartz, le pyroxène, la pyrite ferreuse et la pyrite magnétique.

Rapports. — Les diorites, roches d'éruption, se sont fait jour au travers des leptynites et des micaschistes principalement. On les rencontre aussi dans le gneiss au nord de Sauviat, à Saint-Junien, à Plaude, entre Chaillac et Brigueil (Charente) et à Lacour (même département). Elles n'ont pas pénétré profondément dans le granit, mais elles ont pris le contact avec lui dans les localités suivantes : La Villatte, au nord de Cognac, Saint-Junien, Peyrat, Eyjeaux, La Garde, commune d'Eybouleuf, Villemonteix et Espagne, sur la frontière nord-est du département.

A la limite des diorites, la hornblende s'est fixée entre les éléments des roches voisines et a donné naissance, suivant les rapports établis, à des zones de gneiss, de leptynite et de granit amphibolifères. Les leptynites surtout se font remarquer par la grande quantité d'amphibole qu'ils se sont assimilée.

Les diorites sont moins anciens que les schistes cristallins et que la plupart des granits. Leur apparition a précédé les porphyres et ils paraissent avoir à peu près la même contemporanéité que les serpentines qui les ont suivis de très près, ainsi qu'en témoignent les faits constatés en plusieurs points des régions ouest et sud-ouest de la Haute-Vienne.

D'une part, en effet, le petit banc de diorite de La Plagne, au nord-nord-ouest de Cognac, est traversé par une bande étroite de porphyre quartzifère semblable, quant à la composition, à d'autres porphyres siégeant dans le leptynite et le granit voisins.

D'autre part, à La Chaise, commune de Vayres, l'amphibolite entoure complètement un îlot de serpentine qui affecte la même forme et la même direction que la roche encaissante. Cette serpentine paraît avoir été entraînée par l'amphibolite lors de l'arrivée au jour de celle-ci, ou avoir pris naissance en son sein avant son complet refroidissement, sous l'influence d'une deuxième poussée de la matière, succédant de très près à la première poussée.

Siège. Etendue. — Quoi qu'il en soit, les roches amphiboliques du Limousin forment des bancs plutôt que des massifs. Un grand nombre d'îlots apparaissent çà et là dans les schistes cristallins, disséminés sans ordre précis, sans direction bien arrêtée dans leur ensemble. Cependant, par rapport les uns aux autres, il en est plusieurs qui se succèdent sur une même ligne générale et paraissent appartenir à la même formation. Dans la Haute-Vienne, deux bancs principaux se font remarquer par leur importance. L'un s'étend sur une longueur de 17 kilomètres avec une largeur moyenne de 3,500 mètres, dans la direction Nord-Est-Sud-Ouest, depuis Eyjeaux jusqu'auprès de Janailhac. Il est traversé par la Ligoure et la Briance. Le diorite qui le constitue est la variété ligourite.

Dans la direction de Saint-Léonard se trouve un banc de diorite de trois kilomètres de longueur à peine, ayant la même orientation, la même composition que le précédent et dépendant, selon toute probabilité, du même typhon.

L'autre banc principal se dirige du Nord au Sud, d'Aixe à Aixette, non loin de Nexon, sur une étendue en longueur de 11 kilomètres et en largeur de 2,500 mètres. Il est formé par une amphibolite à grain fin, schisteuse, grenatifère, riche en fer oxydulé titanifère. De cette formation dépendent les îlots de Puy-Chéry, de Masgondeix et de Montezot.

Dans le Nord-Ouest, deux bandes de diorite granitoïde, ayant pour centre Breuilaufa et Bellac, s'allongent du Nord-Ouest au Sud-Est, sur une longueur de six à sept kilomètres. Elles font partie d'un même typhon.

Dans la même région, trois petits massifs paraissant indépendants, et mesurant de 500 à 2,000 mètres carrés, se montrent à
Charzat, à Saint-Martial, Saint-Barbant et à La Couture au nord-
ouest de Bussière-Boffy.

Les diorites de La Plagne, de Saint-Junien, de Plaud, de Lacour (Charente) se succèdent dans une direction Nord-Ouest-Sud-
Est et se relient probablement par continuité souterraine aux bancs
de Saint-Martial et de La Couture. Leur structure est granitoïde.

Au Sud-Ouest, on remarque le banc de diorite serpentineux de
La Chaise dont la longueur ne dépasse pas 3,500 mètres et les très
petits ilots de Champagnac et de Champsac ; au Sud, les ilots de
Saint-Yrieix, de Glandon ; au Sud-Est, ceux de Lacaux, de Rou-
cheux et du Croup, ce dernier est constitué par de la grenatite.

Enfin dans l'Est, trois bancs assez importants s'alignent dans une
direction générale Nord-Sud. L'un d'eux, situé transversalement par
rapport aux autres, est commun à la Haute-Vienne et à la Creuse ;
il a sept kilomètres de longueur sur deux de largeur. Un puissant
massif de granit granulitique le sépare du suivant. Celui-ci occupe
le territoire de Roureix, au nord de Bujaleuf, sur une surface de
3,000 mètres environ. Le troisième, d'une étendue à peu près égale,
se développe entre Saint-Denis-des-Murs, Masléon et Roziers.

Ces trois bancs sont constitués par un diorite granitoïde passant
à la dioritine sur plusieurs points.

Dans la Creuse, les amphibolites apparaissent vers le nord du
département, à la limite des granits granulitiques et des micaschistes ou dans ces derniers seulement. Elles forment une sorte de
typhon qui s'étend de l'Est à l'Ouest, depuis Saint-Sébastien-du-
Fareau, à proximité de la frontière de l'Indre, jusqu'à Roussier,
arrondissement de Boussac. Sur le parcours de ce typhon, la roche
amphibolique fait saillie à Châtelus, au sud de Bonnat, à Saint-
Sulpice-le-Dunois, à Chambon-Sainte-Croix, à Nouzerolles, à Fres-
selines et à Saint-Sébastien déjà cité. Au Sud-Ouest, près de
Pourrioux, arrondissement de Bourganeuf, on retrouve le banc
commun à la Creuse et à la Haute-Vienne dont nous avons parlé
plus haut.

Les diorites de la Corrèze sont subordonnés aux granits durs ou
aux schistes cristallins. Dans le premier cas l'amphibole se comporte différemment selon qu'elle occupe le centre ou la périphérie
de la formation. A la périphérie, elle s'est introduite parmi les
éléments du granit qu'elle a converti en syénite ; au centre elle a
déplacé le mica et une partie de quartz et a donné naissance au
diorite.

Dans le deuxième cas, ce minéral a pénétré par injection dans les leptynites et les a transformés en amphibolites schisteuses, roches plus ou moins noires, souvent presque compactes et parfois grena-tifères.

Les principaux amas d'amphibolite apparaissent aux environs de Tulle, à Sainte-Féréole, à Dampniac, à Beaulieu et à Saint-Céré.

Au sud et au nord de Tulle, l'amphibole se montre dans les petits massifs de granit cristallin qui affleurent au milieu des leptynites. Ceux-ci en sont également imprégnés ; de sorte qu'on trouve, dans cette région, les différents types de roches qui résultent de l'union de la hornblende avec les éléments quartzeux et feldspathiques des formations cristallines : diorites, syénites, amphibolites massives, schistes amphiboliques.

Le banc d'amphibolite schisteuse de Sainte-Féréole s'étend dans la direction de Reynie sur une longueur de 2,500 mètres et une largeur de 2,000 mètres.

Celui de Dampniac est de même nature que le précédent, mais sa puissance est moindre : longueur 2,000 mètres, épaisseur moyenne 1,200 mètres.

Dans la région de Saint-Céré, l'amphibolite devient massive par place et passe à la syénite sur d'autres points. L'affleurement prend la direction Nord-Sud et plonge vers l'Ouest sous les grès du trias.

Outre ces trois bancs d'amphibolite, il en existe d'autres de moindre importance au sud de Saint-Vincent, près de Cancès, à Uzerche même et au Mas, commune de Meilhard.

Ce dernier, de même que ceux de Beaulieu et de Saint-Céré, contiennent parfois du diallage qu'ils ont emprunté aux roches serpentineuses aux points où ils se sont trouvés en contact avec elles. Cette particularité intéressante n'est pas rare et s'observe aussi dans la Haute-Vienne et dans la Dordogne.

Usages, propriétés. — Les tufs amphiboliques sont rougeâtres ; c'est à ce caractère qu'on les reconnaît. Les eaux, en les lavant entraînent les innombrables cristaux de nigrine qu'ils contiennent et les laissent déposer dans les fossés et les ruisseaux où on les trouve mêlés à des débris de hornblende et de grenats. En raison de la quantité de chaux relativement forte qu'ils renferment, les sols dioritiques sont très convenables pour améliorer les terres siliceuses. Ils sont plus productifs que ceux provenant des terres granitiques et des schistes primitifs.

Les diorites ne peuvent être employés comme pierre de taille ; mais ils fournissent de très bons matériaux pour la bâtisse ordinaire. Les variétés schisteuses sont d'un emploi fréquent dans la confection des voûtes. Le nouveau pont de Limoges, les aqueducs, les égouts et quelques bordures de trottoirs ont été construits avec le diorite schisteux d'Aixe-sur-Vienne.

Variétés à consulter.

Ligourite, oligoclase rouge dominant, hornblende lamellaire. Épidote, orthose, mica, quartz, sphène, nigrine, vallée de la Ligoure.

Ligourite. La même, très micacée, Ligoure.

Diorite granitoïde, orthose blanc, Masléon, Saint-Junien (H.-V.).

—   —   gros cristaux, Tulle (Corrèze).

—   —   chloriteuse. Reignefort (Haute-Vienne).

—   —   grain très fin, noire, Sainte-Féréole (Corrèze).

Amphibolite stratifiée, zonaire, Aixe-sur-Vienne (Haute-Vienne).

—   massive, finement grenue, Uzerche (Corrèze).

—   finement grenue, pointillée de quartz, Arliquet, Le Vigen (Haute-Vienne).

Amphibolite massive, grenatifère, Puy-Chéri, Masgondeix, Ladignac (Haute-Vienne).

Amphibolite très schisteuse, Sarrazac (Dordogne).

—   porphyroïde, feldspathique, gros cristaux d'amphibole, Pont-de-l'Aiguille, Bellac (Haute-Vienne).

Amphibolite porphyroïde, calcarifère, Pont-de-l'Aiguille.

—   stratifiée pyroxénique, Le Mas, commune de Meilhard (Corrèze).

Amphibolite pyroxénique, La Chaise, près Saint-Basile (H.-V.).

Grenatite tenace, grain fin, Le Croup (Haute-Vienne).

B. — Syénite.

Syn. : granit amphibolifère.

La généralité des auteurs modernes considèrent la syénite comme un agrégat d'orthose et de hornblende avec ou sans mica, à l'exclusion du quartz. D'après ces auteurs, cette roche serait donc un diorite à base d'orthose. Dans nos régions, les roches auxquelles nous donnons le nom de syénite s'éloignent assez de ce type. Le quartz n'en est jamais absent et l'orthose est presque toujours associé à l'oligoclase. De plus, l'amphibole est souvent très abondante et le mica, qui peut faire défaut, coexiste avec le quartz dans bien des cas. Pour ces motifs, nous nous croyons obligé de donner plus d'extension au mot syénite, et tout en admettant la définition adoptée par la plupart des géologues, en tant qu'elle s'appliquera

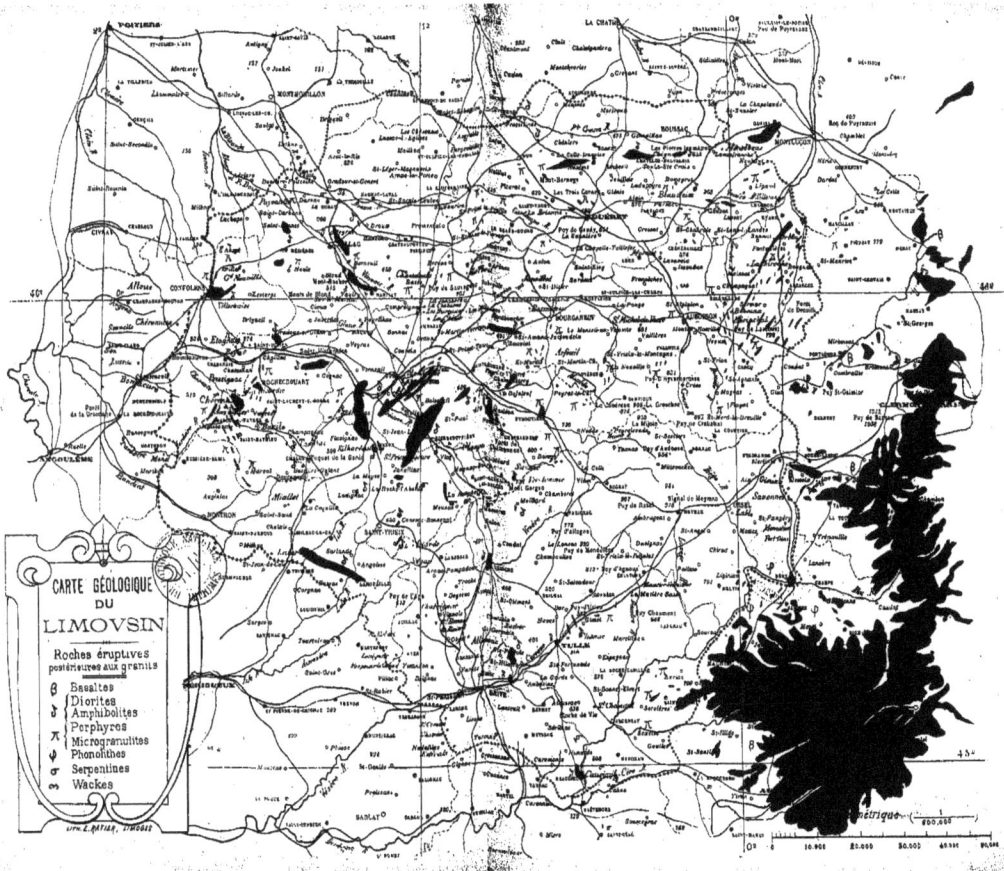

CARTE GÉOLOGIQUE
DU
LIMOVSIN

Roches éruptives
postérieures aux granits

β   Basaltes
δ   Diorites
♪   Amphibolites
π   Porphyres
Τ   Microgranulites
ψ   Phonolithes
σ   Serpentines
ω   Wackes

à la variété et non à l'espèce, nous emploierons ce terme pour désigner les granits amphibolifères du Limousin.

Ceux-ci seront donc pour nous des variétés de syénite. La granulite que nous avons décrite et dans laquelle la hornblende a élu domicile constituera une autre variété. Cette dernière correspond assez bien, du reste, à la syénite des auteurs auxquels nous avons fait allusion. Enfin nous admettrons les variétés quartzifères et micacées.

Dans la Haute-Vienne et dans la Corrèze, la syénite est subordonnée au granit cristallin. On la trouve en amas aux contours arrondis d'un volume parfois considérable. Entre ces amas et la roche enclavante la démarcation n'est pas toujours bien tranchée; une zone intermédiaire sépare la roche amphibolique de celle qui ne l'est pas : le granit passe graduellement à la syénite.

La disposition des amas de syénite dans le granit ressort de l'examen de quelques carrières, entre autres de celle de Saint-Lazare (Limoges). La roche amphibolique s'y dessine telle que nous l'avons indiqué plus haut. Mais on peut se rendre un compte plus exact de cette disposition en observant les tufs granitiques de certaines localités. Quand, par le fait de l'altération, les éléments du granit se sont dissociés, les amas de syénite, sous la forme de blocs d'un volume très inégal, ont subsisté intacts ou à peine désagrégés dans le tuf résultant de cette altération. Des blocs de ce genre, libres sur le sol ou plus ou moins profondément enfouis, se rencontrent en maints endroits, au Palais, au Carrier, au Croup, aux environs de Tulle, etc.

Des considérations qui précèdent, on peut déduire que la matière amphibolique préexistait au moment de la consolidation du granit, ou bien que cette matière poussée par une force excentrique puissante a pénétré dans le granit avant son complet refroidissement, pour se cristalliser ensuite simultanément et aussitôt après les éléments mica et orthose.

La variété de syénite dont nous venons de parler présente une structure granitoïde à grain moyen. Elle est composée de deux éléments principaux, l'orthose et la hornblende, auxquels s'adjoignent le quartz en proportion variable, l'oligoclase en faible quantité, et le mica rare ou abondant, selon le gisement.

A ces minéraux s'ajoutent le sphène, dont la présence est presque constante, le grenat, l'épidote, la pyrite et l'apatite. L'orthose est généralement blanc, quelquefois rose. Le sphène, disséminé assez irrégulièrement, atteint parfois le volume d'un grain de blé et se montre sous la forme de cristaux rouge-brun, transparents.

6

Loc. : Saint-Lazare, Le Carrier, environs de Saint-Germain-les-Belles, Saint-Junien (Haute-Vienne), Confolens (Charente).

Une autre variété de syénite, se rapprochant davantage du type généralement admis, s'observe à Petit-Lessac, tout près de nos frontières ouest. La roche est granulaire et rose ; l'orthose confusément cristallisé surabonde, et l'amphibole est largement lamellaire, noire ou verte. Point de mica, très peu de quartz. Eléments accessoires : épidote, sphène.

Cette syénite paraît dépendre du même système géologique que la granulite qu'elle accompagne. A ce point de vue, elle serait donc très différente de la précédente qui est constamment subordonnée aux granits. La roche du Petit-Lessac, si l'on fait abstraction de la hornblende, est exactement semblable à la granulite sa voisine, aussi croyons-nous pouvoir la bien caractériser en la qualifiant de granulite amphibolifère. De toutes les façons, c'est toujours une syénite au même titre, si ce n'est avec les mêmes caractères, que le granit amphibolifère.

Enfin, la ligourite que nous avons classée parmi les diorites pourrait tout aussi bien trouver sa place ici ; car elle se rapproche de la syénite, non-seulement par ses caractères généraux, mais encore par sa composition dans laquelle l'orthose entre dans une assez forte proportion. Néanmoins, dans cette roche, l'oligoclase l'emporte en quantité sur l'orthose ; c'est le motif pour lequel nous l'avons maintenue dans les diorites.

Dans la Creuse et dans la Corrèze, au contact des granulites pegmatoïdes, les roches amphiboliques passent à la syénite feldspathique et dans la région des granits à la syénite granitique. Aux environs de Saint-Céré, de Beaulieu et de Tulle, les syénites se présentent sous ces deux formes. Il en est de même du côté de Clugnac et de Châtelus (Creuse). Dans la Charente, cette roche s'observe à Brigueil, à Genouilhac, à Villechaise, à Saint-Germain de Confolens et à Confolens.

Usage. — Les syénites jouent le même rôle en agriculture que les diorites. Ces roches servent avec les granits cristallins au pavage des rues et à l'entretien des routes, mais elles sont moins estimées. On les utilise aussi dans la construction comme moëllons, rarement comme pierre de taille, sans doute à cause de la dureté de leur grain et de la tendance qu'elles montrent à se diviser dans le sens de la schistosité.

Variétés à consulter.

Syénite granitique, Tulle (Corrèze).

Syénite granilique Saint-Lazare près de Limoges.
—   —   La Porcherie.
Syénite granitoïde, micacée, peu amphibolifère, deux feldspaths dont un rose (Confolens).
Syénite proprement dite (feldspath rose), Petit-Lessac (Charente).

C. — Kersanton-Kersantite.

Dans la Haute-Vienne, le kersanton est représenté par une bande étroite et courte qu'on peut considérer comme la portion découverte d'un typhon. Ce typhon affleure en un seul point connu, à La Vouzelle, commune de Compreignac. Il traverse le granit cristallin recouvert par le granit granulitique, et ses blocs épars reposent sur cette dernière roche qui devait, sans aucun doute, les englober complètement autrefois.

Plus résistant que la roche encaissante externe, le kersanton s'est maintenu sain, tandis que le granit granulitique, plus exposé de sa nature aux atteintes des causes destructives, s'est désagrégé, faisant le vide autour de lui et le laissant découvert sur le sol.

La présence de cette roche n'a pas été constatée dans l'intérieur du massif granitique, mais tout indique qu'elle n'existe pas seulement à la surface et que le banc dont elle dépend est dissimulé dans les profondeurs par les couches superficielles de la roche inexplorée.

Le typhon n'offrirait pas du reste une continuité parfaite ; il serait fréquemment interrompu, et si l'on jugeait de sa forme à la disposition des blocs apparents, il paraîtrait constitué par une série de masses arrondies, disposées en chapelet. Ce genre de formation s'observe pour la syénite granitoïde, l'éclogite et la grenatite : il y a bien des probabilités pour qu'il en soit de même à l'égard du kersanton.

Quoiqu'il en soit, on ne trouve cette roche que sous la forme de blocs dispersés sans direction bien définie. D'après M. Balmet qui les a examinés plusieurs fois attentivement, ils couvrent sur le territoire de La Vouzelle une surface de cinq ou six hectares et la plus grande étendue de leur alignement ne dépasse pas six cents mètres.

Ce kersanton offre une structure granitoïde régulière, une couleur grise très foncée et un grain fin, tenace et uniforme. Deux éléments principaux concourent à le former : le feldspath et le mica. Celui-ci appartient à la variété ferro-magnésienne ; il est noir brillant très foncé et prédomine en quantité sur le feldspath. L'oligoclase, plus abondant, constitue la plus grande partie de la pâte et coexiste avec l'orthose, ce dernier est transparent et spathique. L'oligoclase se montre aussi à l'état cristallin ; il est opaque et d'un blanc verdâtre.

L'amphibole et le quartz sont rares. La chlorite et le grenat sont fréquents, mais répartis sans ordre. Dans les échantillons que nous avons pu étudier nous n'avons observé ni la chaux ni le phosphate de chaux qu'on rencontre habituellement dans la kersantite ; il est probable cependant que le calcaire et surtout l'apatite n'y font pas défaut, car ces matières ne sont pas étrangères à la région ; les pegmatites des environs de Compreignac en contiennent une quantité notable.

Usages. — La kersantite est une roche tenace très résistante à l'usure par les agents atmosphériques. Elle se taille avec facilité et le statuaire pourrait en tirer de très beaux ornements. En raison de ses qualités exceptionnelles, les constructeurs de Limoges auraient un grand avantage à l'employer de préférence aux granits les plus fins, même à ceux de Saint-Jouvent et de Compeix qui sont les plus recherchés.

CHAPITRE V

ROCHES SERPENTINEUSES ET DIALLAGIQUES.

Les roches serpentineuses et diallagiques, sans être nombreuses, sont cependant assez fréquentes dans la Haute-Vienne, ainsi du reste que dans les départements limitrophes du Nord, de l'Est et du Sud. Leur lieu d'élection est invariable : c'est dans les micaschistes, les leptynites et exceptionnellement dans le diorite qu'on les trouve en amas ou en bancs d'une étendue restreinte.

Roches d'éruption par excellence, elles ont fait leur apparition après la série des roches primitives que nous avons passée en revue, et leur arrivée à la surface a précédé celle des porphyres. Tout porte à croire qu'elles sont postérieures aux amphibolites. Cependant la formation de La Chaise, commune d'Oradour-sur-Vayres, dont nous avons déjà parlé, paraîtrait indiquer que leur venue s'est effectuée à la même époque ou très peu de temps après, car le diorite de cette localité est traversé en son centre par un banc de serpentine, et, pour que cette dernière roche ait pu s'installer de cette façon, il a fallu qu'elle n'ait éprouvé qu'une très faible résistance; il a fallu que la roche amphibolique fût à l'état pâteux et par conséquent nouvellement formée.

Quoi qu'il en soit, les roches que nous réunissons dans ce chapitre sont plutôt diallagiques que pyroxéniques. L'existence du pyroxène diopside dans la plupart d'entre elles ne peut être contestée; mais cet élément n'est pas assez abondant pour qu'on lui attribue un rôle prépondérant dans la constitution de l'espèce ; c'est un élément accessoire, quoique fréquent. Il en est de même de l'augite, qui est beaucoup moins abondante, et du péridot, qui est encore plus rare. Ces derniers, du reste, n'ont été observés d'une façon évidente que dans l'éclogite.

La seule roche importante de ce groupe est la serpentine, qui prédomine considérablement sur les autres. Celles-ci, la diallagite, l'éclogite et la variolite, sont des accidents dans la serpentine et le produit de leur contact avec les roches voisines.

A. — Serpentine.

La serpentine, qui provient selon toutes probabilités de l'altération du péridot, du pyroxène ou des autres minéraux de la même famille, est un silicate hydraté de magnésie, contenant du fer à l'état de protoxyde ou de sesquioxyde et parfois des oxydes de chrôme et de nickel. Sa dureté est voisine de 3 et sa densité est égale à 2,63.

Cette roche est composée d'une matière propre, très variée dans sa structure. Elle est compacte, opaque généralement, quelquefois translucide sur les bords, finement grenue ou esquilleuse, schisteuse en grand, lamellaire ou feuilletée, bacillaire, asbestoïde ou fibreuse. Sa cassure est irrégulière, résineuse, terne, rarement éclatante. Les faces des délits sont parfois luisantes, lisses ou striées. Ses couleurs varient à l'infini : elles passent du jaune pâle au vert foncé, du rouge au rouge-brun et du brun au noir. Souvent plusieurs teintes, se mariant dans la même roche, lui donnent l'aspect d'une peau de serpent. Les rides de la surface cutanée du reptile seraient simulées par des veines de chrysotile ou de magnésite disposées en treillage, et les écailles par le diallage, dont les lamelles incurvées et brillantes ressortent avec éclat par le polissage.

Le fer titané, la magnésite, la baudissérite, le mica vert, la chlorite, le fer chromé, le diopside, le grenat sont les minéraux qu'on rencontre le plus ordinairement dans les serpentines.

Les roches serpentineuses du Limousin appartiennent généralement à l'espèce commune. Elles sont brunes ou vertes, partiellement rouges ; quelques-unes doivent leur coloration verte à l'oxyde de chrôme. Il n'en est pas, que nous sachions, qui soient colorées par l'oxyde de nickel, dans la Haute-Vienne tout au moins.

Aux environs de Fayolas et de La Chaise, on trouve une serpentine presque noble, esquilleuse, d'un vert jaunâtre et translucide en plaque mince. La hornblende est fréquente dans la zone de contact avec le diorite de cette dernière localité, de même que la matière serpentineuse abonde dans la roche amphibolique enclavante. Le diallage forme de très petits amas dans l'intérieur de la roche et en tapisse les délits.

A La Roche-l'Abeille, la serpentine de surface est verte ; des zébrures noires à peu près parallèles, constituées par des groupes de cristaux de fer chromé, parcourent la roche dans une direction oblique par rapport à la stratification en masse. La roche profonde est brun-rougeâtre ou brun-verdâtre ; cette dernière renferme de nombreuses veines de baudissérite se subdivisant à angles aigus ; l'autre, des veines de chrysotile brune ou blanche se croisant à angles droits. Le pyroxène en voie de transformation magnésienne, la magnésite quelque peu carbonatée, amorphe, bacillaire ou asbestoïde et la rétinalite y forment des filons minuscules.

Dans le gisement de La Roche-Noire, situé entre Jumillac-le-Grand et Thiviers (Dordogne), la serpentine est très fréquemment schisteuse et se divise en plaques régulières d'assez belles dimensions.

L'antigorite en feuillets larges et minces et la pikrolite en cristaux bacillaires, accolés les uns aux autres, s'observent entre les couches de la roche, à côté de la rétinalite verte dont les veines sont transversales.

A La Coquille (Dordogne), la roche est presque noire, rouge superficiellement. On y remarque le diopside, la bronzite, le fer titané très abondant et la vermiculite.

Enfin, dans la plupart des gisements du Sud-Est, la serpentine est grenue, écailleuse, brune, pointillée de rouge, et quelquefois grenatifère (Le Mas, Corrèze, La Rougère, Haute-Vienne).

Le diallage cristallisé ou lamellaire existe en abondance dans toutes les serpentines du département, soit disséminé dans la masse, soit aggloméré dans les délits. La bronzite, moins commune se confond avec le diallage et ne ressort bien que lorsque la roche a subi un commencement d'altération.

B. — Variolite.

La roche que nous avons appelée variolite n'est autre qu'une serpentine grenue, à grain très fin, brune, ponctuée de rouge, parsemée de lamelles de diallage d'un gris argenté, dans laquelle des nodules de feldspath blanc mat, de la grosseur d'un pois, sont répartis assez uniformément.

Cette roche n'offre pas sans doute toutes les particularités de structure que présentent les variolites de la Durance, de la Corse et du mont Rosa. Le feldspath toujours amorphe n'est pas associé au pyroxène, pas plus qu'il n'affecte la structure radiée des sphéroïdes décrits par M. Michel Lévy. Mais, si quelques-unes de ces particularités manquent, les caractères généraux ne varient pas, les éléments sont en même nombre et affectent la même disposition relative.

Il existe donc au moins une variété de variolite dans la Haute-Vienne. Quel est son gisement? Il y a quelques semaines, il eut été difficile de répondre à cette question, car les seuls spécimens que nous possédions alors avaient été détachés d'un pavé roulé, trouvé dans une rue de Limoges et provenant sans doute, comme tant d'autres, de la Vienne, d'où on retirait autrefois les cailloux pour le pavage.

Des recherches récentes nous ont permis de reconnaître la présence d'un amas de variolite dans les serpentines des environs de Meilhard, au Mas, non loin des sources de la Briance. Il est plus que probable que le bloc qui nous a fourni les premiers échantillons est originaire de cette localité.

C. — Diallagite.

Résultant de l'association du diallage avec le feldspath, variété labrador probablement, cette roche contient aussi de la matière serpentineuse. Elle est grenue, d'un gris vert très foncé, souvent presque noire, zonaire et schisteuse en grand. Le grain en est fin, très fin même, parfois peu discernable aux moyens ordinaires d'exploration. Sur les faces de la schistosité, des cristaux très petits de diallage se groupent en nappes minces. La matière serpentineuse y forme des veines longitudinales nombreuses, s'entrecroisant à angles droits avec d'autres veines moins distinctes de la même matière.

Le diallage est généralement prédominant ; mais l'inverse s'observe quelquefois. Dans le gisement de Pallières, près de La Porcherie par exemple, la roche est constituée presqu'en entier par du feldspath à l'état de pâte pétrosiliceuse, dans laquelle il est impossible de discerner, même à l'aide d'une forte loupe, l'élément pyroxénique. L'œil le plus exercé ne peut que soupçonner la présence de ce minéral qui existe réellement, ainsi qu'il ressort de l'examen microscopique.

Née comme la variolite du contact de la serpentine avec les roches feldspathiques, cette roche ne se montre pas partout où la serpentine apparaît. On l'observe seulement sur les bords de quelques bancs et en filons dykes dans la roche serpentineuse.

On la rencontre à Fargeas, au sud-sud-ouest de Châlus, à La Coquille (Dordogne) et à Meilhard (Corrèze). Dans cette dernière localité, la schistosité est plus prononcée qu'ailleurs.

Aux minéraux accidentels qu'on trouve ordinairement dans les serpentines il faut ajouter le fer pyriteux, très abondant aux environs de Saint-Germain-les-Belles.

D. — Eclogite.

Au voisinage du diorite la diallagite associe ses éléments à ceux de la roche amphibolique ; il en résulte une roche dans laquelle la hornblende accompagne le diallage et où d'autres minéraux très fréquents, l'augite, le diopside, le grenat et le quartz accusent leur présence. L'éclogite de l'Ecubillon, près d'Oradour-sur-Vayres et des environs de La Chaise, dans le même canton, est un agrégat grenu très fin des espèces minérales que nous venons de citer. Elle n'est pas schisteuse, mais dans quelques portions de roche elle est zonaire et les zones sont formées par du quartz uni à la matière grenatifère. Cette roche, très complexe, n'existe que dans les zones communes au diorite et à la serpentine.

Cependant celle de l'Ecubillon paraît s'être intercalée entre le micaschiste et le leptynite. Elle forme un dyke orienté Sud-Est, Nord-Ouest que nous n'avons pu suivre dans tout son parcours ; mais tout porte à croire que ce dyke, semblable à un typhon qui ne montre que sa courbe centrale, plonge d'une part dans le banc de serpentine de Fayolas, et, d'autre part, dans le banc de diorite serpentineux de La Chaise, commune de Vayres. L'éclogite se retrouve avec des caractères beaucoup mieux déterminés aux environs de la Roche-Noire (Dordogne), à Lentignac, où nous l'avons découverte tout récemment. Sur ce point elle est en rapport avec la serpentine et le micaschiste grenatifère qui l'enclavent.

Siège. — *Rapports.* — *Direction.* — Comme nous l'avons déjà dit, les roches serpentineuses et diallagiques forment des amas ou des bancs dans les roches stratifiées des premiers temps géologiques. Elles s'intercalent en travers leurs couches et leur cèdent aux points de contact une partie de leurs éléments.

Le banc de serpentine le plus important est situé à La Flessé, commune de Château-Chervix. Il s'étend dans la direction Nord-Sud sur quatre kilomètres de longueur environ, de La Tuilerie à Chavagnac.

Douze petits bancs, réduits pour la plupart à de simples îlots d'une superficie de quelques centaines de mètres seulement, lui font suite et s'alignent dans la direction Est, entre Château-Chervix et Surdoux.

Au Nord et à l'Ouest, les îlots de la Rougère, de Champagnac, de La Vergnade et de Mas-Brunet, commune de La Roche-l'Abeille, complètent cette importante formation.

Au Sud-Ouest, les petits bancs de La Chaise, de Fayolas, commune de Cussac, et les îlots de Fargeas, commune de Châlus (Haute-Vienne), de La Coquille et de La Roche-Noire (Dordogne) s'allongent dans la direction Nord-Nord-Ouest, Sud-Sud-Est. Ces roches sont beaucoup plus éloignées les unes des autres que dans la formation précédente; néanmoins, elles paraissent dépendre d'un même système éruptif.

Enfin, les îlots de Miaumande, au nord-ouest du département, du moulin d'Arton, commune de Saint-Martin le Vieux, de Crézeunot, commune de Séreilhac, et de Vertamont, commune d'Isle, paraissent indépendants.

Les serpentines sont très rares dans la Creuse si nous en jugeons d'après les auteurs qui ont écrit sur la géologie de ce département et d'après nos propres observations. Toutefois M. de Cessac a signalé la serpentine en relation avec plusieurs filons de quartz qu'il a oublié de citer. A défaut de mention plus précise nous sommes obligé de considérer leur existence comme tout au moins douteuse.

Il ne serait pas étonnant, cependant, qu'il s'en trouvât quelques affleurements dans la région des schistes cristallins du Nord-Ouest; car cette formation est souvent liée aux amphibolites, et celles-ci abondent dans cette direction.

Quoiqu'il en soit, les serpentines ne se montrent ni au sud, ni à l'est du département.

Dans la Corrèze plusieurs îlots affleurent sur la frontière Nord-Ouest, en relation avec les serpentines de la Haute-Vienne, notamment aux environs de Meilhard précité.

D'autres ilots font saillie au sud du département ; les uns dans la direction de l'Ouest, à Saint-Céré, auprès d'un petit banc de diorite avec lequel la serpentine se soude par son extrêmité nord, aux environs de Beaulieu et à La Poujade. Les autres, du côté de l'Est, non loin d'Argentat, où ces roches forment une série d'affleurements qui paraissent dépendre d'une formation assez importante, à laquelle se rattachent le banc exploité de Cahus (Lot), et les gisements frontières de Causinil, de Bousquet et de Cassan.

Propriétés et usages — Les roches serpentineuses sont difficilement attaquables par les agents atmosphériques. Le sol qui en provient est peu profond et en partie stérile. Néanmoins, sauf sur les sommets qui émergent complètement nus des terres environnantes, la végétation recouvre le roc : des genêts, des ajoncs, des bruyères, quelques maigres taillis, le châtaignier même, y trouvent les éléments de leur existence. Leurs racines vivaces s'insinuent dans les moindres fissures et par la force expansive qu'elles acquièrent en vieillissant, aident puissamment à la désagrégation. Dans la lutte de la matière animée avec la matière inerte plus solidement constituée, la première l'emporte infailliblement sur la seconde.

Les serpentines du Limousin trouvent rarement leur emploi dans la confection des objets d'art, même d'un petit volume, parce que leur fissilité est souvent très prononcée et aussi parce que les nombreuses veines de chrysotile qui les sillonnent en rompent l'homogénéité et les rendent fragiles. On éprouve surtout de grandes difficultés à les tailler en plaques minces Malgré ces inconvénients nous les croyons susceptibles de fournir quelques objets massifs, tels que presse-papier, socles, colonnettes, écussons, etc.

La serpentine verte, chromifère, de La Roche-l'Abeille a été exploitée à une époque très reculée et tout récemment, à plusieurs reprises. Il est probable que les colonnettes du portique de l'église romane de Solignac proviennent de ce gisement si l'on en juge par la similitude de structure des échantillons pris à ces deux origines.

Aujourd'hui la maison Mabille de Limoges y puise une partie des matériaux qu'elle fait entrer dans la fabrication de ses ciments mosaïques.

La serpentine schisteuse de La Roche-Noire a donné de très jolis produits, dont quelques-uns figurent honorablement au Musée de Périgueux.

Variétés. — Serpentine verte chromifère, La Roche-l'Abeille.
Serpentine brun-rouge veinée de chrysotile, La Roche-l'Abeille.
— gris-verdâtre veinée de magnésite, La Roche-l'Abeille
— schisteuse tabulaire, La Roche-Noire (Dordogne).

Serpentine feuilletée d'un beau vert (antigorite), La Roche-Noire (Dordogne).

Serpentine asbestoïde (pikrolite), La Roche-Noire (Dordogne).

— grenue, Le Mas, commune de Meilhard (Corrèze).

— variolite, Le Mas, commune de Meilhard (Corrèze).

Diallagite finement grenue et zonaire, Fargeas près de Châlus.

— très feldspathique, pyritifère, Paillères (Haute-Vienne).

Eclogite à grain fin, Ecubillon, commune d'Oradour-sur-Vayres.

Eclogite typique, Lentignac, environs de Saint-Paul-la-Roche (Dordogne).

CHAPITRE VI.

ROCHES PYROXÉNIQUES.

Pour faire suite aux formations de nature éruptive et avant de commencer l'étude des terrains sédimentaires, nous avons cru devoir réunir dans un chapitre intercalaire les roches pyroxéniques, malgré leur diversité d'origine, et les placer après les diallagites avec lesquelles elles ont un certain degré de parenté.

Complètement étrangères à la Haute-Vienne, ces roches tiennent peu de place dans la Corrèze et le champ qu'elles occupent dans la Creuse est extrêmement limité. D'ailleurs, elles ne se présentent pas avec les mêmes caractères dans les deux départements, et s'il est certain qu'elles soient de provenance volcanique dans l'un, il est non moins certain qu'elles soient d'origine primaire dans l'autre.

Les premiers, en effet, consistent en coulées de laves qui se rattachent sûrement au système éruptif de la période tertiaire pendant laquelle les volcans d'Auvergne projetaient jusque dans la Corrèze leurs déjections incandescentes. Les secondes, formées d'aphanites et de wackes et intimement liées au carbonifère sur différents points de l'Europe, ne peuvent appartenir qu'à cette formation qu'elles accompagnent aussi dans la Creuse.

A. — Roches volcaniques.

Le sol volcanique de la Corrèze comporte trois masses d'inégale puissance. L'une consiste en une coulée de laves de trois kilomètres de long sur un de large qui s'étend de l'Ouest à l'Est, depuis le village de Mont jusque dans le Cantal où elle va rejoindre des masses basaltiques plus considérables. Une deuxième coulée de même nature, divisée en trois lambeaux, se montre à l'est de Neuvic. Enfin un massif de phonolithe surplombe Bort-les-Orgues, dont le nom rappelle la disposition colonnaire de cette roche volcanique.

La coulée de Rilhac sur laquelle cette petite ville est bâtie s'est épanchée en partie sur le granit et en partie sur le micaschiste. M. de Boucheporn y a observé deux cônes d'éruption : l'un situé à l'extrémité occidentale et dans une position élevée, l'autre au centre même de la nappe, à la limite du Cantal, près du village de Visis. Autour des cratères de nombreuses scories bulleuses, aux teintes sombres et variées, couvrent la surface dans toutes les directions.

Ces laves ressemblent à celles du Puy-de-Dôme. Elles sont généralement compactes, parfois spongieuses, d'un gris noirâtre ou violâtre, et les éléments dont elles sont composées, feldspath et augite, sont complètement indiscernables, même à l'aide d'instruments grossissants. Souvent on remarque dans la pâte des débris de roche que la lave a recueillis sur son parcours.

Les laves de Neuvic sont absolument de même nature que celles de Rilhac. Elles n'ont d'autre intérêt que celui qui se dégage de l'observation suivante, à savoir : que la rivière Dordogne traverse leur nappe et s'est tracé un lit dans son épaisseur, d'où cette conclusion que le creusement de cette vallée, très profonde en cet endroit, est postérieur à l'épanchement des laves d'Auvergne.

La roche de Bort est un basalte phonolithe d'un gris foncé dont la pâte presque entièrement formée de feldspath renferme une grande quantité de petits cristaux d'augite, de péridot et de fer titané invisibles à l'œil nu. Ce phonolithe est souvent amygdalaire et contient divers silicates se rapprochant du mésotype, et à la surface, une argile blanche provenant de l'altération des éléments feldspathiques exposés à l'action des agents extérieurs.

Le basalte de Bort forme de hautes colonnades dont les nombreux piliers se dressent perpendiculairement au sol et dont les sommets atteignent un niveau égal. La nappe qui en résulte s'étend horizontalement à la fois sur le micaschiste, le gneiss et le houiller.

B. — Aphanite-Wacke.

Ces roches particulières à la Creuse sont en rapport direct avec le dépôt houiller du bassin principal de ce département. Imitant les porphyres dans leur mode de formation, elles se sont élevées à travers des failles du sol primitif, et de ces centres d'émergence se sont épanchées au-dessus du carbonifère qu'elles recouvrent en partie.

Elles apparaissent de préférence sur les bords du bassin, plutôt à l'Est qu'à l'Ouest et de chaque côté du dépôt postsilurien qu'elles suivent jusqu'au près de Moutier-d'Ahun. Fournaux, Saint-Médard et Ahun circonscrivent l'espace occupé par leurs affleurements.

L'aphanite est une roche compacte ou sub-compacte, noire ou vert olive foncé, dure et tenace, à cassure conchroïdale et uniforme dans sa structure. La variété noire réflète des teintes sémi-métalliques par miroitement des particules indiscernables d'augite. La variété verte présente des taches noires disséminées et vaguement rayonnées de pyroxène visible à la loupe et des mouches de péridot.

Cette roche est composée d'éléments microscopiques résultant de la consolidation précipitée du feldspath qui paraît amorphe et prédomine, et du pyroxène augite plus accessible aux moyens d'exploration optique. Elle est quelquefois porphyroïde et sur certains points épidotifère et calcarifère.

L'aphanite se comporte de la même façon que l'eurite et le porphyre euritique; elle a de grandes analogies de composition et de structure avec ces roches et la même origine. On peut donc considérer l'aphanite comme un eurite pyroxénique ancienne, liée spécialement à la formation houillère.

La wacke est aux aphanites ce que l'argilophyre est aux porphyres. C'est donc une roche altérée, une aphanite décomposée, plus ou moins transformée en argile. Elle est parfois dure et assez tenace, mais généralement elle se laisse rayer par l'ongle. Sa couleur varie du jaune gris au jaune brunâtre et au brun. Sa structure est grenue, fine ou très fine, porphyroïde dans de nombreux cas, amygdalaire souvent. Les petites cavités qu'elle présente sont à moitié vides et les matières ferrugineuses qui s'y trouvent proviennent de la décomposition de l'augite. Des veines de même nature ou de nature calcaire la sillonnent en sens divers.

Usages. — Les roches que nous venons d'examiner dans ce chapitre n'ont pas une grande utilité. Celle de Neuvic et de Rilhac sont employées néanmoins, comme les basanites de Volvic, à la confection des trottoirs et des bâtiments. Celles de Bort peuvent servir comme moellons. Enfin les aphanites de Fournaux trouveraient leur emploi dans l'entretien des routes si le pays où elles gisent n'était pas amplement pourvu de roches plus dures et plus estimées.

Propriétés agricoles. — Leur rôle en agriculture est absolument nul dans nos contrées. D'une manière générale, les volcans et les soulèvements qui en sont la conséquence ont pour propriété de modifier les pentes et de favoriser l'écoulement et la distribution des eaux. Les éruptions auxquelles elles donnent lieu produisent d'autres effets utiles. Elles amènent à la surface des matériaux enfouis dans les profondeurs du sol ; elles les divisent en blocs, en fragments, en poussières même et les projettent au loin, au grand avantage des terres qui s'en imprègnent. Les cendres volcaniques presque entièrement feldspathiques contiennent une forte proportion d'alcalis, très facilement assimilables en raison de la solubilité de leurs molécules, et portent la richesse dans les contrées où elles tombent. Certains pays, la Limagne entre autres, doivent une grande partie de leur fécondité végétative aux sédiments pon-ceux qui se sont accumulés depuis des siècles dans leurs vallées.

Echantillons d'étude. — Aphanite noire sub-compacte, uniforme, Fournaux (Creuse).

Aphanite vert olive, mouchetée, Fournaux (Creuse).

Wacke demi-tendre, vert jaunâtre, Saint-Médard (Creuse).

Phonolithe, Bort-les-Orgues (Corrèze).

Lave compacte, Rilhac (Corrèze).

Lave spongieuse, Rilhac (Corrèze).

Basanite, Visis et Rilhac (Corrèze).

CHAPITRE VII.

ROCHES PORPHYRIQUES.

Porphyre granitique (Elvan). — Porphyres granitoïdes. — Porphyres quartzifères. — Porphyres euritiques et pétro-siliceux. — Eurite et Petrosilex.

A l'exception peut-être de l'elvan qui établit le passage entre les granits et les porphyres proprement dits, les roches dont nous allons nous occuper appartiennent au même système éruptif. Toutefois, elles ont fait leur apparition à des époques différentes, assez éloignées les unes des autres, ainsi qu'il résulte de l'étude de leur composition et surtout de leurs rapports.

Dans la Haute-Vienne, elles ont percé tous les terrains primitifs y compris le diorite ; dans la Creuse elles se sont élevées en grand nombre au-dessus des mêmes terrains ; elles ont traversé le carbonifère aux environs de Saint-Médard, et plus au nord, dans les vallées du Véraux et de la Tarde, on constate leur présence au sein des dépôts lacustres.

Partout elles accusent un âge peu avancé par rapport aux roches qui les encaissent.

Les porphyres sont donc les roches les plus récentes des premiers temps géologiques.

En général, ces roches sont à base d'eurite et le quartz y figure presque toujours quoiqu'en quantité variable. Quelques-unes offrent l'aspect et la structure du granit (porphyre granitoïde, elvan); d'autres, en présence des roches chloriteuses et des diorites, se sont approprié une partie de la hornblende et de la chlorite contenues dans ces espèces lithologiques (porphyre amphibolifère, porphyre chloritifère) ; d'autres encore, en se consolidant, ont emprisonné des fragments arrachés aux roches de contact, (porphyres fragmentaires); enfin il en est qui, sous l'influence du temps et d'autres causes incomplétement connues, ont subi la transformation argileuse (argilophyres).

Voyons chacune de ces variétés en commençant par l'elvan qui paraît s'être constitué le premier dans l'ordre chronologique.

A. — Elvan. — Porphyre granitique.

L'elvan peut se caractériser ainsi : au sein d'une pâte microgranulitique récente, généralement rare et peu distincte, des fragments assez volumineux de quartz ou de feldspath plus anciens s'assemblent et forment un agrégat analogue à celui des roches granitoïdes ou pegmatoïdes. Tous les éléments sont visibles à l'œil nu à des degrés divers.

Le quartz est amorphe ou semi-cristallin, gris ou enfumé, et renferme des inclusions liquides, avec bulles de gaz et cristaux rectangulaires (Crochat, Pouzol, près Limoges). Le feldspath le plus communément observé est l'orthose. Cet élément se présente sous la forme de fragments lamellaires d'un gris rougeâtre, grisâtre ou jaunâtre, contenant lui aussi des inclusions, mais des inclusions discernables de quartz de mica ou de chlorite. On le rencontre également en cristaux prismatiques aussi épais que larges et plus ou moins nombreux, dont la disposition, la teinte et le volume parfois assez considérable impriment aux roches porphyriques le caractère de structure qui leur est propre. L'oligoclase existe en petite quantité dans presque tous les échantillons de porphyre granitoïde que nous avons examinés.

Le mica noir cristallisé en lamelles hexagonales, ou seulement cristallin, comme dans quelques variétés de gneiss, et le mica blanc sont généralement associés aux éléments précédents. Cependant il est rare que l'un et l'autre coexistent dans le même porphyre.

La chlorite, ordinairement très fréquente, fait quelquefois défaut. La pinite beaucoup moins commune, est souvent peu distincte et fusionne ses molécules avec celles de la chlorite. La pyrite ferreuse le mispickel, la fluorine, la baryte et la calcite se font remarquer, les deux premières dans l'intérieur de la pâte, les autres dans les délits.

Des filons de greisen stannifère accompagnent les principaux gisements d'elvan qu'on trouve dans les régions centrales (Vaulry, Montebras).

L'elvan forme des dykes importants dans les granits granulitiques. Ses caractères sont différents selon les localités où ils gisent.

Aux environs de Vaulry, cette roche présente une structure pegmatoïde très évidente. Le quartz et le feldspath, à l'exception de quelques fragments lamellaires et bleuâtres de ce dernier minéral, sont amorphes et gris. Des vacuoles partiellement occupées par des lamelles de mica altéré, associé parfois au grenat, s'observent çà et là dans la masse.

L'elvan de Montebras possède une structure granitoïde presque compacte. Il est rougeâtre et micacé. La cristallisation de la pâte n'est qu'ébauchée ; mais les cristaux de feldspath se font remarquer par leur nombre et par leur volume. Le mica, très abondant, est noir, cristallisé ou seulement cristallin, à contours plus ou moins déformés. L'actinote rayonnée, la fluorine et le calcaire s'y rencontrent assez souvent.

Cette roche est encaissée, conjointement et parallèlement avec un porphyre grenu et une granulite rouge kaolinisée à la surface, dans un granit granulitique à grain fin qui la sépare d'un autre granit plus général, à gros grain, porphyroïde et cordiéritifère. La gilbertite et la damourite, servant de gangue à l'étain, ainsi que des filons de feldspath et des poches d'amblygonite, accompagnent cette formation si curieuse par la diversité des roches et des minéraux qui la constituent.

A Saint-Germain de Confolens, sur la frontière ouest du Limousin, l'elvan est intercalé entre un banc de porphyre pétrosiliceux et un massif de syénite quartzifère. La roche ressemble aux précédentes quant à la structure, mais au lieu de mica elle contient une grande quantité de chlorite lamelleuse qui entoure les éléments et leur communique une teinte verte superficielle.

B. — Porphyres quartzifères. — Microgranulites.

Roches essentiellement feldspathiques, les porphyres quartzifè-res ou microgranulites sont constitués par une pâte euritique ou pétrosiliceuse, au sein de laquelle sont enchassés, sans ordre et sans direction déterminée, des cristaux d'orthose et des grains ou des cristaux de quartz. L'oligoclase coexiste quelquefois avec le feldspath orthique ; mais il n'est fréquent que dans les variétés amphibolifères ou dioritiques.

La pâte euritique, très fine en général, ne peut être décomposée en ses éléments constituants par les moyens ordinaires d'examen. Cela n'implique pas que ces éléments soient amorphes, au moins dans la plupart des cas, car à l'aide d'une forte loupe et mieux du microscope, on peut se convaincre qu'ils affectent des formes cris-tallines distinctes, sinon parfaitement déterminées. La pâte peu discernable aux instruments grossissants doit être considérée comme un magma sub-compacte, chargé de silice, plus particulièrement propre aux porphyres pétrosiliceux.

Les éléments feldspathiques cristallisés offrent peu d'uniformité dans leurs dimensions. Les uns sont assez volumineux, les autres sont très petits, d'autres sont intermédiaires. Leurs teintes varient comme leur volume ; souvent uniques, elles peuvent se montrer différentes dans un même porphyre. Il n'est pas rare, en effet, de rencontrer des cristaux rouges associés avec des cristaux roses, des roses avec des blancs ou des roses avec des verts ; parfois même un cristal présente une teinte claire à l'extérieur et foncée au centre.

Leurs formes cristallines, vues dans la cassure, représentent des carrés, des rectangles ou des hexagones ; ces figures ne sont autres que des sections de prismes à quatre pans, allongés parallèlement à la base.

Le quartz est hyalin blanc ou enfumé, quelquefois amorphe, le plus souvent cristallisé ; mais ses arêtes sont arrondies comme s'il avait été roulé avant la consolidation définitive de la roche. D'autres fois il est nettement bypyramidé. Quelle que soit sa forme, il ren-ferme de nombreuses inclusions liquides, solides et gazeuses. Le fond euritique l'emporte en quantité sur les éléments cristallisés discernables. L'inverse se produit quelquefois et, dans ce cas, les cristaux sont assez nombreux pour masquer la pâte devenue rare.

La couleur fondamentale des porphyres quartzifères est le rouge ou le rouge brun, moins fréquemment le gris, le gris jaunâtre ou verdâtre, plus rarement le noir.

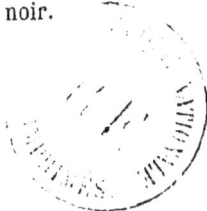

7

Les cristaux de feldspath, dans la plupart des cas, affectent des teintes semblables à celles de la pâte, mais plus claires et plus vives. Le contraire s'observe dans quelques porphyres, peu communs du reste, tels que ceux de Chabanais et de Brillac (Charente).

Des minéraux autres que le feldspath et le quartz concourent dans des proportions variables à la formation de la roche porphyrique. C'est d'abord le mica noir hexagonal, dont l'existence est loin d'être constante, car il n'existe guère que dans les rares porphyres dépourvus de chlorite, comme si ces deux espèces s'excluaient l'une l'autre; puis la chlorite, qui abonde toujours et parfois à l'excès. Ce minéral se présente, soit sous la forme de lamelles cristallines d'un vert noirâtre, soit en écailles très fines agglomérées en petites pyramides tronquées à quatre pans, ressemblant à des coins qu'on a pris jusqu'à ce jour pour un composé de cordiérite et de matière chloriteuse, soit encore, mais très rarement, en petites masses sphéroïdales radiées, d'un vert bleuâtre ou jaunâtre, très tendres.

Les espèces minérales qui fréquentent ordinairement les porphyres quartzifères sont : la pyrite de fer, la pinite, assez commune dans les gisements de Bourganeuf, de Maillaufargueix, de Chanteloube, la fluorine verte ou violette et la calcite cristallisée ou spathique qu'on trouve dans presque tous les délits. Cette dernière envahit quelquefois l'intérieur de la pâte et y forme des mouches blanches et translucides.

C. — Porphyre granitoïde.

Il est assez fréquent de rencontrer à l'intérieur des porphyres quartzifères des zones dans lesquelles le quartz devient très abondant au détriment de la pâte euritique qui se fait rare, au détriment aussi des gros cristaux de feldspath qui disparaissent. Cette nouvelle roche qui n'est qu'un accident dans le porphyre quartzifère, à l'égal de l'eurite et du pétrosilex dans les mêmes porphyres et dans les porphyres euritiques, se rapproche, plus encore que l'elvan, du granit auquel elle emprunte la forme et le nom. On l'observe en bandes fréquentes dans les porphyres de Saint-Barthélemy et de Marval, et moins communément dans les porphyres des environs de Limoges.

D. — Porphyres euritiques et pétrosiliceux.

On peut affirmer que les porphyres du Limousin, à quelques exceptions près, sont tous quartzifères. Aussi les porphyres pure-

ment euritiques ou pétrosiliceux sont-ils assez rares. Leur existence
ne saurait être mise en doute, mais avec cette restriction qu'ils ne
constituent pas en entier aucun des dykes importants que nous
avons explorés. La vérité est qu'ils se rencontrent presque toujours
dans les porphyres quartzifères en masses souvent volumineuses,
mal délimitées. Le même banc peut présenter, avec le porphyre
euritique, les deux porphyres que nous venons d'examiner, sans
qu'il y ait de démarcation bien sensible entre chacune de ces variétés. Ce qui revient à dire qu'un même porphyre peut se montrer
sous trois états différents, suivant qu'il affecte une structure granitoïde ou euritique, suivant que le quartz existe ou manque. Cette
remarque à peu près générale s'applique plus spécialement au
banc de porphyre de Limoges lequel, dans quelque lieu qu'on l'examine, se manifeste au moins sous deux de ces états à la fois.

Dans tous les cas, le fond de la roche est le même ; le feldspath
s'y trouve sous la même forme cristalline et avec les mêmes teintes ;
le nombre et la nature des minéraux accessoires et accidentels ne
varient pas.

Feytiat, Crochat, Pouzol, Pont-Rompu, Pont-Saint-Paul, sont des
points très bien placés pour observer le porphyre euritique dans
ses rapports avec le porphyre quartzifère et le porphyre granitoïde.
Le porphyre euritique se rencontre aussi à Masléon, à Chanteloube,
à Néchapt, à Maillaufargueix, à Faneix, à Saint-Sylvestre, à Compreignac, à Saint-Mathieu, aux Salles, etc. Dans plusieurs localités,
la roche est micacée (Masléon, Beaumont, Condat, Saint-Priest-
Taurion, La Vouzelle, commune de Compreignac, la Drouille, commune de Bonnat).

E. — Porphyre amphibolifère.

Cette roche n'est qu'un accident dans les porphyres euritiques de
la Haute-Vienne. On la trouve dans les zones de contact avec le
diorite et jamais en abondance, si ce n'est à La Brugère au sud-est
de Saint-Martin de Jussac, où le porphyre a traversé un banc d'amphibolite. Ce porphyre diffère notablement des autres roches similaires, non-seulement par sa composition qui se ressent de la présence de la hornblende, mais encore par la nature de sa pâte.
L'orthose a disparu en partie pour faire place à l'oligoclase dont
les cristaux apparents sont de faibles dimensions, peu nets dans
leurs contours et sans éclat. L'amphibole en très petits cristaux
lamellaires, visibles néanmoins à la loupe, fait corps avec la pâte
qu'elle colore en gris très foncé, presque noir.

On trouve le porphyre amphibolifère en petite quantité à Pouzol et en abondance à La Brugère et à La Plagne.

La pyrite de fer et le calcaire sont les seuls minéraux que nous ayions rencontrés dans ce porphyre.

F. — Porphyre bréchiforme.

Au moment de leur apparition, certains porphyres ont été brisés en fragments, puis ressoudés par la pâte euritique encore fluide. D'autres, en opérant leur violente sortie, ont fracturé les roches encaissantes, et de nombreux éclats entraînés par le courant lavique ont été emprisonnés pour toujours dans la roche nouvellement soulevée. D'autres enfin, à la suite d'une conflagration qui s'est étendue à toute une région de porphyres, ont été complètement bouleversés, fragmentés et pulvérisés, pour se reconstituer un peu plus tard en un magma informe dans lequel une multitude de débris appartenant aux roches les plus proches, comme aussi à des roches assez éloignées, se font remarquer par le nombre et la nature variée des éléments qui les composent.

Les brèches de frottement ou brèches simples s'observent en général sur la lisière des bancs d'une certaine puissance comme celui de Limoges. Pouzol en fournit des exemples. Les brèches de dislocation couvrent de larges surfaces auprès de Rochechouart et de Videix. Ces dernières sont composées par une pâte hétérogène formée de détritus pulvérulents, de matières argiloïdes et par des fragments anguleux, quelquefois assez gros, de porphyre, de leptynite, de micaschiste, de granit, de diorite, et même d'éclogite, autant qu'il nous a été possible de discerner la nature de ces fragments souvent décomposés et partant peu discernables. Ce même porphyre bréchiforme se rencontre aux villages de Babandu, Pert et Ménieux, entre Rochechouart et Videix qui sont les sièges principaux de cette formation si intéressante et si curieuse, et aussi à Pressignac et à Chassenon (Charente).

G. — Porphyres celluleux.

Dans les terrains situés à la limite des porphyres, on remarque assez fréquemment des blocs d'eurite celluleuse, porphyrique ou non, constamment chloritifère, que nous avons comparée à l'écume d'une masse solide en fusion qui aurait conservée sa structure spongieuse après le refroidissement.

Cette roche offre une assez grande analogie avec certaines espèces volcaniques. Les cavités plus ou moins nombreuses dont elle est percée, primitivement occupées sans doute par des gaz et des vapeurs, sont irrégulières et vides pour la plupart. Leurs parois sont quelquefois tapissées par des cristaux de quartz et de feldspath, et dans les portions altérées, par du fer hydro-oxydé (Crochat).

H. — Eurite et Pétrosilex.

FELSITE.

Lorsque les porphyres euritiques sont dépouillés de leurs cristaux et que la pâte subsiste seule, à l'exclusion des éléments cristallisés ou tout au moins apparents, ils changent de caractères et prennent le nom d'eurite, de pétrosilex ou de felsite. Ces roches sont entièrement formées de feldspath orthose à l'état de magma, dont les corpuscules d'une ténuité extrème sont associés à une quantité plus ou moins appréciable de silice amorphe qui en augmente la densité et en diminue le degré de fusibilité. La felsite est finement grenue ou compacte; sa cassure est esquilleuse, semi-conchroïdale, vitreuse dans les variétés riches en silice, plane et régulière dans les variétés stratiformes. Sa couleur varie du gris au brun, du jaune au vert et du rose au jaune foncé.

L'eurite et le pétrosilex ne sont qu'une seule et même espèce. Malgré cette unité de composition, nous pensons qu'il convient de donner le nom de pétrosilex ou de felsite aux variétés vitreuses et translucides, et de réserver le nom d'eurite aux variétés ternes et opaques.

Indépendamment de la silice diffuse qui se trouve presque toujours dans la pâte euritique on y rencontre de beaux cristaux de quartz gris bipyramidés, anciens et assez volumineux. Dans ce cas l'eurite est dite quartzifère.

Cette variété est commune à Bussy-Varache près d'Eymoutiers, à Beaumont, à Néchapt, à La Brégère, à Brillac (Charente) et à Bouzogle (Creuse).

Dans d'autres circonstances beaucoup plus communes, la chlorite s'associe à la matière feldspathique et y forme des petits amas semblables à ceux que nous avons signalés dans les porphyres euritiques ; ou bien, mais plus rarement, au contact des micaschistes, ce même élément, devenu amorphe et très abondant, constitue avec la pâte une roche qu'on prendrait pour un mélaphyre si l'on ne connaissait la nature du minéral qui la colore en noir (Pouzol). Enfin le mica blanc en lamelles microscopiques et la cordiérite en cristaux stratifiés et mêlés à la chlorite, se font remarquer dans quelques eurites, notamment à Maillaufargueix, à Chanteloube et aux environs de Bourganeuf.

La felsite et l'eurite s'observent en zones alternantes dans tous les porphyres du Limousin, à l'exception de l'elvan et du porphyre granitoïde.

I. — Argilophyre.

L'argilophyre est le résultat d'une altération particulière des eurites et des porphyres euritiques, offrant une certaine analogie avec la kaolinisation des feldspaths. Cette altération s'est produite dans la profondeur aussi bien qu'à la surface, ce qui implique que les agents extérieurs sont étrangers à la modification subie par la pâte pétrosiliceuse. L'argilophyre ainsi que son nom l'indique ressemble à l'argile. Elle est terreuse, odorante et happe à la langue. Sa dureté, très variable, est quelquefois si faible qu'on la raye sans difficulté avec l'ongle (Pouzol); d'autrefois elle est plus prononcée, et pour l'entamer il est nécessaire de recourir à l'action d'une lame de fer (Maillaufargueix, Chanteloube). Dans tous les cas elle résiste à l'action dissolvante de l'eau.

Un grand nombre de cavités microscopiques s'observent dans la pâte. Celle-ci a conservé, à peine modifiées, les teintes qu'elle offrait avant sa transformation. On en voit de jaunes, de vertes, de rouges, de vineuses, de grises et de brunes. Quelques-unes sont quartzifères (Pouzol, Brillac, Bouzogle), d'autres renferment des pinites (Maillaufargueix, Chanteloube, Néchapt), d'autres enfin de la chlorite et assez souvent du fer pyriteux.

Comme l'eurite, l'argilophyre se montre rarement seule, mais plutôt en bandes ou en amas dans les porphyres pétrosiliceux qu'elle accompagne presque toujours.

Peu commune dans les porphyres des environs de Domps, de Saint-Mathieu, de Saint-Barthélemy et de Marval, cette roche est fréquente à Néchapt, à Maillaufargueix, à Bussy-Varache, à Chanteloube, à Brillac (Charente) et à Bourganeuf (Creuse).

Forme, étendue, direction, rapports. — Nous l'avons dit, les porphyres de la Haute-Vienne sont presque tous quartzifères et chloritifères. Ils forment dans cette contrée des dykes très courts ou très allongés, dont la largeur atteint à peine quelques mètres chez les uns et n'excède pas deux cents mètres chez les autres.

Ces dykes sont simples ou multiples. Dans ce dernier cas ils sont groupés en séries parallèles souvent très rapprochées, parfois confondues sur un ou plusieurs points.

On peu les rattacher à trois formations principales, contemporaines selon toutes probabilités. Celle de l'Est, située entre Bourganeuf (Creuse) et Domps, comprend une trentaine de dykes de faibles dimensions, alignés du Nord au Sud. Les porphyres de Domps sont quartzifères. Ceux qui s'échelonnent de Bussy-Varache à Bourganeuf le sont aussi, mais leur pâte est surtout euritique et les éléments cristallins qu'elle contient sont moins abondants.

La formation du centre, la plus importante et la plus régulière du département, occupe sur la rive gauche de la Vienne, en regard de Limoges, l'espace compris entre Saint-Just et Voyeras, commune de Jourgnac, distant l'un de l'autre de dix huit kilomètres. Euritique, quartzifère, parfois granitoïde, ce porphyre est aligné en bandes droites, très rapprochées dans la partie moyenne de leur parcours. Ces bandes, au nombre de quatre à sept, entre Feytiat et Panazol, se confondent près de Rosnie et se perdent successivement après s'être morcelées de Panazol à Saint-Just. Leur direction est très exactement N.-Nord-Est, S.-Sud-Ouest.

La formation du Sud-Ouest, la plus nombreuse, comporte trois sortes de porphyres. Les uns, comme ceux de Rochechouart, de Videix et des points intermédiaires, sont bréchiformes. Les autres, situés au sud et un peu à l'ouest des précédents, sont quartzifères aux environs de Saint-Mathieu, des Salles, de Chéronnac, et granitoïdes auprès de Saint-Barthélemy et de Marval. L'ensemble des nombreux dykes qui affleurent autour de ces localités — il y en a au moins trente-cinq — affecte une direction générale Nord-Sud ; mais pris individuellement quelques-uns de ces dykes, ceux de Salles, ont une direction N.-Nord-Est, S.-Sud-Ouest, tandis que d'autres, ceux de Saint-Mathieu, se dirigent en s'étageant parallèlement du N.-Nord-Ouest, au S.-Sud-Est.

Les autres porphyres du département ne paraissent pas dépendre des formations ci-dessus. On trouve leurs dykes complètement isolés à la Roche-Vieille, commune de Bussière-Poitevine, à Nouic, à Eybouleuf, à Beaumont, à Néchapt, à la Drouille, à Saint-Sylvestre ; ou groupés par deux ou par trois auprès de la Borderie, à l'ouest de Berneuil, auprès de Cognac, à La Brugère, à Bac et à La Brunie. Ces porphyres sont quartzifères. Ceux de Chanteloube, de Compreignac, de Maillaufargueix, de Faneix et de Néchapt sont euritiques et presque entièrement transformés en argilophyre.

L'existence des porphyres dans la Corrèze, a été démontrée tout récemment par M. Fouqué, cité dans la notice stratigra-

phique du Plateau Central de M. Mouret. Ce géologue distingué
a tracé sur la feuille d'Aurillac des groupes de microgranulites à Saint-Martin, à Servières et à Sexcles au milieu de la
granulite, et des groupes de porphyres amphiboliques autour
d'Eyrein. M. Mouret, de son côté, a signalé la présence de
porphyres semblables près de Gimel et des filons de porphyres pétrosiliceux autour de La Roche-Canillac et à La Mativie. Tous ces
filons sont encaissés dans la granulite.

Dans la Creuse cette formation a pris une extension considérable.
Elle apparaît dans toutes les roches, aussi bien dans les granits
que dans les schistes cristallins et qu'à travers le carbonifère.
Toutefois, elle est moins bien représentée dans les granits granulitiques et les micaschistes que dans les gneiss et les leptynites. Les
régions les plus favorisées sont celles du Centre et de l'Est. Dans
cette dernière, les filons de porphyres s'alignent, isolés ou
groupés, dans la direction générale Nord-Sud; au Centre ils s'orientent Nord-Ouest, Sud-Est; au Nord, ils s'étendent de l'Ouest à l'Est.

Ces filons dykes sont étroits, rectilignes, très nombreux — on en
compte plus de soixante — et dépassent rarement 2,000 mètres de
longueur. Un seul, celui qui affleure entre Gouzon et Vouise, atteint
des dimensions exceptionnelles et mesure six kilomètres de l'Ouest
à l'Est et de douze à quinze cents mètres du Nord au Sud.

Les porphyres de la Creuse sont tous plus ou moins quartzifères.
L'eurite forme la base du plus grand nombre; les autres présentent la structure granitoïde. Ces derniers établissent le passage
entre le granit et le porphyre euritique (microgranulites).

L'amphibole a pénétré dans la pâte de quelques-uns de ces
porphyres et les a transformés en mélaphyres. D'autres se sont
imprégnés de pyroxène (aphanites) ou de chlorite (porphyres chloriteux). D'autres enfin, renferment de la pinite (porphyres piniti-
fères), du calcaire et en général les minéraux qui ont été mention-
nés dans les porphyres de la Haute-Vienne.

L'eurite, le pétrosilex et l'argilophyre sont fréquents sur les
bords ou dans l'intérieur des dykes qu'ils concourent à former;
mais jamais ils n'atteignent l'importance du porphyre lui-même, et
leur présence au milieu de la formation porphyrique est plutôt
accidentelle que normale.

Comme on le voit, ces porphyres ont une grande analogie avec
ceux de la Haute-Vienne, et l'on peut sans hésitation les rattacher
au même système éruptif.

On trouve les porphyres euritiques à La Nouaille, sur la route
d'Aubusson à Clermont, entre Bellegarde et Auzances, aux envi-

rons de Saint-Pardoux-le-Pauvre, à Chambon, au nord, au sud et à l'est de Gouzon, au sud de Parsac, à Saint-Loup, à Domérot, autour de Saint-Vaury, entre cette localité, La Souterraine et Bussière-Dunoise, à l'ouest de Bourganeuf, à Bouzogle et à Saint-Michel-de-Veysse. Les porphyres quartzifères, moins fréquents que les précédents, s'observent au nord d'Aubusson, à la Croix-au-Bost, à Lizière, à Noth, à Montebras et particllement dans la plupart des porphyres euritiques. L'amphibole se montre dans les porphyres à Glénic et au sud-est d'Aubusson, et le pyroxène aux environs de Fourneaux et de Saint-Médard.

Quelle que soit leur nature, les porphyres, semblables aux masses basaltiques, se dressent verticalement en strates épaisses dans les failles produites par le retrait des roches encaissantes. Leurs colonnes vaguement prismatiques ont percé tous les sols primitifs du Limousin : micaschistes, gneiss, leptynites, granits cristallins, granits granulitiques et diorites. Leurs longues bandes rectilignes parcourent souvent plusieurs terrains à la fois ; c'est ainsi que, dans les environs de Limoges, les mêmes dykes occupent le gneiss, le leptynite et le granit. Ailleurs, un peu à l'ouest de Cognac, ils traversent le granit, le leptynite et le diorite. Plus à l'Ouest, en tirant vers le Sud, ils se trouvent dans les schistes cristallins et le granit. A Domps et à Bussy-Varache, ils s'élèvent au-dessus des granits granulitiques. Auprès de Bourganeuf, à Arfeuil et à Bouzogle, ils se sont fait jour au travers des granits, des schistes et du sol anthraciteux.

Dans la Creuse, les formations sont identiques, nous le répétons, et on voit les porphyres se frayer un passage dans les terrains les plus anciens, comme aussi dans les terrains plus récents, le carbonifère et le houiller.

Usages. — Rarement employés dans la construction, si ce n'est en guise de moellon, les porphyres sont utilisés à l'empierrement des routes et au pavage des rues. En raison de la finesse de leur grain, de la ténacité de leur pâte et de leurs couleurs variées, nuancées de teintes vives, les porphyres de Crochat, de Pouzol, de Saint-Mathieu et de Chabanais sont susceptibles de recevoir un beau poli et de résister aux chocs les plus violents. Ils conviendraient parfaitement pour confectionner des objets d'art exigeant un certain poids et une grande dureté.

Echantillons d'étude.

Porphyre granitique (elvan) : micacé, pâte granulitique, cristaux rares, gris et roses, très clairs (Montebras, Creuse).

Porphyre granitique (elvan) : très chloritifère (Saint-Germain-de-Confolens, Charente).

Porphyre granitique (elvan) : pegmatoïde, cristaux gris-jaunâtre et bleuâtres (Mézières).

Porphyre granitoïde : très quartzifère, teinte générale rose (Pouzol, près Limoges).

· Porphyre granitoïde : fond rouge foncé, chloritifère (Pouzol, Haute-Vienne).

Porphyre euritique quartzifère : micacé, gris (Masléon, Haute-Vienne).

Porphyre euritique quartzifère : feldspath vert et rose, pâte rare, quartz bipyramidé (Brillac, Charente).

, Porphyre euritique chloritifère : pâte très fine, grise, feldspath rouge foncé (Chabanais, Charente).

Porphyre bréchiforme (Pouzol).

       —   —   (Rochechouart).

Eurite amphibolifère : feldspath oligoclase (Pouzol).

    — chloritifère : grain très fin, indiscernable, couleur noire (Pouzol).

Eurite quartzifère : gris rougeâtre (même lieu).

Pétrosilex quartzifère : quartz cristallisé, pâte jaune-verdâtre translucide (Brillac, Charente).

Pétrosilex : dépourvu de quartz, verdâtre, translucide (Les Brugères, commune d'Oradour-sur-Vayres).

Argilophyre : vert tendre, quartz rare (Pouzol).

    — brune pinitifère (Maillaufargueix).

CHAPITRE VIII

ROCHES ACCIDENTELLES DES TERRAINS PRIMITIFS.

A. — Calcaire primitif. — Cipolin.

Dans la Haute-Vienne, de même que dans les départements limitrophes de l'Est, on observe dans quelques rares circonstances géologiques, au milieu des micaschistes, sans corrélation d'aucune sorte avec d'autres roches du même genre, une roche entièrement calcaire, dont la présence en plein terrain primitif n'est pas sans avoir exercé pendant longtemps la sagacité des géologues.

Il s'agit du cipolin bien connu de Sussac; calcaire subordonné aux formations les plus anciennes, quoi qu'en pensent certains auteurs qui se croient obligés d'affirmer le contraire, peut-être un peu de parti pris, et qui se refusent à accepter pour vrais les faits démonstratifs que l'observation la plus rigoureuse a mis en évidence.

Du reste, le calcaire ancien bien que peu répandu, n'est pas tout à fait rare. On le rencontre pur ou associé à la magnésie dans presque tous les schistes cristallins, dans les porphyres et dans les serpentines. Témoins les talschistes de Clos-de-Barre, près de Saint-Yrieix, et les micaschistes d'Evaux qui renferment, sous la forme de grosses lentilles de plusieurs décimètres d'épaisseur, du calcaire saccharoïde analogue au marbre blanc statuaire; témoins les chloritoschistes de Gilardeix, du Cluzeau, d'Eymoutiers et de maints autres endroits, dans lesquels on trouve des dolomies ou des calcites cristallisées; témoins encore les porphyres de Crochat, de Feytiat, de Pouzol et l'amphibolite du Pont-de-l'Aiguille. Inutile de multiplier les exemples. Le calcaire existe dans les terrains des premiers âges, d'où il semblerait qu'il dut être exclu. C'est un fait positif, indéniable, à l'encontre duquel on ne peut aller sans être en opposition avec les faits naturels que l'étude a relevés.

Le calcaire de Sussac, en tout semblable à celui de Gioux (Corrèze), de Savenne (Puy-de-Dôme), de Chalvignac (Cantal), d'Evaux (Creuse) est complètement dépourvu de fossile. Il est cristallin, lenticulaire, saccharoïde ou grenu; sa couleur, qui varie du gris clair au gris foncé généralement, est quelquefois brune et d'autres fois d'un blanc parfait. Des lamelles de mica blanc, très minces, très tenues, se font remarquer dans sa substance, tantôt mêlées d'une manière uniforme à l'élément unique de la roche, tantôt agglomérées et orientées de façon à établir une stratification marquée. La chlorite joue le même rôle que le mica. Le graphite, plus fréquent, se rencontre en zones assez confuses. Parfois, non pas à Sussac, mais à Clos-de-Barre, à Coussac-Bonneval, la trémolite en aiguilles très déliées s'observe dans quelques portions de calcaire de ces gisements. Le cipolin affecte donc assez souvent une structure zonaire ou stratifiée qu'il doit à la disposition des minéraux accessoires qu'il renferme.

A Sussac, cette roche forme dans le micaschiste gneissique des couches ou des lits interstratifiés. Les couches, minces ordinairement, acquièrent parfois plusieurs mètres d'épaisseur. Elles s'interposent entre les strates de la roche encaissante dont elles suivent la direction redressée. Le cipolin pénètre profondément le schiste et sa présence a été signalée bien au-delà des limites assignées à la zone purement calcaire. Il résulte du mélange de l'élément à base de chaux et de l'élément siliceux une roche intermédiaire qui tient du marbre aussi bien que du schiste, mais qui conserve la structure ondulée ou stratifiée particulière à ce dernier.

Au nord-est du département de la Corrèze, près de Gioux, et plus à l'est, à Savenne (Puy-de-Dôme), on observe un phénomène de ce genre. Le calcaire suit les ondulations du gneiss, devient comme lui vertical (Gioux) ou horizontal (Savenne) et s'imprègne de mica à mesure qu'il approche de la roche schisteuse.

Le cipolin est donc associé au gneiss, dans les conditions que nous venons de mentionner. Or, ainsi que l'a écrit M. Boubée, de quelque manière qu'on envisage, au point de vue général, la formation du calcaire, on ne peut le considérer autrement que comme un sédiment formé par les eaux; et si le calcaire est un produit sédimentaire, le gneiss doit l'être aussi, puisqu'il se montre en couches interstratifiées avec le cipolin. Ce géologue en conclut qu'il faut ranger le gneiss parmi les roches primitivement sédimentaires, au même titre du reste que les micaschistes et les leptynites.

Une formation analogue aux précédentes s'observe dans les talschistes graphiteux des environs d'Evaux (Creuse). Le calcaire est à l'état de marbre et contient 60,85 $_o$/^{o} de carbonate de chaux (Mallard).

Usages. — La roche de Sussac n'est pas exploitée; c'est un tort grave. Dans un pays où le sol est essentiellement siliceux, pauvre par conséquent en calcaire, cette importante ressource ne devrait pas être négligée. On sait, en effet, que les terrains granitiques sont avantageusement fertilisés par l'adjonction à leurs éléments constitutifs de la chaux dont ils sont dépourvus. Les propriétaires en sont si bien convaincus, qu'ils font venir à grands frais des départements limitrophes le calcaire dont ils ont besoin pour amender leurs terres. On comprend que ceux qui habitent sur les frontières Nord-Ouest, Ouest et Sud n'ont que faire de la chaux de Sussac. Mais les agriculteurs de l'Est et du Sud-Est auraient un grand profit à l'employer. Pourquoi ne feraient-ils pas comme leurs voisins de la Corrèze, lesquels possèdent plusieurs fours destinés à réduire le calcaire de Gioux, qui ne diffère en aucune façon de celui de Sussac? Ils se privent ainsi, nous le répétons, d'une ressource précieuse et ils vont chercher au loin ce qu'ils ont à deux pas de chez eux.

Variétés. — Calcaire cristallin, gris bleuâtre, ondulé, graphiteux (Sussac).

Calcaire cristallin, brun, micacé (Sussac).
— saccharoïde, blanc, amphibolifère (Clos-de-Barre).
— intercalé dans le gneiss (Sussac).

B. — Dépôts et filons de quartz.

La silice libre ou combinée est le corps solide le plus répandu. Elle entre dans la composition de toutes les roches primitives; plusieurs en sont saturées; d'autres, pour en contenir moins, en possèdent encore une énorme quantité, qu'on peut évaluer sans exagération aux trois quarts de le masse totale. Son importance en géologie est donc prépondérante.

Nous n'avons pas à nous occuper de la silice en tant qu'élément constitutif des roches et à plus forte raison dans ses combinaisons avec d'autres corps; nous entrerions dans le domaine de la minéralogie et nous dépasserions le but que nous nous sommes assigné.

Mais il nous a paru que le quartz, qui est l'état sous lequel la silice se montre le plus généralement, considéré aux différents points de vue des amas souvent considérables qu'il forme, de l'emplacement de ses gisements, de ses rapports avec les roches encaissantes, des produits qu'il renferme et de ses origines, méritait de la part du géologue une mention particulière.

Et d'abord, comment s'est-il formé? A-t-il été poussé des régions internes à la surface, comblant des vides que le retrait avait produits? C'est peu probable, au moins dans la généralité des cas. Il est bien certain que les veines nombreuses qui sillonnent les roches quartzeuses et feldspathiques sont le résultat de la concentration de la silice en excès dans les intervalles créés par le groupement des molécules obéissant aux lois de l'affinité, et que ces veines ou filons se sont formés sur place au moment de la consolidation définitive de la matière.

Mais ce n'est pas le cas de ces filons dykes de quartz qui, semblables aux porphyres dont ils affectent les allures, s'allongent dans une direction rectiligne sur une grande étendue, traversant souvent des massifs entiers de nature différente et s'interposant parfois entre plusieurs d'entre eux.

Ces filons sont plus évasés à l'extérieur qu'à l'intérieur. La matière qui les constitue est tantôt concrétionnée ou celluleuse, tantôt disposée en couches épaisses plates ou en feuillets minces à structure changeante, pure ou mêlée à des éléments argileux, ferrugineux ou autres.

Ces quelques caractères paraissent suffisants pour qu'on soit autorisé à conclure que les filons de quartz auxquels nous faisons allusion sont d'origine externe.

Primitivement, l'eau chargée de silice, ou tout au moins de dissolvants capables de réduire la silice des roches de bordure, occupait les fissures de la croûte terrestre. Sous l'influence de l'évaporation et de l'apport de nouvelles quantités de matière siliceuse, le quartz, en se condensant des parties profondes à la surface, a formé avec le temps ces dépôts superposés qui constituent les filons actuels.

Tel est le mécanisme probable qui a présidé à la formation des amas de quartz.

Le quartz d'origine aqueuse est ordinairement pur, compact, blanc translucide, gras dans la cassure, stratifié en grand ou en plaques minces et dépourvu en général de minéraux accessoires. On le rencontre assez souvent sous la forme granuleuse ou saccharoïde; les granules offrant une teinte et un degré de transparence uniforme ou des aspects différents et des couleurs variées, blanches, roses, grises. Le quartz est quelquefois enfumé, avec des zones confuses, plus claires. D'autrefois, le cas est fréquent, il se présente avec une structure feuilletée, tabulaire ou rubanée; chaque plaque étant le résultat de la réunion de deux feuillets, s'opposant par leur face concrétionnée. Exemple : Saint-Quentin. Dans d'autres gisements, il forme des masses amorphes, grossières, pourvues de cavités irrégulières dans lesquelles on trouve du quartz cristallin et du fer oxydé (confins sud-ouest du département). Ou bien les masses sont cloisonnées, ou celluleuses, à parois minces et recouvertes d'une couche ferreuse (La Roche-l'Abeille). Ou bien encore le quartz est représenté par des jaspes bruns, soudés ensemble au moyen d'un ciment terreux; ou par des couches de même matière associée à une argile siliceuse endurcie.

Enfin le quartz s'associe parfois le mica des roches voisines ou un mica particulier, et donne naissance au greisen des filons métallifères de Vaulry, de Chanteloube, de Puy-les-Vignes, etc.

La plupart des filons de quartz offrent des caractères identiques qui dénotent une origine commune, mais chacun d'eux conserve une physionomie propre qu'il doit aux circonstances particulières qui ont présidé à sa formation.

Il est incontestable que tous les filons ne se sont pas constitués à la même époque. Les uns, comme ceux de Vaulry, de Puy-les-Vignes, de Saint-Priest-les-Vergnes, de Saint-Laurent-les-Eglises, d'Auriéras, de La Roche-l'Abeille et de Cognac, en raison de leur uniformité de structure et de leur emplacement au milieu des roches primitives, paraissent avoir pris consistance avant les quartz de Saint-Quentin, de Salomon et de Bussière-Boffy, dont la nature argileuse, la structure feuilletée et concrétionnée, jointes à leur situation à proximité des terrains tertiaires, marquent une origine moins ancienne.

Enfin, les amas de Morterolles et des Paillères, plus particulièrement argileux, jaspoïdes et calcédonieux, paraissent beaucoup plus récents.

Mais si ces quartz ne sont pas de la même contemporanéité, il est à peu près certain que tous se sont condensés entre la période primitive à laquelle les premiers appartiennent et à la période tertiaire de laquelle dépendent très probablement les derniers.

Gisements. — Orientation. — Etendue. — Rapports. — Les dykes de quartz gisent dans les granits et les schistes cristallins, souvent dans les deux roches à la fois, comme à Bussière-Galant, ou à la limite commune à leurs massifs, comme à Cognac et à Domps. Ils présentent cette particularité intéressante de s'étendre dans une même direction sur une longueur parfois considérable, variant de 500 à 1,250 mètres, avec une épaisseur qui peut atteindre 200 et 250 mètres, mais qui le plus ordinairement est réduite à quelques mètres. Ces filons offrent une autre particularité **non** moins remarquable, qui est de faire saillie au-dessus du sol environnant, comme s'ils avaient été soulevés par une force éruptive assez puissante pour vaincre les résistances de la pesanteur et de la pression atmosphérique qui tendent à niveler tous les corps de la surface. En réalité, ils font saillie parce qu'ils sont indestructibles, et tandis que les roches enclavantes se désagrègent sous la double influence du temps et des agents atmosphériques, eux seuls restent entiers, témoignant ainsi du haut degré d'inaltérabilité qui les caractérise.

Les quartz constitués en dykes ou en filons n'ont aucun rapport de contact avec d'autres roches que celles que nous avons citées plus haut. On les rencontre souvent dans les **régions** fréquentées par les porphyres, comme à Saint-Mathieu, à Domps, à Grand-Mazuras, dans la plaine de Chambon (Creuse); mais ils ne se confondent pas avec eux; ils affectent même de se diriger dans un sens différent, sinon contraire. Ce fait d'observation démontre que les contrées parcourues par un grand nombre de porphyres et de filons de quartz ont été exposées, plus que leurs voisines, aux dislocations du sol, soit à la suite d'éruptions volcaniques, soit, dès les premiers âges géologiques, sous l'influence d'explosions intérieures.

L'orientation des filons est variable. En général ils s'étendent dans deux directions principales, presque opposées; celle du Nord-Ouest, Sud-Est, particulière aux dykes de Bussière-Boffy, de Cinturat, d'Oradour-sur-Glane, de Saint-Quentin, qui dépendent d'un même groupe, et aux filons du Grand-Mazuras; et celle du Nord-Est, Sud-Ouest, qui est spéciale aux filons de Cognac, de Bussière-Galant et d'Aurières. Trois seulement, ceux des Billanges, de La Roche-l'Abeille et de Domps, sont orientés Nord-Sud.

Espèces minérales contenues dans les quartz de la Haute-Vienne. — A l'exception de l'oxyde de fer, qui est assez abondant à La Roche-l'Abeille et qu'on trouve associé à l'oxyde de manganèse au-delà de la frontière sud, le quartz des filons n'est pas très riche en minéraux; le nombre en est assez grand, mais la quantité en est faible. Les moins rares sont : le wolfram, qu'on rencontre à Mandelesse, commune de Limoges, à Puy-les-Vignes, près de Saint-Léonard, et à Vaulry. Dans ces deux derniers gisements, on trouve aussi des mouches d'étain, du fer pyriteux et arséniaté, du sulfure de plomb, de la molybdénite et du cuivre sulfuré. La galène, le sulfure de fer et de cuivre, en très petite quantité, ont été observés à Puy-Maillard, commune de Veyrac, et au Theil, près de Laurière, et la stibine, à Limoges et à Puy-des-Biards. L'or natif a existé à la tête des filons de quartz de Vaulry. Les espèces minérales de la classe des silicates sont plus fréquentes. Le mica plus particulièrement abonde dans les quartz de Vaulry, de Puy-les-Vignes et de Chanteloube qu'il transforme en greisen, et se montre accidentellement dans quelques autres quartz. La chlorite n'est pas très rare. La tourmaline est assez commune dans les filons des Château-Mas-Vergne, de Puy-les-Vignes et de Saint-Priest-les-Vergnes. L'argile enfin, sous la forme de petites écailles verdâtres ou jaunâtres, tapisse les très petites anfractuosités du quartz de Saint-Quentin et d'Oradour-sur-Glane.

Particularités relatives à quelques filons. — Nous ne reviendrons pas sur les caractères généraux offerts par les quartz du département; mais comme dans une description d'ensemble on ne peut faire ressortir les particularités inhérentes à chaque variété, force nous est de faire un pas en arrière et de procéder à l'examen de quelques filons, en ce qu'ils ont de spécial par rapport aux autres.

Quartz de la Roche-Blanche. — Cette roche, située à Saint-Paul-la-Roche (Dordogne), est trop intimement liée au système géologique que nous étudions et son gisement trop rapproché du Limousin pour qu'il n'en soit pas fait mention dans ce travail. Assise sur un monticule que dominent à l'Est et à l'Ouest des massifs de leptynite, la roche blanche se détache brusquement de la surface à la manière des colonnes basaltiques. Elle dresse son sommet à huit mètres au-dessus du sol et mesure approximativement à la base trente mètres de diamètre. Les blocs dont elle est formée cubent plusieurs mètres. Ceux-ci sont superposés et alignés en couches inclinées de vingt degrés dans la direction Nord-Sud. La plupart de ces blocs sont stratifiés, les uns dans le sens de la verticale, les autres en sens divers. Cette disposition des blocs entre eux et les directions variables de leurs strates indiquent suffisamment que la roche a été remaniée depuis sa formation, soit par le fait d'une poussée souterraine, soit plutôt par des pressions inégales exercées latéralement par les roches qui l'englobent et qui, elles-mêmes, ont subi des changements de direction sous l'influence de causes internes.

Le quartz qui compose en entier ce rocher, sur lequel s'appuyait autrefois une chapelle votive, est d'un blanc parfait, translucide sur les bords et complètement amorphe. Il est compact en général, mais il devient tabulaire à la partie supérieure des blocs, et, particularité curieuse, les tables ou feuillets sont d'autant plus minces qu'ils sont plus superficiels.

Nulle matière étrangère, nul minéral ne ternissent l'éclatante blancheur de cette roche.

Dyke de La Roche-l'Abeille. — Ce quartz est massif à l'intérieur, cloisonné et ferrugineux à la surface. Les cloisons sont formées par un squelette de quartz blanc concrétionné autour duquel la matière siliceuse amorphe se groupe, s'agence, se superpose en une infinité de lamelles brunes, minces, feuilletées et pourvues de nervures saillantes. Entre les lamelles des vides plus ou moins appréciables existent. Quelquefois le cloisonnement affecte une disposition cellulaire qui donne à la roche la disposition d'une ruche d'abeilles (1).

Ce quartz, hâché ou carié, est complétement dépourvu de minéraux autres que l'oxyde de fer hydraté, associé dans une faible proportion à l'oxyde de manganèse.

Quartz de Saint-Quentin. — Généralement compact, blanc, translucide gras dans la cassure, le quartz de Saint-Quentin est parfois tabulaire et même feuilleté. Il offre cette particularité très intéres-

(1) Le nom de La Roche-l'Abeille, par lequel les habitants de ce pays désignent le chef-lieu de leur commune, tire son origine vraisemblablement de la disposition en cellules du quartz de cette contrée, dont les blocs nombreux couvrent la surface.

8

sante de contenir entre ses feuillets de l'argile d'un blanc de porcelaine très pure. Les plaques sont composées de matières amorphes, ou de feuillets superposés et concrétionnés. Les portions massives présentent souvent des vacuoles ou des dépressions tapissées par une argile d'un jaune verdâtre, luisante, écailleuse, qu'on peut rattacher à la variété lenzinite.

Ce filon ne renferme aucun minéral.

Quartz micacés minéralifères. — Greisens. — Ces quartz coexistent généralement avec le mica ou s'unissent avec lui en agrégats dans lesquels l'un des éléments prédomine presque toujours sur l'autre. Le mica varie dans sa nature suivant le gisement; tantôt c'est la muscovite qui s'associe au quartz (Vaulry, Puy-les-Vignes (Haute-Vienne), Meymac (Corrèze); tantôt c'est la biotite (Chanteloube), ou bien la lépidolite (La Chèze), ou enfin la gilbertite (Montebras (Creuse).

Les filons sont caractérisés par la présence, au sein des éléments qui le composent, de certains minéraux que nous avons cités ailleurs et dont le nombre et la fréquence croissent avec la proportion de mica. Ce principe n'est peut-être pas général, mais il s'applique aux greisens de la Haute-Vienne, de la Creuse et de la Corrèze.

Autres filons. — La plupart des autres filons, quoique constitués par du quartz assez pur, ont une structure massive, grossière. Des cavités irrégulières de capacité variable, occupées souvent par du quartz cristallisé, se font remarquer dans leur intérieur. Le fer et le manganèse oxydés, y forment quelquefois des veines, le plomb et l'antimoine sulfurés, le fer pyriteux et arsénical, des mouches ou des filons sans importance.

Quartz de Morterolles et des Paillères. — Nous devons mentionner d'une façon toute spéciale les amas de Morterolles et des Paillères qui sont beaucoup moins anciens que les précédents.

Celui des Paillères n'arrive pas jusqu'à la surface. Il a été découvert aux environs de La Porcherie, près du village des Bertranges (Corrèze), dans une tranchée du chemin de fer de Limoges à Brive, à sept ou huit mètres au-dessous du niveau du sol. Cet amas est constitué par des jaspes compacts d'un jaune brunâtre, ressemblant quant à la structure aux silex des terrains crétacés.

Les blocs sont entourés d'une matière terreuse qui fait légèrement effervescence au contact des acides et dans laquelle nous avons observé quelques cristaux de chalcolite.

À l'intérieur de la roche, la calcédoine guttulaire remplit aux trois quarts les cavités assez nombreuses et peu régulières qu'on y remarque.

A Morterolles, le gisement quartzeux change d'aspect et d'allure. Il est formé par des couches de sable alternant avec des lits de jaspes diversement colorés et des lits d'argile endurcie, verdâtre, dans laquelle on distingue fréquemment des rubans de calcédoine. Le ciment argilo-siliceux renferme de nombreux grains de quartz et des cristaux de fluorine violette. Ces deux minéraux, ainsi que la calcédoine, se groupent dans des veinules qui parcourent la matière dans toutes les directions. On observe dans les anfractuosités dont la roche est pourvue des concrétions de quartz revêtu d'une mince pellicule d'argile colorée en rouge vif.

Les amas des Paillères et de Morterolles qu'on retrouve avec des caractères un peu différents sur quelques autres points du Limousin, tels que Lavaud-Franche (Creuse), Bellac, Le Dorat, Saint-Yrieix-sous-Aixe (Haute-Vienne), et qui abondent aux environs d'Excideuil, de Thiviers, de Saint-Jean-de-Côle et de Nontron (Dordogne), sur les limites de l'ancienne province, occupent des dépressions creusées dans les granits et dans les schistes cristallins, ou des crevasses peu profondes.

Des argiles endurcies et bariolées, des argiles sableuses, des poudingues quartzeux, des marnes plus ou moins calcaires, des sables et des cailloux roulés et, dans quelques endroits, du fer et du manganèse accompagnent le quartz et le jaspe dans ces amas de l'époque tertiaire. En raison de la nature des matériaux qui, en général, sont associés dans ces gisements, on peut manifestement rattacher cette formation à la période oligocène et au type sidérolithique.

Gisements. — Les principaux filons dykes ou amas de la Haute-Vienne sont, dans l'ordre de leur importance :

1° Le dyke de Bussière-Boffy qui s'étend de cette localité à Salomon, sur une longueur de 1250 mètres et une largeur de 220 environ ; sa direction est Nord-Ouest, Sud-Est. Le quartz est blanc, argiloïde par place. De ce dyke dépendent les tronçons de Ceinturat, de La Vallette, d'Oradour-sur-Glane, de Saint-Quentin et de Lavallette ;

2° Le dyke de Cognac, situé entre Sainte-Marie-de-Vaux et Saint-Auvent, est composé de six tronçons alignés Nord-Est, Sud-Ouest, de longueur inégale, mais de même épaisseur. Quartz compact blanc, coloré par l'oxyde de fer hydraté sur certains points ;

3° L'épais filon de Saint-Laurent-les-Eglises dont la longueur est de quatre kilomètres et l'orientation Nord-Sud. Le quartz est blanc et massif, stratifié en grand ;

4° Les dykes larges et courts de Domps, de Saint-Priest-les-Vergnes, au nombre de quatre dont deux accouplés ; épaisseur, vingt-cinq mètres ; longueur, sept kilomètres ; direction générale, Nord-Sud ;

5° Les trois tronçons orientés du Nord-Est au Sud-Ouest des environs de Bussière-Galant ;

6° Trois autres tronçons parallèles aux précédents, situés entre Auriéras et La Rochette, au nord-est de Saint-Yrieix ;

7° Le dyke de La Roche-l'Abeille, de 2,500 mètres d'étendue, dirigé Nord-Sud ;

8° Les greisens de Vaulry, de Puy-les-Vignes, de Chanteloube, de La Chèze, d'une faible importance ;

9° Une foule de petits filons, dispersés çà et là sans orientation précise, parmi lesquels nous citerons ceux de Villard, des Roches-Blanches et de Morterolles sur la ligne ferrée de Limoges au Dorat ; ceux des Hommes, de Vayres, de Chéronnac, de Puy-Maillard, du Caillou-Blanc, des environs de Saint-Mathieu et de Pargeas au Sud-Ouest ; ceux de Mandelesse, près de Limoges, du Châtenet, au nord-est du département, et des Paillères au sud de La Porcherie ;

10° Le petit massif de Saint-Paul-la-Roche ;

11° Enfin les amas de quartz et de jaspes calcédonieux de Morterolles (Haute-Vienne) et des Bertranges (Corrèze).

Les quartz, en nombre et en étendue, suivent la progression ascendante ou descendante des porphyres. Ce fait d'observation, qui n'est peut-être pas général, s'applique tout au moins au Limousin.

Très rares dans la Corrèze parce que les porphyres y sont très rares, les filons de quartz sont communs dans la Haute-Vienne où les porphyres abondent, et plus fréquents encore dans la Creuse où les porphyres sont plus nombreux. Ces deux formations gisent à proximité l'une de l'autre, leurs dykes sont même accolés quelquefois et suivent des directions à peu près semblables.

Peut-on déduire de ces faits des conséquences utiles en géologie ? Y a-t-il simplement coïncidence de rapports ou corrélation réelle et constante ? Peut-on, en un mot, interpréter ces faits sans sortir du domaine des hypothèses réalisables ? Peut-être !... Lorsque les conditions furent données pour que les failles se produisissent dans l'épaisseur de la croûte terrestre, un certain nombre d'entre elles s'étendirent jusqu'au foyer en ignition, et aussitôt les porphyres s'élevèrent et les remplirent. Mais toutes ces failles, toutes ces fissures n'allèrent pas aussi loin ; les unes s'arrêtèrent à quelque distance du sol, les autres, plus avancés vers le centre, ne dépassèrent pas néanmoins la limite des couches solides. Dans les deux cas elles restèrent béantes pendant quelque temps sans doute, mais ne tardèrent pas à être inondées, soit par les eaux provenant de la surface, soit par les eaux termales et minéralisantes des sources profondes.

Cette théorie qui n'a rien de choquant expliquerait la présence dans les mêmes régions des porphyres et des quartz, fournirait la notion des rapports qui paraissent s'être établis entre ces productions si différentes par leur nature, et en même temps permettrait d'interpréter les actes divers qui ont présidé à la formation des dépôts de quartz et des filons métallifères.

Quoi qu'il en soit, les filons de quartz obéissent comme les porphyres, à quelques exceptions près, à deux directions générales : celle du Nord-Sud dans la région Est et dans le bassin houiller de Saint-Michel-de-Veysse, celle du Nord-Ouest, Sud-Est dans les autres régions.

Le plus important de ces filons est situé au sud-est de Saint-Vaury, entre Choleix et La Brionne.

Un deuxième, mesurant 1,500 mètres de long sur six de large, s'étend près de Chardeix, dans le sens Nord, 50° Ouest.

D'autres, d'une importance à peu près égale, s'alignent dans une même direction de Châtelus à Saint-Médard. Les points précis qu'ils occupent sont : Jalerche, Châtelus, Roche-Malvalaise, Domérot, Pierre-Blanche, Jarnages, entre Ecurat et Chénérailles, à l'ouest et au sud de Saint-Médard, entre Saint-Martial-le-Mont et Ahun, et à 1,200 mètres à droite de la route d'Aubusson à Chénérailles, en face Saint-Médard.

D'autres filons se montrent à Reterre, à Magnat, au sud-est du département, à Dompeix, à l'ouest de Saint-Vaury, à Peux-Faux, à Langlard sur la rive gauche de la Gartempe, à l'est de Grand-Bourg, et auprès de Maubrant. On en rencontre aussi, groupés par quatre, par trois ou par deux, autour de Saint-Michel-de-Veisse, au Grand-Mazuras, à Villeterre et à Evaux. Les filons de Reterre, de Magnat et de Saint-Michel-de-Veisse sont orientés Nord-Sud.

Dans la Corrèze les quartz de cristallisation, subordonnés aux roches primitives, qui se renferment dans ces roches sans s'étendre au-delà, sont assez communs. Les quartz sédimentaires au contraire sont rares et peu importants. Un des plus en vue affleure à Masseret et se dirige du Nord-Nord-Ouest au Sud-Sud-Est, vers Aubesseigne qu'il atteint après avoir parcouru une distance de trois kilomètres.

M. Mouret signale, outre quelques filons de quartz et de barytine répartis sur différents points, des filons, avec galène et pyrite de fer, à Lestrade, au nord de Beaulieu, d'autres analogues à Causenil, un autre avec bismuth à Canac, près de Tulle, et enfin des couches de quartzites tabulaires dans les schistes de Sainte-Féréole et entre Granges-d'Ans et Terrasson.

Dans la Charente le quartz affleure à Chabrats près de Confolens, à Confolens même, à Chéronies, à Etagnac, à Cherves et à Loubert.

Usages. — Les quartz et les quartzites sont exploités pour l'empierrement des routes. Les plus pures entrent dans la composition de l'émail et de la pâte à porcelaine. Ceux de Saint-Quentin sont employés à la confection des meules de moulin. Les quartzites tabulaires de Sainte-Féréole servent à couvrir les habitations.

C. — Kaolins.

Le Limousin est le pays classique des kaolins. Antérieurement aux découvertes faites en Bretagne, en Suède, et à une époque plus récente en Amérique, Limoges fournissait des feldspaths et des kaolins à toute l'Europe.

Il y quelque trente ans, des recherches exécutées à l'instigation de M. Alluaud sur différends points de la région centrale, amenèrent la découverte d'un grand nombre de gisements dont les produits vinrent s'ajouter à ceux qu'on exploitait déjà.

Plusieurs de ces gisements sont restés célèbres. Les autres pour des motifs divers ont été condamnés à l'abandon. Malgré tout, les kaolins de la Haute-Vienne ont conservé leur renom si justement mérité, et les carrières principales d'où on les tire sont encore en pleine activité.

Le kaolin est une argile pure provenant de la décomposition des feldspaths ou des roches feldspathiques telles que : pegmatites, granulites, granits granulitiques, porphyres euritiques, etc. Mais cette décomposition n'est pas le fait des actions désorganisatrices ordinaires; elle est le résultat d'une altération spéciale que Buch et après lui M. Daubrée, attribuent à l'action du fluor, dont les émanations dissolvantes auraient agi sur la matière feldspathique au moment même de sa formation.

Il est digne de remarque, en effet, que les filons de feldspath kaolinisé sont en contact avec des roches dont l'un des éléments, le mica, contient du fluor à l'état de combinaison. Pareil acte a dû s'accomplir dans les granits kaoliniques, car ces granits sont à mica blanc fluoré.

Il est même probable que c'est à une influence de ce genre que les granits granulitiques doivent l'altération de leur feldspath; sorte de demi-kaolinisation, ou de kaolinisation inachevée, faute sans doute d'une quantité suffisante, ou d'une action assez peu prolongée du corps désorganisateur. Quoiqu'il en soit, le kaolin est un feldspath transformé qui a perdu ses alcalis et une partie de sa silice. Sa composition varie dans une certaine mesure, selon la nature du feldspath dont il provient et selon le gisement, mais elle s'écarte très peu de la formule suivante :

(Al^2O^3) 2 Sio^2 $+$ 2 Ho $=$ Silice libre et combinée 47,05. Alumine 39,21. Eau 13,74. Les kaolins du Limousin renferment en outre une faible quantité de chaux, de magnésie, de potasse, équivalente à 1, 5 environ, et des traces de fer. Leur pesanteur spécifique est de 2,21 à 2,26.

Ces argiles sont remarquables par leur blancheur et la finesse de leur grain ; quelques-unes sont colorées en jaune ou en rose par du fer hydro-oxydé, ou en vert par le même minéral à l'état de silicate (Marcognac près de Saint-Yrieix). Celles-ci n'entrent pas ordinairement dans la fabrication de la porcelaine, quoique la cuisson fasse disparaître les teintes dont elles sont revêtues.

Les kaolins sont généralement amorphes. Quelquefois cependant ils affectent des formes semi-cristallines qu'on peut constater par l'examen microscopique. Mais ces formes sont rarement nettes ; elles paraissent se rattacher plutôt à des fragments de matière feldspathique incomplètement kaolinisée qu'aux granulations d'argile pure.

Voici, du reste, le résultat des opérations que nous avons pratiquées sur des échantillons de kaolin du Limousin. Vue sous un grossissement de 200 diamètres, l'argile kaolinique, pulvérisée et préparée dans la glycérine, se présente sous la forme de particules irrégulièrement arrondies, bordées d'un liseré noir et étroit, limitant une surface transparente au milieu de laquelle un ou plusieurs noyaux sombres se font remarquer. C'est le cas le plus ordinaire. Mais il arrive assez fréquemment que le contour de ces particules, au lieu d'être courbe et sinueux, offre des parties droites sur un ou plusieurs côtés et parfois même sur toute son étendue. De sorte que les granulations prennent des formes anguleuses rappelant des sections irrégulières et diverses de cristaux prismatiques. Les figures observées sous l'objectif représentent, plus ou moins complets, des carrés, des rectangles allongés, et moins communément des hexagones plus longs que larges. Ces figures se rapprochent assez bien de celles que l'examen fait découvrir sur l'orthose réduit en poudre fine.

Les granulations cristallines sont rares dans les kaolins secs ; elles sont plus fréquentes dans les kaolins argileux, qu'ils proviennent de gisements de pegmatites ou de dépôts sédimentaires. Leur nombre est plus élevé et leurs contours sont moins confus dans le kaolin argileux de Coussac-Bonneval. Ajoutons enfin que les kaolins du Got et des Eyzies (Dordogne) n'en sont pas complètement dépourvus.

Variétés. — On distingue plusieurs sortes de kaolins : les kaolins argileux qui se présentent en masses blanches, onctueuses au toucher, liantes et plastiques ; les kaolins sablonneux qui contiennent des grains fins de silice et de silicate ; et les kaolins caillouteux dans lesquels le quartz et le feldspath, en fragments assez gros, accompagnent la matière argileuse. Ces deux derniers sont secs, pulvérulents, légers et non plastiques.

Les trois variétés coexistent dans les mêmes gisements, s'ils ont une certaine puissance, comme ceux de Marcognac, de Coussac-Bonneval et de Bois-Vicomte.

Un autre kaolin argileux que nous appellerons, en raison de son origine, kaolin de transport ou d'attérissement, constitue des dépôts souvent considérables à proximité ou à des distances assez grandes des gisements primitifs. Ces dépôts doivent leur existence à l'action des eaux sur les roches kaolinisées qu'elles ont dépouillées de leurs particules accessibles pour les transporter aux endroits où on les trouve aujourd'hui accumulées en couches stratifiées. Les dépôts de kaolin des Eyzies (Dordogne), et ceux de l'Allier et de l'Indre sont dus manifestement à une cause de ce genre. Les kaolins argileux de Marcognac, de Coussac-Bonneval, de La Jonchère et des Ribières près de Treignac (Corrèze), de même que ceux de l'arrondissement de Bourganeuf (Creuse), se sont formés de la même manière, avec cette différence toutefois, que l'action des eaux a été toute locale et n'a guère dépassé la limite des gisements.

Les kaolins de transport sont de véritables argiles d'un blanc très pur, lourdes, onctueuses et très plastiques dans lesquelles on rencontre souvent de très fines écailles de mica blanc, qui témoignent par leur présence de l'origine primitive de cette variété de kaolin.

Origine. — Rapports. — Gisements. — Les kaolins de la Haute-Vienne ont deux provenances bien distinctes. Les uns accompagnent les pegmatites aux dépens desquelles ils se sont formés ; les autres gisent dans les granits granulitiques dont ils font partie constituante, au lieu et place des feldspaths.

Les premiers se trouvent répartis sur le parcours du long dyke de pegmatite qui traverse de l'Ouest à l'Est l'arrrondissement de Saint-Yrieix, du Chalard à Montgibaud, situé un peu au-delà des frontières départementales et sur un embranchement du même filon, lequel s'étend du nord au sud de Saint-Yrieix à Vergnaud, commune de Glandon. De nombreuses carrières ont été creusées dans ses filons. Les plus importantes sont celles de Marcognac et de Coussac-Bonneval : ce sont aussi les plus connues et en même temps celles qui fournissent les kaolins les plus estimés. Parmi les autres carrières nous citerons Le Chalard, Saint-Yrieix, Poumier, Bois-Vicomte, Cubertafon, Marsac, Marsaguet, Pierre-Fiche, Glandon, Le Buisson et Vergnaud. Ces kaolins sont subordonnés, comme les pegmatites qui leur ont donné naissance, aux schistes cristallins et plus particulièrement aux micaschistes. Dans les environs de Saint-Yrieix, ils sont en contact avec le leptynite et le diorite.

A Saint-Quentin, on rencontre dans le granit un kaolin argileux analogue aux précédents. Ce kaolin git dans un petit filon de pegmatite adossé au banc de quartz argileux dont nous avons parlé plus haut (Voyez : quartz). Il est sec, caillouteux en général et passe à l'argile plastique dans les déclivités du sol.

Le kaolin de Deyrusson, commune de La Meyze, présente les mêmes caractères.

Les kaolins d'origine granitique sont assez fréquents; mais ordinairement ils n'offrent qu'un intérêt très médiocre. Notons toutefois les granits kaoliniques de La Richardie, commune d'Oradour-sur-Vayres, et de Villedoux qui pourraient être exploités au besoin.

Le granit de La Jonchère fait exception. Ses massifs couvrent un vaste emplacement dans la direction du Nord-Ouest; toute la région est kaolinisée pour ainsi dire.

La roche granitique, éminemment feldspathique, est parsemée de nombreux et larges cristaux blancs en partie ou totalement décomposés. Dans les endroits ou la kaolinisation est achevée, la roche se maintient debout sur ses étais naturels; mais à la moindre action, elle se désagrège et tombe en graviers et en poudre. C'est que la matière feldspathique transformée en kaolin, n'ayant aucune consistance, favorise la chute des éléments aussitôt qu'une cause quelconque en produit l'ébranlement. La roche elle-même, sauf la stratification qui fait défaut, offre une grande analogie avec le grès métaxique : mélange de sable quartzeux et feldspathique avec ciment d'argile kaolinique pulvérulente.

Le kaolin est extrêmement abondant dans ces massifs. Il donne un très bon décanté qu'on obtient par lessivage; mais il est moins pur que celui qu'on prépare avec les kaolins de l'arrondissement de Saint-Yrieix. Pour ces motifs, et aussi à cause des frais que nécessite le triage, l'extraction de cette argile est limitée. Les carrières ouvertes aux environs de La Jonchère fournissent en outre du quartz en grain qu'on utilise dans la fabrication du verre.

Plusieurs gisements de kaolin ont été reconnus dans la Creuse. Dès 1834, des essais entrepris sur l'argile de Mauchier, commune de Bosmoreau, que les habitants employaient en guise de chaux pour blanchir leurs maisons, ayant donné des résultats satisfaisants, le kaolin fut l'objet de recherches poursuivies qui amenèrent la découverte des filons de Bonnefond, commune de Janaillat, de Combefayère, de Cros, de Chêne, des Borderies, de Combovert, de La Sime et de Bois-Ménard, commune de Thauron.

En dehors de ces gisements, des indices d'argile kaolinique ont été relevés sur plusieurs points de l'arrondissement de Guéret, notamment à Saint-Victor.

La plupart de ces kaolins sont colorés ou mélangés et par conséquent peu propres à la fabrication de la porcelaine. Toutefois, ceux de Bonnefond, de La Sime et de Combovert sont plus purs, d'un beau blanc et susceptibles d'être utilisés.

La Corrèze ne possède aucun gisement de kaolin exploité. Mais ce produit existe en plusieurs endroits du département, soit dans les granits granulitiques à mica blanc qui ont éprouvé une altération semblable à celle des granits de La Jonchère, soit à la surface, sur le parcours des eaux provenant des massifs kaolinisés.

Les premiers s'observent à Bugeat et à Treignac, les seconds au hameau des Rivières, près de Lonzac, entre Treignac et Tulle.

M. Mallard croit qu'on trouverait des dépôts de kaolin sur une bande, dirigée Nord-Nord-Ouest à Sud-Sud-Est, qui passerait par Bugeat, Treignac et Egletons, où il en a remarqué quelques traces. Un autre gisement a été découvert tout récemment à Lamongerie, dans un filon de pegmatite orienté Nord-Nord-Ouest, Sud-Sud-Est.

Enfin, M. Mouret signale à Memmeaux une couche épaisse de leptynite complètement kaolinisé intercalée dans les schistes micacés.

Le kaolin d'atterrissement de Rivières a été exploité pendant quelque temps pour le compte d'une fabrique de Limoges. Comme bien d'autres du Limousin, cette argile est tombée dans l'oubli faute de débouchés.

Usages. — Les kaolins sont employés dans la fabrication de la porcelaine et des faïences fines. L'industrie limousine n'utilise que ceux de première qualité, qu'ils soient ou non cailouteux (quartzifères); mais la proportion de silice à faire entrer dans la composition de la pâte à porcelaine étant limitée, quoique variable, elle ajoute aux kaolins qui en sont dépourvus une certaine quantité de quartz qu'elle tire des filons d'origine aqueuse. Un kaolin trop cailouteux nécessite le triage d'une partie des grains de quartz qu'il contient; un kaolin exempt de quartz exige l'addition d'une quantité plus ou moins grande de silice. Le meilleur est celui qui réunit une proportion convenable d'argile et de silice. La porcelaine résultant de la cuisson d'une pâte faite exclusivement avec un kaolin pur n'est pas suffisamment vitreuse; elle est trop fragile et trop tendre. L'addition du quartz à la pâte permet d'obtenir un produit dur, d'une grande finesse et d'une certaine translucidité que n'offraient pas les porcelaines d'autrefois.

Le dosage de la silice dans la pâte à porcelaine n'est rien moins que fixe. Chaque fabricant possède ses méthodes qu'il tient secrètes, et auxquelles il attribue, à juste titre, ses succès de fabrication. Toutes choses étant égales d'ailleurs, la proportion change selon la nature de la porcelaine que l'on veut produire. Il est évident, en effet, que la pâte à biscuit ne doit pas avoir la même composition que la pâte émaillée, et que dans celle-ci la proportion des matières doit varier suivant qu'on veut obtenir une porcelaine fine ou une porcelaine commune.

Les kaolins de sédiment de la Dordogne, de l'Allier et de l'Indre n'ont pas la même valeur intrinsèque que les kaolins primitifs, parce qu'ils renferment des impuretés de toutes sortes que la cuisson fait ressortir. Cependant, en raison de leur abondance dans les gisements, de la facilité avec laquelle on les extrait et aussi en raison des bons résultats qu'ils donnent dans la fabrication de la porcelaine ordinaire et de la faïence fine, ils sont l'objet d'un commerce assez actif qui ne peut que s'étendre.

Echantillons d'étude.

Kaolins secs très purs de Marcognac, de Coussac-Bonneval et de Bois-Vicomte.

Kaolins secs sablonneux de Marcognac, de Coussac-Bonneval et de Bois-Vicomte.

Kaolins argileux purs de Marcognac, de Coussac-Bonneval et de Bois-Vicomte.

Kaolins argileux caillouteux de Saint-Quentin.

—   —   stratifié micacé de transport (Les Eyzies, Dordogne).

Kaolins argileux coloré en vert par le fer silicaté de Marcognac.

—   granitiques de La Jonchère, de Villedoux et de La Richardie.

CHAPITRE IX.

(Epoque de transition).

Entraîné dans les phases diverses par lesquelles le massif central a passé depuis son refroidissement, le sol de la Haute-Vienne a pu éprouver des changements dans sa configuration, s'élever sur certains points, s'abaisser sur d'autres, s'arrondir en mamelons, se creuser en vallées, subir en un mot des modifications importantes, il est resté étranger aux actes géologiques accomplis pendant l'ère primaire et la première période de l'époque secondaire.

Nulle part, en effet, il ne porte de traces des terrains qui se sont constitués entre l'ère archéenne et l'ère jurassique.

Et cependant, dans d'autres régions du Limousin où les conditions géologiques des premiers âges sont exactement semblables, ces terrains ont des représentants nombreux. C'est ainsi, par exemple, que le houiller et le carbonifère, d'une part, existent à Chambon, à Ahun, à Saint-Michel-de-Veisse, aux environs de Bourganeuf, dans la Creuse; à Lapleau, à Davignac, à Argentat, à Saint-Chamant, etc., dans la Corrèze; et que, d'autre part, ces mêmes terrains coexistent avec le trias et le permien, succédant au cambrien qu'ils cotoient ou qu'ils recouvrent dans le sud du département corrézien. Mais, sauf dans la partie la plus méridionale de cette région et au Nord-Est de la Creuse, où les formations que nous venons de citer paraissent s'être formées sur place, normalement, en dehors de toute influence perturbatrice, ces terrains (houiller et carbonifère) qui font partie du vaste bassin dont Commentry et Decazeville occupent les extrémités, ne semblent pas s'être établis sur les lieux où ils gisent actuellement, mais bien avoir été rejetés au-delà de leur emplacement primitif et transportés, à la suite de soulèvements postérieurs, sur quelques points de la Marche et du Haut-Limousin.

Donc, si le sol de la Creuse et de la Corrèze est partiellement recouvert par des terrains archéens, ces formations font défaut sur le revers ouest du Plateau Central, et le département de la Haute-Vienne en est complètement dépourvu.

Etudions ces terrains dans les régions qui les présentent. Jetons un coup d'œil sur le cambrien, dont il a été question déjà ; arrêtons-nous sur le houiller qui est plus important ; terminons enfin par le permo-carbonifère, le plus récent du groupe primaire.

A. — Cambrien.

La période cambrienne s'accuse dans le Limousin par la présence, au sein des terrains primitifs, de schistes feldspathiques phylladiformes, amphibolifères ou maclifères, et de schistes argileux phylladiens. Quelques auteurs y ajoutent les schistes cristallins, micaschistes, gneiss et leptynites. C'est là une erreur. Il est reconnu aujourd'hui que ces schistes, notamment les micaschistes et les gneiss, sont au contraire les premières roches qui se soient consolidées, et non des roches survenues pendant la période de transition.

Ces mêmes auteurs citent, comme fait de nature à appuyer leur opinion, la transformation graduelle des schistes cristallins en schistes phylladiens. Il est possible que quelques leptynites, les leptynites de la dernière heure, se soient transformés par des passages successifs en roches cambriennes. Or, les leptynites sont les moins âgés de l'ère primitive, et comme en toutes choses il s'établit des transitions plus ou moins sensibles mais réelles, il faut bien admettre qu'à la limite d'une formation se montre une formation à peu près semblable.

La vérité doit être que les géologues qui ont cru à la transformation des micaschistes et des gneiss en roches de la période cambrienne, les ont confondus avec les leptynites. Si c'est bien là la cause de leur erreur, tout s'explique, et d'obscure la question devient compréhensible.

Dans tous les cas, nous considérons comme schistes cambriens les schistes amphibolifères à fissilité double, c'est-à-dire clivables dans deux sens parallèles à l'allongement vertical, ou pour mieux dire à structure prismatique indiquant la nature éruptive de la roche : tels sont les schistes de Sarrazac (Dordogne). Nous considérons également comme roches de cette première période de transition les schistes phylladiformes, micacés et maclifères de Miallet, même département ; ou bien encore les phyllades de Travassac et d'Allassac (Corrèze) ; celles de Mazérolles, de Montembœuf, de Lesterps, de Verneuil, de Lindois et de L'Age (Charente) ; ou enfin les schistes argileux et graphiteux qu'Alluaud a signalés à la limite nord de la Haute-Vienne, sur la route de Paris à Barèges, et aux environs de Mézières.

Ces roches ont été décrites à la suite des schistes cristallins (livre II, ch. Ier), nous n'y reviendrons pas. Rappelons seulement qu'elles forment des dykes ou des bancs assez puissants dans les leptynites — et non dans les gneiss — sur les points que nous venons de mentionner.

B. — Silurien-Devonien.

Ces périodes paléozoïques n'ont laissé aucune trace dans le Limousin, si tant est qu'elles aient jamais existé. Les ardoises de la Corrèze seules peut-être pourraient être rangées parmi les roches siluriennes; mais l'absence des fossiles caractérisant cette formation (Calymènes et Trinucleus) semble fournir la preuve de leur origine cambrienne.

C. — Houiller et carbonifère.

Pendant les périodes houillère et anthracifère, la faune et la flore, la flore surtout, acquirent un développement extraordinaire. Les mers étaient encombrées de végétaux terrestres et aquatiques. Ceux-ci se mêlant aux sédiments inertes devaient contribuer à la formation des couches anthracifères et plus tard, sur les points tranquilles où ils s'étaient amoncelés à l'abri des courants marins qui les avaient apportés, des dépôts houillers.

Ces dépôts et ceux qui les ont suivis de près couvrent de larges surfaces, aussi bien en Europe que sur les autres continents. La France en possède de très puissants au Nord, au Centre et à l'Est. Ceux du Limousin, comparés aux précédents, ne sont que de faibles lambeaux sans étendue et presque sans profondeur.

Ils sont situés à l'extrémité ouest de l'ancien lit de la mer anthracifère, dont les limites s'étendaient du Morvan aux Cévennes et à la montagne noire, et paraissent se rattacher à l'alignement qui se dessine entre Decize et Pleaux, dans le Cantal, par Commentry et les vallées du Cher, de l'Allier et de la Dordogne.

Anthracite et houille.

Ces produits de l'ère primaire sont inséparables l'un de l'autre en Limousin. La houille, même sur les points où elle est le plus pure, est souvent mêlée à l'anthracite, et réciproquement, là où l'anthracite domine, comme à Bosmoreau, il est assez fréquent de trouver de la houille.

Dans la Marche, la houille forme plusieurs dépôts. Le plus puissant occupe la vallée de la Creuse; un autre a pris position au nord et au sud de Bourganeuf, sur la rive droite du Taurion; le troisième, comme un trait-d'union, gît entre les deux autres.

Bassin de la Creuse. — Ce bassin relativement profond, s'étend depuis Chantemille jusqu'à Loireix, sur une longueur de quinze kilomètres et une largeur de 500 à 2,000 mètres.

Trois couches le composent : à la base un conglomérat épais et stérile occupant la lisière sud-ouest; au-dessus la houille, en couches puissantes; enfin à la partie supérieure des poudingues également stériles, paraissant se rattacher au Permien.

Les couches de houille, dont la disposition a été dérangée par l'exhaussement des massifs granitiques qui les bordent de chaque côté, se dirigent dans le sens de la vallée et plongent de 15 à 20° vers l'Est aux extrémités du bassin, tandis que, au Centre, près de Bourdelat et de Lacour, elles se relèvent et s'engagent vers l'Ouest.

Ces couches sont très nombreuses et atteignent parfois quatre et cinq mètres d'épaisseur, mais en général elle sont moins puissantes. Elles alternent avec des schistes couverts d'empreintes et quelques grès noirs bitumineux.

Les espèces fossiles découvertes dans le bassin d'Ahun sont d'essence végétale pour la plupart. Le Muséum de Limoges en possède de très beaux échantillons qu'il doit à la libéralité de M. Benoit, ingénieur en chef de la Compagnie de Lavaveix, et de M. Pouyat, propriétaire des mines de Bosmoreau. Elles appartiennent aux groupes des Gymnospermes et des Acrogènes. Les Gymnospermes comprennent des Calamites de la famille des Gnétacées et le Dicranophyllum de la famille des Conifères. Les Acrogènes sont représentés par des Calamites, des Astérophyllites, des Annularia, de la famille des Equisétacées; des Pécoptéridées, de Névroptéridées, des Cauloptéridées de la famille des Filicacées; et des Sélaginées (*Sigillaria stigmaria, S. Lepidodendron, S. elegans*) de la famille des Lycopodiacées, etc.

Ces fossiles ont servi à déterminer les différentes phases de la période houillère. D'après M. Geinitz, les dépôts de la Creuse et de la Corrèze doivent être rattachés à la troisième phase, zone supérieure.

Le terrain houiller de la Creuse comporte aussi des grauwackes, des wackes, des grès calcarifères à gros grains de quartz, des grès plus fins qu'on emploie aux environs d'Ahun comme pierre à aiguiser, des porphyres noirs (environs d'Aubusson et de Glénic), des porphyres quartzifères et des aphanites, d'origine permienne.

L'exploitation de la houille est très active dans les concessions de Lavaveix, de Fournaux et d'Ahun-les-Mines. Le charbon qu'on en retire est un peu maigre; mais il contient assez de matières bitumineuses pour être utilisé dans le chauffage des fours d'usines et des locomotives. Il est employé aussi à la fabrication du gaz d'éclairage et à la confection des briquettes dont l'usage s'est considérablement répandu depuis quelques années.

Bassin du Taurion. — Ce bassin qui paraît plus ancien que le précédent comprend trois dépôts d'anthracite échelonnés sur la rive droite du Taurion, à une altitude moyenne de 500 mètres, entre Bosmoreau au nord de Bourganeuf et Arfeuille au sud.

Le dépôt de Bosmoreau occupe dans les roches primitives une dépression circulaire de six kilomètres carrés à la surface. Les couches, souvent interrompues et déviées de leur direction, sont inclinées vers le centre de la cuvette. Elles accusent une épaisseur de un à trois mètres et alternent avec des schistes semblables à ceux d'Ahun, où l'on retrouve les espèces suivantes : *Sigillaria elegans, Asterophyllites, Pecopteres asterothica, Lepidodendron, Calomodendron,* etc. Près de la limite sud sud-ouest du bassin on compte dix couches fertiles plus ou moins riches.

Exploré à la fin du siècle dernier et en 1824, le dépôt de Bosmoreau n'a cessé d'être exploité depuis. Il fournit un anthracite léger, d'un noir brillant, zonaire, souvent strié et peu bitumineux, brûlant avec une flamme vive et claire qui en fait un combustible très estimé pour le chauffage des appartements.

Les grès qui entourent ce petit bassin contiennent des fragments d'anthracite et des veines de calcaire cristallin. Ils sont assez tenaces pour être utilisés dans les constructions comme pierre de taille. Les dépôts de Bousogle et de Mazuras-Arfeuille recouvrent le granit sur une faible épaisseur. Le premier mesure trois kilomètres carrés environ, le second cinq. L'un et l'autre ont été l'objet de travaux de recherches qui n'ont abouti qu'à la découverte de minces couches d'anthracite intercalées entre des couches plus épaisses de schistes noirs peu bitumineux. Les grès qui complètent cette formation rudimentaire sont sillonnés par des veines de calcite spathique rose et de stéatite verte.

Bassin de Saint-Michel-de-Veisse. — Très peu important, ce bassin est situé entre Bosmoreau et Aubusson et paraît être le prolongement de celui d'Ahun. Il est formé de deux lambeaux peu profonds et de nature semblable. La houille émerge à la surface avec des schistes bruns ou noirs à empreintes fossiles. Les couches sont

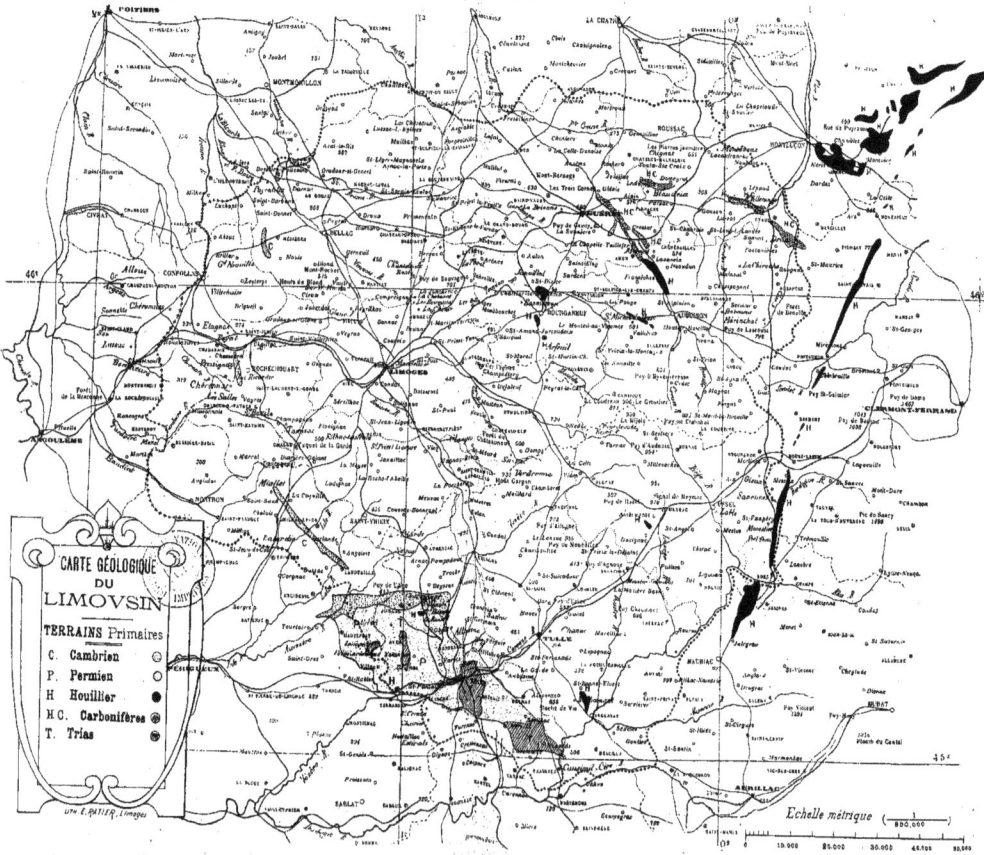

CARTE GÉOLOGIQUE
DU
LIMOUSIN

TERRAINS Primaires

C. Cambrien
P. Permien
H. Houiller
H.C. Carbonifères
T. Trias

Lith E. RATIER, Limoges

Echelle métrique (1 / 800.000)

10.000   25.000   50.000   75.000   100.000

fort minces, mais le charbon est assez gras et de bonne qualité. Les habitants en font usage pour le chauffage et les maréchaux de l'endroit s'en servent pour alimenter leurs forges. Des travaux récemment entrepris permettent de croire que ce dépôt va être l'objet d'une exploitation sérieuse.

Bassin du Cher. — Au Nord-Est de la Creuse, sur une ligne qui s'étend de Ladapeyre à l'extrémité orientale du département, on remarque une large bande de terrain carbonifère occupant le fond d'un ancien lac dont les rives à peine modifiées subsistent encore.

Limité au Nord par Domerot, Vouise, Chambon et Saint-Julien-la-Genête, au Sud par Pierre-Blanche, Les Peycottes, Saint-Julien-le-Châtel et Saint-Pardoux-le-Pauvre, cette bande est recouverte entre Trois-Fonds et l'étang des Landes par une couche épaisse de sable et d'argile à gypse d'origine tertiaire.

Sur ce terrain qui dépend évidemment du bassin de Commentry, l'anthracite ne se montre pas partout, mais on en trouve des indices sur beaucoup de points, notamment à Bort, canton de Gouzon, à Saint-Julien-la-Genête, près d'Evaux, et à Auteix, canton de Fontanière. Les schistes, plus nombreux, sont surtout fréquents aux extrémités ouest et est, à Domerot, au Nord de Blaudeix et au Sud de Taleix et de Saint-Julien-la-Genête, sur ce dernier point la grauwacke verte calcarifère traverse les schistes de l'Ouest à l'Est.

Des dépôts de même nature existent par lambeaux le long de la Creuse aux extrémités du bassin houiller, depuis Anzème au nord de Guéret, jusqu'à Eypsat au sud-est d'Aubusson.

Bassins houillers de la Corrèze. — Le terrain houiller, avec les caractères les mieux déterminés, existe sur différents points du département : à Lapleau près de Meymac, auprès d'Argentat, à Cublac où la houille est exploitée ; auprès d'Allassac et de Bort où elle a été reconnue seulement. Ces dépôts sont pauvres en combustible, sauf celui de Lapleau dont l'épaisseur est assez considérable. Leur étendue est très limitée et les couches fertiles sont trop faibles pour que leur exploitation soit rémunératrice.

Dépôt de Lapleau. — Situé près de Meymac, dans la région la plus élevée du plateau central, ce dépôt occupe dans le granit qui l'étreint et le recouvre en partie une surface de trois à quatre kilomètres carrés. La compression exercée par les masses enclavantes a modifié l'horizontalité des couches et paraît être la cause de leur plissement et de leur refoulement aux extrémités du bassin.

9

Toutefois, le plissement est plus accusé parmi les schistes qui forment le toit que parmi les couches de houille qui ont peu dévié de leur direction normale.

Celles-ci ont éprouvé un renflement au centre et accusent sur ce point de trois à quatre mètres d'épaisseur.

La houille repose sur des grès d'aspect granitique et supporte des schistes noirs fossilifères. Les impressions végétales qui recouvrent ces derniers sont de même nature que dans la Creuse.

Les grès sont tantôt argileux, tantôt siliceux. Les premiers sont généralement stratifiés, gris ou ocreux, à grain fin et renferment des empreintes fossiles et des fragments de houille ; ceux du fonds sont quartzeux, peu tenaces et noirs. Les seconds ne présentent aucun indice de schistosité ; leur grain est variable, souvent irrégulier et parfois volumineux. Dans la partie supérieure du dépôt, ils passent aux poudingues.

Le charbon de Lapleau est bitumineux, gras et suffisamment éclairant. On l'emploie couramment dans les usines et les forges ; c'est la meilleure preuve de sa bonne qualité.

Dépôts de Bort. — A la limite orientale du département, entre Monestier-Port-Dieu et Bort on remarque trois lambeaux de terrain houiller, alignés du Nord Nord-Est au Sud Sud-Ouest, sur le prolongement d'une longue bande de houille qui s'étend au Nord, du côté de Messier et au Sud, dans la direction de Champagnac et de Fins.

Aucun de ces lambeaux n'est productif. On y rencontre de nombreux schistes noirs ou gris et une grande quantité de grès propres à la construction (Monestier-Port-Dieu).

A Bort-les-Orgues ce terrain est placé entre un massif de granit et un massif de micaschiste ; il plonge au Sud sous la nappe de phonolite dont nous avons parlé.

En face de cette localité, les rives de la Dordogne sont encombrées par d'innombrables et énormes blocs de granit, de micaschiste, de quartz et de basalte dont la présence en ce lieu paraît être le résultat du creusement subit de la vallée à une époque récente.

A Mont, placé sur un des lambeaux du sol houiller, on rencontre des masses puissantes de grès quartzeux, et un peu plus loin, en se rapprochant de la rivière, des grès à gros galets et des conglomérats contenant des fragments volumineux de quartz, de schiste noir et de grès houiller.

Enfin, vers Monestier, la rive droite de la Dordogne présente sur ses escarpements des grès quartzeux à grain fin, exploités soit pour pierres de taille, soit surtout pour meules de moulin. Ces grès et conglomérats paraissent appartenir à la partie supérieure de la formation.

Dépôts d'Argentat, de Cublac et d'Allassac. — Au nord d'Argentat, appuyé sur un massif de micaschiste, se montre un petit lambeau de terrain houiller d'une épaisseur de dix à quinze mètres. La houille repose sur un lit de conglomérats à fragments de schiste micacé, de même nature que la roche qui supporte la formation, et alterne avec des grès à grain fin micacés, schisteux et couverts d'empreintes de Calamites et autres végétaux fossiles.

Les couches de charbon, au nombre de deux ou trois, selon les points, sont à peu près horizontales et atteignent au maximum vingt-cinq centimètres d'épaisseur. Elles fournissent un combustible maigre et pierreux qu'on utilise néanmoins.

A Cublac, près de Terrasson, situé à l'extrémité sud-ouest du département, existe un dépôt de houille profond, mais très peu fertile. Ce terrain fait saillie à travers les grès rouges du permien et les grès bigarrés du trias qui occupent dans cette région une vaste étendue.

La houille forme au milieu des grès une couche de trente centimètres au plus, trop faible pour fournir à l'exploitation le moyen de couvrir ses frais.

Si la houille est rare dans ce dépôt, les grès stratifiés, argileux et micacés, chargés d'empreintes végétales, s'y montrent en couches puissantes, en association avec des schistes ardoisiers, également fossilifères, d'une époque plus ancienne, et en relation, du côté oriental de la formation, à une profondeur de cent mètres, avec un conglomérat à gros éléments d'origine plus récente.

Enfin le terrain houiller reparaît près d'Allassac où il fournit une couche de charbon, autrefois exploitée, de quarante centimètres d'épaisseur. La houille, sur ce point, alterne avec des schistes et des grès schisteux mêlés de quelques grès quartzeux non stratifiés.

D. — Permien.

Les terrains de cette époque sont constamment liés à ceux des époques houillère et carbonifère. Partout où ceux-ci se montrent, ceux-là apparaissent, soit sur les bords, soit à la partie supérieure de la formation commune. De sorte que ces époques ne constituent en réalité qu'une seule période dont le permien occupe l'échelon le plus élevé. Cette période est connue sous le nom de permo-carbonifère.

Nous venons de donner la description succincte des terrains houillers et carbonifères tels qu'ils se présentent dans la région limousine ; voyons maintenant en quoi consiste le permien.

Ce terrain est bien moins caractérisé dans la Creuse que dans la Corrèze. C'est à lui néanmoins qu'il faut rattacher les schistes rougeâtres, les conglomérats, les grès à gros galets de quartz, et les grès argileux qui bordent le bassin d'Ahun. C'est de lui que dépendent les porphyres quartzifères, les mélaphyres, les aphanites, les wackes et les grauwackes qui ont percé le sol carbonifère et qu'on trouve à peu de distance des dépôts de houille, aussi bien dans la vallée de la Creuse que dans celles de l'Allier et du Taurion.

Dans la Corrèze, ces mêmes grès, ces mêmes conglomérats, se retrouvent sur le cours de la Dordogne, liés aux dépôts houillers et carbonifères, et sur les points de l'intérieur où ces mêmes terrains ont été reconnus ou seulement soupçonnés. Mais dans ce département, la formation permienne est puissante et couvre de grandes surfaces soit à l'Est, soit au Sud.

A Lapleau, l'existence des grès permiens est peu accusée. Aux environs de Bort, de Mont, de Monestier et principalement sur la rive gauche de la Dordogne, ces roches forment des masses stratifiées très importantes. Les couches de grès rouges concordent avec celles des grès houillers et suivent la même direction N.-N.-E. S.-S.-O. A ces grès se joignent des grès à gros galets et des conglomérats où les fragments englobés ont une dimension exagérée. Ces derniers sont surtout très fréquents de l'autre côté de la vallée, sous l'ancien château de Thiniet. On rattache aussi au terrain permien les puissants amas de grès quartzeux à grain fin de Monestier qu'on exploite pour meules de moulin et pierres à aiguiser. Dans le petit dépôt d'Argental les grès rouges se montrent en association avec des grès quartzeux au-dessus du carbonifère. Plus bas, autour de Cublac et dans tout le sud du département, le terrain permien occupe de larges espaces. Dans cette région les grès rouges sont extrêmement abondants. Leurs couches généralement inclinées sont en discordance avec les grès bigarrés du trias qui les recouvrent sur un grand nombre de points. A Cublac même, un puissant conglomérat formé de gros fragments roulés de roches ignées et de roches cristallines, granits, gneiss, porphyres, amphibolites, quartz, etc. réunis par un ciment arénacé très dur, flanque le bassin houiller du côté de l'Est.

A Savignac et aux environs de Villiac, des grès quartzeux à grains irréguliers et volumineux se montrent dans la formation des grès rouges.

Autour d'Allassac, de Donzenac, de Vignols, de Ceirat et de

Saint-Solve, les grès quartzeux, les conglomérats et les grès schisteux rouges et verts alternent entre eux et se mettent en contact avec les grès bigarrés de l'étage placé au-dessus.

Dans la plaine de Brive, au bas des coteaux couronnés par d'énormes bancs de grès bigarrés, on voit poindre des couches minces de schistes et de grès rouges assez fortement inclinées, dont l'origine permienne ne fait aucun doute.

A l'est de cette ville, dans l'espace compris entre Meyssac, Marcillac, Lostanges, Lanteuil et Cosnac, les grès argileux, stratifiés, rouges, les schistes gris, bruns ou rougeâtres, d'autres grès argileux tabulaires, gris ou jaunâtres et quelques conglomérats forment d'immenses ondulations autour desquelles s'étendent en amphithéâtre et à un niveau moindre les grès du trias.

Les grès de Marcillac et de Lostanges, connus dans le pays sous le nom de *brasier*, fournissent des meules à aiguiser assez estimées.

En résumé, les régions situées à l'est et au sud de la Corrèze sont occupées par des lambeaux de terrains houillers et carbonifères, au-dessus et autour desquels s'étendent de larges nappes de terrain permien aux teintes sombres, rouges ou bariolées, dont les couches inclinées et souvent tourmentées forment contraste avec l'horizontalité qu'affectent d'une façon constante les grès bigarrés de l'ère secondaire qui les surmontent.

CHAPITRE X.

TERRAINS SECONDAIRES.

Pendant cette longue période essentiellement marine qui doit s'écouler entre les âges paléozoïques et les temps néozoïques, les dépôts sédimentaires acquièrent une épaisseur considérable.

Par l'apport sans cesse accru de couches nouvelles, le lit des mers tend à se combler; les continents s'étendent, se soudent et émergent sur de vastes surfaces; et, tandis que les conditions telluriques déjà profondément modifiées se montrent favorables à l'éclosion d'une faune plus perfectionnée et plus nombreuse, la flore, sous l'influence d'une athmosphère moins humide, moins chaude et moins propre à la vie végétale, se fait rare et moins puissante. La faune marine surtout prend un développement extraordinaire dont chaque époque nouvelle voit s'accroître le nombre et l'originalité.

Après le retrait des eaux permiennes, une mer moins agitée s'établit au sud de la France. L'un de ses bras remontant vers le Nord, vient jusqu'aux régions circonvoisines du Plateau central déposer ses sédiments et marquer son passage par des amas arénacés, des couches calcaires et des fossiles caractérisant l'époque triasique. Plus tard, à l'époque du lias, ces mêmes régions sont envahies de nouveau par une autre mer, venant de l'Est cette fois, et apportant avec elle sa faune et ses sédiments qui s'ajoutent aux dépôts déjà formés.

A une époque moins reculée, les eaux coralliennes s'étendent sur les plages fréquentées par leurs aînées, sans atteindre cependant les anciennes rives et forment différents étages dont l'ensemble prendra le nom d'oolithe.

Enfin, vers la fin de l'ère secondaire, une autre phase se dessine ; les sédiments d'eau douce l'emportent sur les dépôts marins ; la craie se montre et recouvre en partie les étages oolithiques.

Les phases de l'ère secondaire ont été groupées en périodes ou systèmes qui sont, dans l'ordre chronologique : le trias, le jurassique, comprenant le lias et l'oolithe, et le crétacé.

Ces systèmes, largement représentés dans les départements de la Dordogne, de la Charente, de la Vienne, de l'Indre et du Cher, sont en général très peu accusés dans le Limousin. Le trias a acquis néanmoins une certaine importance dans la partie méridionale de la Corrèze. Le lias, moins étendu, est encore assez abondant sur quelques points des zones frontières du Sud et de l'Ouest, mais l'oolithe est rare, et le crétacé, quoique très proche, n'atteint pas les limites de nos régions.

Examinons ceux de ces terrains qui peuvent nous intéresser.

A. — Trias.

Deux sortes de sédiments caractérisent cette formation : les uns, de nature arénacée, s'étendent au-dessus du permien ; les autres, de nature calcaire, recouvrent les précédents et se confondent avec les dépôts du lias sur les points ou ceux-ci existent.

Les dépôts arénacés sont constitués par des grès quartzeux en général, argileux ou marneux par exception, souvent micacés, à grain fin, très tendres, et de couleur claire uniforme, ou nuancée de rose, de rouge, de vert, de jaune et de violet. Ces différentes teintes, qui ne sont jamais bien vives et bien nettes, ont produit cette bigarrure à peine accusée dans nos régions, mais très accentuée dans d'autres contrées, à laquelle la formation tout entière doit son nom. Les grès argileux ou marneux sont peu tenaces et s'émiettent à la moindre action. La plupart font effervescence avec les acides, ce qui implique nécessairement qu'ils renferment de la chaux carbonatée. Le calcaire abonde du reste à la partie supérieure des dépôts arénacés. Les grès d'Allassac, entre autres, en contiennent une notable proportion, soit dans l'argile qui les cimente, soit dans les veines dont ils sont sillonnés, soit dans les délits où cette matière a pris des formes cristallines diverses.

Les grès du trias se différencient des grès permiens, de telle façon qu'il ne paraît pas qu'on puisse les prendre les uns pour les autres. Ils sont tous bariolés ; mais tandis que les premiers affectent des teintes lavées, les seconds se font remarquer par des couleurs sombres et des tons crus caractéristiques.

Ces derniers sont durs et schisteux, les autres sont friables et à stratification très peu prononcée. Enfin les couches permiennes sont inclinées et plus ou moins tourmentées, tandis que les couches du trias sont régulièrement horizontales.

Les dépôts calcaires, marneux ou argileux ne sont pas très distincts, au moins dans nos contrées. Là où ils existent, en recouvrement sur les grès bigarrés, il n'est pas démontré qu'ils soient d'origine essentiellement triasique ; car les rares fossiles qu'ils renferment se retrouvent avec des caractères analogues dans le lias qui fréquente les mêmes lieux, et l'on ne peut vraisemblablement pas affirmer qu'ils appartiennent plutôt à cette formation qu'à l'autre.

Les grès bigarrés ne se montrent en Limousin qu'au sud de la Corrèze ; partout ailleurs ils font complètement défaut.

Aux alentours de Brive on en voit des masses puissantes formant des plateaux entiers. Ces grès ont un grain fin, une structure lâche et une couleur grise ou verdâtre, assez uniforme à Brive même, nuancée de rouge et de vert sur d'autres points du nord et du nord-ouest de cette localité. Ils sont quartzeux et presque sans ciment. On les distingue facilement des grès permiens, qui apparaissent au bas des coteaux, par les différences de caractères et de direction que nous avons signalées plus haut.

Aux environs de Donzenac, d'Allassac et de Voutezac, ces mêmes grès se montrent en couches épaisses et larges, bigarrés de rouge et de gris, avec quelques nuances de vert, et forment presque toute la masse des coteaux. Là, comme à Brive, leurs strates horizontales surmontent les grès schisteux diversement inclinés du permien.

Il en est de même à Objat, à Saint-Viance et à Varets, dans la vallée de la Vézère. De Varets et Saint-Laurent à Juillac, le grès triasique prend une teinte rouge, devient argileux et ocreux, plus fin, presque schisteux et semble former une sorte de passage entre les schistes rouges et les grès bigarrés. Toutefois, leur nature quartzeuse, leur friabilité excessive, leur direction horizontale, s'opposent à ce qu'on les confonde avec les grès de l'ère primaire, auxquels on serait tenté de les assimiler à première vue.

Du côté de Mansac et d'Yssandon, le grès reprend ses teintes bigarrées tout en conservant sa faible consistance, et acquiert une schistosité très prononcée.

Près de Villac et autour des plateaux d'Ayen, de Saint-Robert et d'Yssandon, on retrouve les grès bigarrés avec les mêmes caractères qu'au nord-est de Brive, c'est-à-dire zonaires, blancs et rouges, franchement quartzeux et stratifiés en grand. A Villac et à Cublac, ils recouvrent le terrain houiller, en discordance de stratification.

Au nord de Terrasson jusqu'à Ayen, ce même grès est complètement désagrégé et sableux.

Enfin, auprès de Beaulieu et de Meyssac, la roche arénacée est partout uniforme, peu colorée et friable.

La région des grès est généralement mamelonnée, en pentes douces, sauf dans les vallées où l'érosion a produit des escarpements élevés, perpendiculaires ou rentrants à la base. Le sol est peu fertile et, sur certains points, complètement stérile.

Usages. — Les grès les moins friables sont exploités pour la construction dans un grand nombre de localités.

Les principales carrières sont situées aux environs de Brive, à Saint-Antoine, à Cosnac, à La Borie, à Closel et à Larche ; au Sud-Ouest, à Villac, à Mansac, à Varets, à Saint-Viance et à Objat; enfin, au Sud-Est, entre Marcillac et Puy-d'Arnac, et à Sionac, près de Beaulieu.

Ces pierres, fort belles, se taillent à la scie et au couteau. Elles sont malheureusement trop tendres, bien qu'elles durcissent un peu à l'air, pour que leur emploi se généralise aux constructions qui exigent une certaine solidité et aux travaux d'arts.

B. — Série jurassique.

Nous ne connaissons de la série jurassique que les terrains formés à l'époque du lias et pendant les premières phases de l'oolithe.

Le lias couvre de ses trois étages la région méridionale de la Corrèze, forme une zone étroite, souvent interrompue, sur la limite

même de l'ancien Limousin, apparaît sur quelques points frontières de la Haute-Vienne et se relie aux étages inférieurs du jurassique de la Vienne, de l'Indre et du Cher en contournant le département de la Creuse à l'Ouest et au Nord.

L'oolithe, plus rare, succède au lias et se confond avec lui à
l'extrême sud de la Corrère, au voisinage du Lot et de la Dordogne.
Plus loin, le jurassique, nu ou recouvert de couches crétacées ou
tertiaires, règne sur de vastes horizons et s'étend dans les départements du Sud-Ouest, de l'Ouest et du Nord-Ouest jusqu'aux rivages de l'Atlantique.

1° *Lias.* — L'étage inférieur du lias, qu'on désigne ordinairement
sous le nom d'infra-lias, est composé de grès, d'argiles dépourvues
de fossiles, de jaspes et de cargneules.

Les grès sont quartzeux avec quelques éléments feldspathiques,
à structure lâche en général, à grains parfois assez gros, le plus
souvent fins et réguliers, peu roulés, sans ciment ou à ciment argileux ou marneux et de couleur grise en général.

Ces grès forment des couches plus ou moins épaisses, en concordance avec l'argile et le calcaire placés au-dessus d'eux et en
discordance avec les grès du trias.

Cependant, sur certains points, la séparation des couches gré-
seuses n'est pas facile à établir. Ces deux formations sont peu
délimitées, et on attribue souvent à l'une l'origine qui conviendrait
à l'autre, et réciproquement. La plupart des géologues admettent du
reste que la distinction des grès de chacune de ces périodes est
embarrassante dans bien des cas et, dans le doute, rangent ces
grès tantôt dans le trias, tantôt dans le lias.

Nous n'avons pas la prétention d'avoir fait mieux, et si quelques-
uns de ces grès figurent au chapitre précédent, alors qu'ils de-
vraient prendre place dans ce chapitre, nous aurons pour excuse
la difficulté que nous avons éprouvée à leur assigner leur rang
véritable.

Quoi qu'il en soit, les grès liasiques sont en général plus argileux,
moins micacés que ceux du trias, plus grossiers et plus durs.

On les rencontre sur plusieurs points au sud de la Corrèze.

A Ménoire, ils forment une couche de trois à quatre mètres
d'épaisseur au-dessus des schistes primitifs sur lesquels ils reposent
directement. Non loin de là, à Puy-d'Arnac, leur épaisseur s'accroit
et atteint une dizaine de mètres. Aux environs de Brive ils alternent, surtout à leur partie supérieure, avec des argiles diversement
colorées.

A l'ouest de Brive et à Terrasson, ces grès présentent deux couches de trois à cinq mètres, séparées par un banc d'argile d'une épaisseur de trois à quatre mètres. Du côté de Labrousse, près de Marcillac, et à La Bachellerie, ils sont peu cohérents, deviennent argileux et renferment de nombreux galets de quartz. Vers ces derniers points leur transformation en sable est à peu près complète.

Les argiles vertes sont compactes ou schisteuses, renferment une certaine quantité de mica et offrent des teintes grises, rouges ou vineuses. Leurs couches sont généralement plus épaisses que celles des grès qu'elles surmontent. Elles acquièrent une puissance de vingt à vingt-cinq mètres auprès de Beaulieu, centre de la formation, et diminuent d'épaisseur à mesure qu'elles s'éloignent de ce point. A l'est de Beaulieu, aux environs de Brive et à l'ouest, dans la Dordogne, leur épaisseur se réduit à deux ou trois mètres ; un peu plus loin elles disparaissent.

Ces argiles contiennent des lits de jaspes dont l'épaisseur atteint parfois une vingtaine de mètres (Ménoire) et descend à trois ou quatre mètres du côté de Noailles et à l'ouest de Terrasson (Dordogne). Elles alternent aussi avec des calcaires compacts, caverneux ou sableux ou bien avec des lits minces de grès et de macignos.

Les calcaires dominent à la partie supérieure, au détriment des couches d'argile qui s'amincissent d'autant plus que les couches calcaires deviennent plus épaisses.

Ces calcaires reposent en concordance sur des couches à argile verte. Leur épaisseur atteint de 60 à 80 mètres au Sud et s'affaiblit au Nord et à l'Ouest. Ils forment des bancs réguliers, séparés par des couches de marne feuilletée, et se présentent soit à l'état compact, dans ce cas ils sont durs, de couleur ardoisée ou jaunâtre (calcaires lithographiques) ; soit sous la forme caverneuse ou cariée (cargneules) ; soit enfin associés avec la marne dans des proportions variables. Ces derniers ont une dureté moindre, souvent très faible ; ils occupent la base de la formation et se mettent en contact avec les argiles. Plus haut, les calcaires augmentent de densité, deviennent de moins en moins dolomitiques et comprennent des bancs de calcaire à fines oolithes. A la partie supérieure de la formation ils passent au calcaire lithographique.

Les calcaires cariés ou cargneules ont commencé à se former à l'époque des dépôts à argile verte, et les causes qui les ont produits ont persisté, mais avec une intensité moindre, jusqu'à la fin de la période du lias inférieur. On remarque des couches minces de cargneules à Meyssac, à Puybrun, à Terrasson et sur plusieurs autres points de la Dordogne que nous ferons connaître plus loin.

Le lias moyen comprend à la base des calcaires gréseux, jaunâtres ou grisâtres, compacts et très durs, visibles à Terrasson sous une couche épaisse de marne sableuse très fossilifère (1). Ce calcaire, qui peut atteindre de six à huit mètres d'épaisseur, renferme des Bellemnites et la *Rhynchonella tetraedra*.

D'autres calcaires durs, blanchâtres, renfermant quelques fossiles du genre Pecten, et alternant avec des calcaires lithographiques, se montrent au-dessus des marnes précitées auprès de Brive, dans la vallée de la Couze, à Saint-Denis et à Saint-Céré où leur couche mesure de deux à trois mètres d'épaisseur. A l'ouest de Terrasson ce calcaire, après avoir diminué de puissance, disparaît définitivement.

Des argiles à *Belemnites clavatus* apparaissent au-dessus des calcaires précédents et forment des couches très puissantes, atteignant cinquante et soixante mètres à Saint-Céré. En remontant vers Terrasson ces couches n'ont plus que dix à quinze mètres d'épaisseur ; à partir de ce point elles s'affaiblissent rapidement et cessent de se montrer à Condat. Ces argiles sont remarquables par le nombre et la diversité des fossiles qu'on y rencontre. Parmi ces fossiles, on distingue ceux qui ont servi à la détermination du lias inférieur : *Belemnites clavatus, Ammonites Jamesoni, A. ibex, A. Davaei.*

Les marnes à *Ostrea cymbium* sont surtout développées à Saint-Céré et dans la région la plus septentrionale du Lot. Ces marnes, qui sont schisteuses, jaunâtres et sableuses, comprennent quelques bancs de calcaire à Belemnites et surmontent les argiles à *B. clavatus* (2).

Les calcaires à *Pecten œquivalvis*, qui terminent cette série moyenne du lias, recouvrent les marnes à *Ostrea cymbium*. Ils sont gréseux, saccharoïdes et jaunes, mouchetés gris-ardoise.

(1) Les fossiles trouvés par M. Mouret dans la marne sableuse du lias moyen sont : *Rhynchonella tetraedra, Gresslya ovata, Pecten priscus, Modiola scalprum, Belemnites Bruguieri, B. compressus, B. umbilicatus, B. acutus.*

(2) Fossiles signalées par M. Mouret : 1° dans l'argile à *Belemnites clavatus* : *Belemnites umbilicatus, compressus, acutus, brevis, apicicurvatus, clavatus, Bruguieri ; Ammonites margaritatus, normanianus, Davaei, ibex, Loscombi, caspricornus, Jamesoni, Maugenesti, centaurus ; Mactromya hesione, Gresslya ovata, Avicula inæquivalvis, Gryphœa cymbium, Pecten priscus, Harpax spinosus, Terebratula subovoïdes, Sarthacensis, Rhynchonella tetraedra, furcillata, Spiriferina Walcotti, Pentacrinus basaltiformis.* — 2° Dans les marnes à *Ostrea cymbium : Ammonites marginatus, Belemnites paxillosus, Harpax pectinoïdes, Mytilus thiollerei, Gryphœa cymbium, Terebratula cornuta, Rhynchonella tetraedra.*

On les trouve en bancs de 2 à 15 mètres sur plusieurs points de la frontière sud, à Saint-Céré, où ils s'appuient sur une couche de calcaire ferrugineux lumachellique de 2 à 3 mètres d'épaisseur; dans la vallée de la Couze, où ils alternent avec une marne schisteuse jaunâtre; à Terrasson, où ils reposent sur du calcaire à *térébratula subpunctata*. Des couches de sable, de grès calcarifères, de grès jaspés et de jaspes couronnent cette formation aux environs de Terrasson (1).

Le lias supérieur débute par des argiles qui forment la plus grande partie de l'étage toarcien. Elles sont dures, compactes, schisteuses, noirâtres, et contiennent du gypse, des pyrites et des géodes de calcite.

Ces argiles alternent avec des calcaires marneux bleuâtres ou gris, et sont recouvertes par des couches de calcaire à *Gryphœa Beaumonti* qui couronnent l'ensemble de la formation du lias.

On trouve les argiles au niveau de Terrasson, et le calcaire à *Gryphœa*, au-dessus de l'argile, dans les vallées au sud de Brive. Les couches d'argile présentent deux zones fossilifère distinctes : la zone à *Ammonites serpentinus* et la zone à *Ammonites bifrons*. Ces fossiles abondent principalement à la base et à la partie moyenne du dépôt. Le calcaire en renferme également un grand nombre (2).

Si le lias et l'infralias sont nettement circonscrits au sud de la Corrèze, il est loin d'en être de même dans les régions qui bordent le Limousin du côté de la Charente, de la Dordogne et dans la Haute-Vienne.

Ils apparaissent sur plusieurs points de cette zone de ceinture, dépouillés de quelques-unes de leurs couches, et reposent en général sur le sol primitif. A Excideuil on trouve des couches minces

(1) Espèces fossiles fournies par le calcaire à *Pecten* (Mouret) : *Ammonites margaritatus, Belemnites Bruyaieri, Pecten Hehli, œquivalvis, textorius, Gryphœa cymbium, Ostrea sportella, Monotis interlœvigatus, Gresslya ovata, Terebratula cornuta, subpunctata, Rhynchonella, tetraedra, curviceps, Spiriferina rostrata, Pentacrinus basaltiformis.*

(2) Dans la première zone argileuse, M. Mouret indique les espèces et variétés suivantes : *Ammonites communis, borealis, Levisoni, serpentinus; Belemnites tripartitus* et ses variétés; *Terebratula Lycetti.* Dans la deuxième zone : *Ammonites bifrons, crassus; Belemnites irregularis, gracilis; Pecten pumilus.*

Dans la couche calcaire : *Ammonites subinsignis, opalinus, Murchisonae acanthopsis, fluitans, radiosus, mactra; Pholadomya fidicula; Gryphœa Beaumonti, Terebratula Lycetti, infraoolithica; Rhynchonella cynocephala.*

de grès, auxquelles succèdent des jaspes et des calcaires dolomitiques d'un jaune plus ou moins foncé. A Millac, entre Thiviers et Saint-Jean-de-Côle, la formation débute par des grès gris ou blancs, durs en général, et passant parfois à des sables peu roulés. Au-dessus des grès, des couches peu épaisses d'argile verte comprenant des jaspes bruns ou rouges à l'extérieur, blancs cristallisés au centre, et des calcaires dolomitiques cargneuliformes, se montrent à Millac, à La Lardie commune de Saint-Romain, à l'est de Thiviers, sur la route de Lanouaille et à Nontron. Sur ce dernier point, l'étage inférieur du lias accuse de vingt à vingt-quatre mètres d'épaisseur.

Jusqu'à Nontron, en partant de Terrasson, les argiles à *Belemnites clavatus* et les marnes à *Ostræa Cymbium* font complétement défaut; le liasien est exclusivement calcaire ou gréseux. Il est composé de calcaires marneux ou lithographiques, alternant avec des calcaires analogues aux calcaires à Bélemnites et à Pecten.

A Thiviers la couche supérieure commence par des calcaires ferrugineux, et se complète par des couches successives de calcaires cristallins durs, de grès sableux, de calcaires gréseux à gros grains de quartz et de calcaires gréseux schistoïdes; le tout ayant une épaisseur de six à sept mètres.

A Saint-Jean-de-Côle ces couches sont peu développées et ne comprennent que des calcaires durs, jaunâtres, des calcaires marneux, tendres et des macignos. Le banc supérieur contient des Térébratules et des Bélemnites.

Dans ces régions de la Dordogne, le lias est couronné par des couches d'argile à *Ammonites bifrons*, qui prédominent sur les autres fossiles, et par des calcaires à *Gryphæa Beaumonti*.

On retrouve le lias à la limite nord de la Charente, non loin des frontières de la Haute-Vienne, depuis Eymoutiers au sud de Montbron, jusqu'à Plauville. Sur cette bande étroite, la formation n'apparaît visiblement qu'au fond des vallées ou au contact du sol primitif; ailleurs elle est dissimulée sous le tertiaire.

Les grès infrasialiques embrassent entre Hiesse et Epénède, une superficie de 24,000 mètres carrés. Ils forment un deuxième depôt entre Hiesse et Loubert, et un troisième dans les vallées de la Bonnieure et de la Croutelle, entre Cherves et Genouillac.

Ces grès sont plus ou moins feldspathiques et affectent une structure différente selon la position qu'ils occupent dans l'étage : poudingiformes, à gros grain ou à grain fin, lustrés, friables ou sableux. Ils sont surmontés par des jaspes jaunes comprenant un grand nombre de fossiles parmi lesquels M. Coquand a pu distinguer des *Ampullaria carinata* et un *Cerithium*.

Le calcaire dolomitique repose directement sur les grès dont nous venons de parler, ou n'en est séparé que par un lit de jaspes coquilliers. Ce calcaire alterne avec des bancs d'argile et des couches minces de marne bleuâtre. On le rencontre à Alloue, à Beaumont, à Vérine et à Prat, au-dessous d'un calcaire brun, non dolomitique, comprenant des rognons siliceux, des Bélemnites et le *Pecten œquivalvis*. Des couches peu épaisses de marne à *Ammonites bifrons* et *communis*, à *Trochus subduplicata* couronnent l'ensemble de l'étage.

Cette formation se succède dans le même ordre, à quelque différence près, du côté de Chantresac et d'Ambernac, auprès de l'Age-de-Brassac, à Chichiat, sous Chatelard et sous Saille. Sur ces points le calcaire dolomitique atteint de huit à dix mètres de puissance.

Aux environs de Montembœuf, le lias forme une bande très étroite, masquée en grande partie par des sables d'origine tertiaire.

Dans le canton de Montbron, à Orgedeuil, à Rouzède, au moulin de Cacheratet à La Séguinie, l'étage comporte des calcaires dolomitiques, un calcaire granulaire grisâtre, nommé *castinier*, et des marnes feuilletées très riches en fossiles. Entre Menet et Montbron, le castinier est remplacé par un calcaire brunâtre, scintillant, avec veines de baryte sulfatée et des géodes de calcite cristallisée.

Entre Montbron et Tardouère, sur la route de Limoges, le calcaire superposé au calcaire dolomitique ne contient aucun fossile ; mais il est recouvert par les marnes feuilletées de la zone supérieure du lias, de sorte qu'il ne saurait exister aucun doute sur son âge.

A Couteau, la couche inférieure du lias moyen est constituée par un calcaire compact, brunâtre, hydraulique, renfermant de la baryte et de la dolomie. Ce calcaire sert d'appui au castinier et à des jaspes tertiaires qui surmontent ce dernier. Du côté de Roumazières et de Chabanais, entre Sueux et le pont Sigoulant, le lias moyen est représenté par des calcaires à Bélemnites et des marnes bleues à *Belemnites compressus* et *brevis*, à *Ammonites radians, communis, niger, brevis* et *bifrons*, à *Trochus subduplicata*, à *Nucula Hammerei*, etc.

En résumé, le lias, dans cette région de le Charente voisine de la Haute-Vienne, repose sur les roches primitives. Il comporte, à la base, des grès et des calcaires dolomitiques, au-dessus desquels s'étagent successivement des jaspes, d'autres calcaires dolomitiques, stratifiés ou compacts, et géodiques, des calcaires hydrauliques barytifères, des calcaires à *Belemnites,* d'autres à *Pecten œquivalvis* et enfin, à la partie supérieure, des calcaires marneux et des marnes feuilletées à *Ammonites bifrons* et autres fossiles du même âge.

Il importe de faire remarquer que ces différents niveaux ne se montrent pas toujours avec autant de régularité. Si les uns sont à peu près constants, comme les grès, les calcaires dolomitiques et les marnes, d'autres sont très amincis ou manquent complètement. Mais en général on les trouve tous à quelque distance les uns des autres dans cette région de la Charente. Seules les argiles vertes du lias inférieur n'existent nulle part.

Le lias se prolonge dans la Vienne, dans la direction de Lathus et de Montmorillon, et remonte dans l'Indre où il forme des dépôts très étendus au sud d'Argenton et à La Châtre. Nous ne le suivrons pas dans ces contrées. Disons seulement que, dans la majorité des cas, il est dissimulé sous des couches épaisses de pliocène ou d'éocène et qu'il n'apparaît, comme dans la Charente, qu'au contact des roches cristallines anciennes et sur les escarpement des vallées.

Cette formation envoie des prolongements dans la Haute-Vienne, au Sud, près de Saint-Bazile, à l'Ouest-Nord-Ouest, du côté de Mézières, au Nord Nord-Ouest, aux environs de Bussière-Poitevine et au Nord, à Lussac-les-Eglises. Mais dans ce département les dépôts jurassiques sont dépouillés d'une partie de leurs couches aux différents étages; les zones supérieures et inférieures font exception et apparaissent nettement avec leurs marnes bleuâtres, comprenant des lits de calcaire marneux dolomitique, et leurs grès feldspathiques souvent kaoliniques.

Les grès se montrent près de Lussac-les-Eglises, à Moutiers, à Bussière-Poitevine, à Bellac et à Chaillac, près de Saint-Junien. Ceux qui couronnent les hauteurs de Lussac sont formés de grains irréguliers de quartz, réunis entre eux par agrégation ou par un ciment siliceux plus ou moins dur.

Ces grès fournissent des couches épaisses au-dessous desquelles on trouve, vers Lachaume, une argile sableuse feldspathique ou kaolinique. Près de Pardelières, ils passent aux psammites argileux, bigarrés de jaune et de rouge. Il en est de même à La Roussellerie et Moulembert.

Au bois du Riz, près de Moutiers, le grès est grossier, et les grains de quartz peu roulé qui le composent sont liés tantôt par un ciment feldspathique, tantôt par un ciment argilo-jaspoïde très tenace.

Dans les environs de Bussière-Poitevine, la couche gréseuse alterne avec une sorte d'argile schisteuse contenant des grès grossiers, à gros grains de quartz, et se transforme vers l'Ouest, en psammite jaspoïde et ferrugineux.

Enfin, entre Blanzac et Rancon, à l'est de Bellac, et à Chaillac, près de Saint-Junien, on retrouve ces mêmes grès quartzo-felds-pathiques, au dessus desquels les argiles et les sables tertiaires s'étendent en couches débordantes.

Les dépôts marneux ont une faible étendue qui augmente d'autant plus que leur situation vers la limite ouest est plus avancée. On les observe plus particulièrement sur trois points du département, à La Besse, près de Saint-Bazile, à Saint-Barbant, à l'extrémité ouest de la Haute-Vienne, et au Châtenet, près de Coulonges (Vienne).

La marne du Châtenet, depuis longtemps exploitée pour engrais, comprend des lits de calcaire marneux, en partie dolomitique et des couches minces d'argile jaspoïde, rougeâtre. Cette marne repose sur les grès de l'étage inférieur du lias et se lie au calcaire de l'oolithe.

La marne de Saint-Barbant est analogue, comme composition, à la précédente; toutes deux contiennent un grand nombre de fossiles, parmi lesquels on distingue la plupart des espèces signalées par M. Coquand dans la marne de la Charente : *Belemnites compressus, brevis; Ammonites radians, communis, bifrons; Trochus subduplicata; Nucula Hammerei,* etc. Un grand nombre d'Ammonites s'y présentent à l'état de fer sulfuré.

Le dépôt de Saint-Bazile n'a fourni jusqu'à ce jour aucun fossile, soit qu'il n'en existe pas réellement, soit qu'une exploration trop superficielle n'en ait pas fait découvrir; peut-être aussi leur absence est-elle la conséquence du peu de profondeur et de développement de ce gisement.

En général le lias supérieur des régions Ouest et Nord-Ouest s'appuie sur les roches primitives qui portent des traces d'érosion à la surface ou sur les grès de l'étage inférieur. Il présente à la base un calcaire incohérent assez dur. Au-dessus s'étendent : 1° une couche épaisse de marne magnésienne bleuâtre, friable, parsemée de rognons de calcaire marneux et de petits amas d'argile; 2° une couche plus mince d'argile diversement colorée, mêlée de sables ou de grains de quartz; 3° des lits de galets et de sables fins très homogènes. Le tout est surmonté par des cailloux de quartzites et de sables grossiers de provenance tertiaire.

A Saint-Barbant et à Saint-Bazile la couche calcaire fait complètement défaut. La marne, abstraction faite de l'argile et des sables qui la recouvrent, constitue à elle seule tout le dépôt. Celle de Saint-Bazile est plus argileuse et plus caillouteuse, surtout à la partie supérieure. Cette marne est d'un gris bleuâtre, généralement assez tendre, plus ferme par place; elle renferme, sous la forme de blocs arrondis de très petite dimension, du calcaire argileux assez tenace. Les rognons sont recouverts, dans la généralité des cas, de fines concrétions de calcite hyaline.

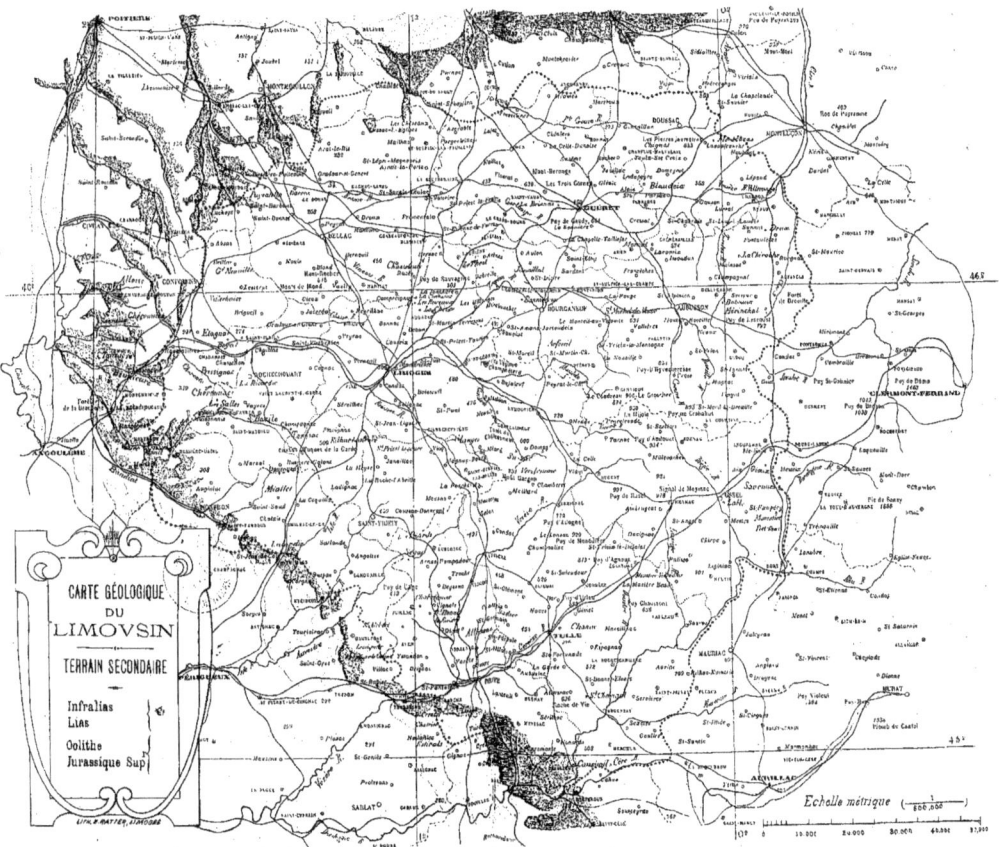

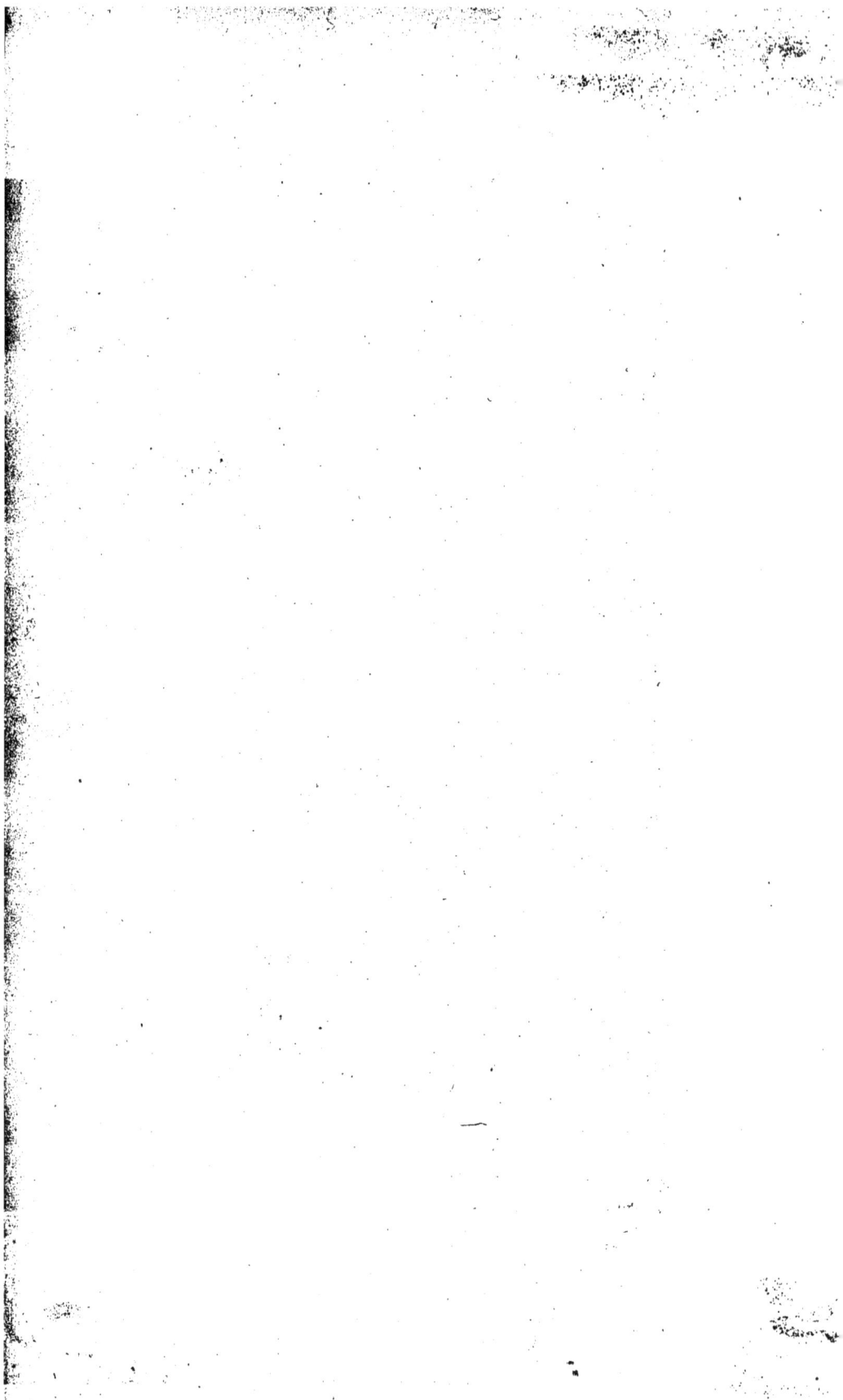

Il résulte des anayses faites par M. Astaix, ancien directeur de l'École de médecine de Limoges, que la teneur en silice de la marne de Saint-Bazile varie de 48 à 85 p. °/₀, suivant que l'examen porte sur la matière tendre ou sur les rognons plus durs, et que la proportion de calcaire varie de 15 à 52 p. °/₀.

Dans le calcaire, qui est plus ou moins dolomitique, l'association de la magnésie à la chaux donne les rapports $\frac{8}{12}$ dans le premier cas et $\frac{4}{14}$ dans le second.

La marne de Saint-Barbant n'a pas été analysée que nous sachions ; mais elle passe pour être très riche en carbonate de chaux. L'emploi fructueux qu'on en fait dans l'amendement des terres argilo-siliceuses témoignerait, en effet, de ses propriétés fertilisantes, et partant de la forte proportion de chaux qui entre dans sa composition.

Dans le terrain que nous étudions, l'argile recouvre la marne en corcondance de stratification. Elle ne forme en général qu'une seule couche peu profonde, légèrement inclinée et parfois un peu ondulée. Sa couleur, plutôt foncée que claire, est ardoisée ou rouilleuse. Des grains de quartz aux contours arrondis s'ajoutent en assez grand nombre à sa propre substance.

Enfin, un lit mince de sable pur et homogène surmonte le tout et sépare les couches jurassiques d'autres couches de nature argileuse et quartzeuse, dont l'origine tertiaire ne saurait être mise en doute, soit que leur superposition ne concorde pas en toutes circonstances avec les couches du dessous, soit que leurs caractères diffèrent essentiellement de ceux qu'on observe dans le lias.

2°. *Oolithe.* — Très uniforme et peu répandue dans le Limousin, l'oolithe se montre autour du massif central dans les régions fréquentées par le lias qu'elle longe le plus souvent et qu'elle recouvre quelquefois.

On la voit s'épanouir au sud de la Corrèze, et de là s'étendre sur le Lot et la Dordogne. Remontant vers le Nord-Ouest, cette formation atteint Excideuil, Thiviers, Saint-Jean-de-Cole, Saint-Pardoux-la-Rivière, qu'elle ne fait qu'effleurer, et Montbron où elle acquiert une importance considérable. De ce point elle gagne le département des Deux-Sèvres par Ruffec et Saint-Maixent.

Une autre bande d'oolithe, plus particulièrement formée de calcaires oxfordiens, court dans la direction Ouest-Est, de Poitiers à Argenton, où elle vient se mettre en contact avec le lias.

A son point de départ, la bande Sud-Ouest envoie des prolongements dans la Corrèze, vers Beaulieu, Brive et Terrasson, dont elle couronne les plateaux dénudés.

C'est la seule région du Limousin où l'oolithe soit parfaitement établie. Partout ailleurs on n'en trouve aucune trace, pas plus dans le Nord que dans l'Ouest.

Cependant, vers Montbron, situé sur la limite extrême de notre ancienne province, le jurassique moyen apparaît avec ses caractères les plus distinctifs.

Dans cette partie de la Charente l'oolithe est nettement séparée en trois étages : le premier correspond à l'oolithe inférieure, le deuxième à l'oolithe moyenne et le troisième à l'oolithe supérieure.

L'oolithe inférieure se subdivise elle-même en oolithe ferrugineuse, grande oolithe et cornbrash.

Oolithe inférieure. — Les étages de cette formation sont entièrement composés de calcaires durs dont les couches se superposent en retrait les unes sur les autres ; ils forment une bande assez large qui court du Sud-Est au Nord-Ouest, de Saint-Céré (Lot) à Saint-Maixent (Deux-Sèvres).

Le sous-étage inférieur entoure Montbron de couches épaisses, irrégulières, à stratification confuse. Le calcaire est jaunâtre, grenu, cristallin et travertineux à la partie supérieure. Sur quelques points, situés entre Montbron et Labrousse, la roche devient ferrugineuse et se convertit parfois en sables fins et secs au toucher.

Au nord de Montbron, dans les escarpements qu'on rencontre dans le vallon d'Orgedeuil, on remarque que la base de l'oolithe inférieure est occupée par des dolomies à couches minces recouvrant elles-mêmes des marnes du lias supérieur.

Du côté de Montembœuf, les dolomies sont remplacées par des calcaires normaux au milieu desquels abondent des corps organisés fossiles.

Ces mêmes calcaires, dépourvus de dolomie, apparaissent à Saint-Vincent, sur la route de Limoges, à Confolens et chez Pouillet. Ces roches passent par des nuances insensibles à un calcaire bleuâtre devenant marneux un peu plus bas, et s'appuient sur un système d'argiles et de calcaires alternants, dans lesquels ont a recueilli : *A. Sowerbyi, A. Murchisonœ, A. Humphreisianus, A. subdicus, Nautilus clausus, Belemnites unicanaliculatus, Terebratula perovalis, Lima proboscida,* caractérisant le bajocien de d'Orbigny ; enfin, quelques débris de végétaux. Le tout repose sur les marnes du lias.

Du côté de Chantresac, où l'oolithe ferrugineuse est masquée par des terrains tertiaires, on observe un calcaire bleuâtre disposé en bancs inclinés vers l'Ouest et alternant avec des marnes feuilletées dans lesquelles on remarque, avec des pyrites de fer, les mêmes espèces fossiles qu'à Saint-Vincent.

Près du pont du Cluzeau, sur la rive droite de la Charente, on voit au-dessus du calcaire oolithique des couches de jaspes avec halloysite et manganèse peroxydé d'origine tertiaire, identiques à celles qu'on trouve aux environs de Nontron, de Saint-Pardoux-la-Rivière et de Saint-Jean-de-Cole. Ces couches sont en discordance flagrante avec les zones d'oolithe situées au-dessous.

Sur quelques points des environs d'Ambernac et de Pleuville, les calcaires ferrugineux se montrent en recouvrement sur le lias et au-dessous de sables tertiaires.

Plus loin, dans la direction de Ruffec, notamment à Champagne-Mouton et Nanteuil, le système de dolomie apparaît de nouveau et les calcaires prennent la forme de fines oolithes. La puissance moyenne de l'oolithe ferrugineuse est évaluée à quinze mètres.

Un peu plus éloignée des frontières limousines que la précédente, la grande oolithe s'observe entre Chasseneuil et La Rochefoucauld, et dans les cantons de Saint-Claud, de Champagne-Mouton et de Ruffec. De là elle s'étend dans la direction Nord-Ouest et gagne Saint-Maixent.

Elle se fait voir à Saint-Vincent au-dessus des calcaires ferrugineux. Sur ce point, la roche est composée d'un calcaire jaunâtre, compact, suboolithique, dans lequel on trouve en abondance la *Terebratula globata*, associée à des *Pleurotomaria* et à des *Entroques*. Du côté de Chasseneuil, de Saint-Mary et de Saint-Claud, le calcaire renferme de nombreux rognons de silex pyromaque blond et des *Ammonites Parkinsoni* et la *Terebratula globata*.

A ce sous-étage qui correspond au bathonien inférieur, succède le Cornbrash des Anglais, dont on trouve quelques affleurements de douze à quinze mètres d'épaisseur dans le canton de Montbron, à Sainte-Catherine, et dans le canton de Saint-Claud, à l'ouest de la forêt de Bel-Air. Sur ces points le calcaire est compact et formé d'oolithes variées ; il donne asile à de nombreux polypiers et surtout à des *Terebratula coarctata* et *digona*.

Oolithe moyenne. — Cette formation comporte les étages callovien, oxfordien et corallien. Elle est très développée dans la Charente et accuse, non loin des limites Est du département, une épaisseur de cinquante à soixante mètres.

Il est à remarquer que les étages de l'oolithe moyenne se supperposent sans l'intermédiaire de couches d'argile, et si ce n'était la présence de fossiles caractérisant chacun d'eux, on éprouverait de grandes difficultés à distinguer dans cette énorme masse les différentes zones qui la composent.

Sur les hauteurs de Sainte-Catherine, où nous avons déjà constaté l'existence du bathonien, on observe des calcaires compacts à oolithes miliaires, avec fossiles particuliers au callovien, tels que : *Belemnites latesulcatus; Ammonites macrocephalus, lunula, bullatus, tumidus, coronatus, Herveyi, Bakeriæ et anceps; Terebratula bicanaliculata et digona.*

Si de Sainte-Catherine on se transporte dans la commune de Saint-Germain, on constate, à l'ouest de ce bourg, la présence de calcaires durs, avec *Belemnites hastatus: Ammonites hecticus, biplex; Rhynchonella Thurmanni; Pecten demissus et subfibrosus,* de l'oxfordien.

Plus loin, dans l'Ouest, l'oxfordien change de physionomie ; des argiles s'ajoutent aux calcaires et des *Apiocrinus* et le *Cidaris Blumenbachii* se joignent aux espèces fossiles déjà citées. Le calcaire lui-même est modifié; il est plus tendre et moins régulier ; on y trouve l'*Ammonites Bakeriæ,* le *Lithodendron* et des *Astrea* de l'étage corallien.

Mais le suivre sur ces points nous entraînerait au-delà des limites que nous nous sommes tracées. Revenons donc à la zone frontière.

L'étage corallien, constitué par des calcaires durs avec *Rhynchonella inconstans, Cidaris Blumbachii, Prionastrea helianthoïdes;* par des calcaires homogènes à polypiers que caractérisent la *Terebratula insignis,* la *Grania Regleyi* (Coquand), la *Myriephyllia rastellina,* la *Thecosmilia crassa* et la *Stylina microcoma;* par des calcaires à oolithes volumineuses renfermant de nombreuses Nérinées (*N. Defrancii Mandelslohi, Rupellensis*). *Diceras arietina; Cardium corallinum;* l'étage corallien, disons-nous, forme au-dessus de l'oxfordien des bancs puissants qui s'étendent dans la direction Sud-Ouest, à partir de Montbron jusqu'et au-delà de La Rochefoucauld.

La région occupée par cette formation présente de nombreux bouleversements, des excavations profondes, des gouffres insondables où se perdent deux rivières, le Bandiat et la Tardoire.

Oolithe supérieure. — Les sous-étages kimmeridien, portlandien et puberckien, qui constituent l'oolithe supérieure, ont de nombreux représentants dans l'Angoumois; mais aucun d'eux n'approche nos frontières d'assez près pour qu'il en soit fait mention dans ce travail.

Oolithe dans la Corrèze. — Comme nous l'avons fait observer plus haut, l'oolithe, dans cette région du Limousin, est d'une uniformité monotone. Elle forme, au sud du département, des bancs puissants qui accusent jusqu'à quarante mètres d'épaisseur, mais qui s'atténuent considérablement en remontant vers Brive où ils cessent de se montrer.

Cette formation est constituée par des calcaires ferrugineux non constants, qui se confondent avec le calcaire gréseux de la couche supérieure du lias, par d'autres à oolithes variées, souvent très fines, et par d'autres encore compacts, semi-cristallins, offrant le facies des calcaires lithographiques.

Les premiers dépendent de l'oolithe inférieure, les seconds appartiennent à l'oolithe moyenne.

L'ensemble de la formation est compris entre le lias sur lequel elle s'appuie et le jurassique supérieur qui la recouvre sur une partie de son étendue seulement. On n'y rencontre ni marne, ni argile; les étages corallien et tithonique font défaut. Les fossiles sont rares; mais ceux qu'on y trouve, bien qu'ils ne soient pas facilement déterminables, paraissent appartenir au bajocien et à l'oxfordien inférieur que nous avons étudiés aux environs de Montbron.

Sauf au sud de Noailles et de Nazareth où le calcaire présente une structure oolithique, la roche est partout compacte, légèrement marneuse et grossièrement feuilletée. Cette dernière existe à la partie supérieure et couvre de larges plateaux pierreux et incultes. Comme toutes les formations de ce genre, celle-ci se fait remarquer par un sol sillonné de fentes nombreuses, de crevases profondes et de larges cavernes où les eaux disparaissent pour se montrer plus loin, après avoir parcouru souvent un long trajet souterrain. Nous retrouvons dans cette région de la Corrèze des fosses analogues à celles de la forêt de la Braconne qui ne sont autres que d'anciens éboulements, et des rivières couvertes, semblables à celles du canton de La Rochefoucauld.

Oolithe dans les autres régions circonvoisines. — Entre Montbron et Terrasson, l'oolithe apparaît par lambeaux, au-dessus du lias et au-dessous des sables tertiaires, à Excideuil, à Thiviers, à Saint-Jean-de-Côle, à Saint-Pardoux-la-Rivière, à Nontron et à Montembœuf.

Mais sur ces points la formation est considérablement atténuée, peu régulière et incomplète. Les étages supérieurs manquent, comme on l'observe aux extrêmes limites des rivages jurassiques.

Néanmoins, ces dépôts sont parfaitement discernables, et la faune qui les caractérise, quoique moins nombreuse et moins nette dans ses formes, ne diffère pas sensiblement de celle que présentent l'oolithe inférieure et l'oolithe moyenne dans les arrondissements de Brive, d'Angoulême et de Confolens.

Les autres étages jurassiques ne s'observent ni dans le Limousin, ni dans la zone de ceinture qui l'entoure à l'Ouest et au Nord. Nous nous abstiendrons donc d'en parler. Notons toutefois qu'ils accompagnent ou surmontent l'oolithe sur une grande étendue dans le département de la Charente, depuis Angoulême et Montbron jusqu'aux rivages de l'Atlantique. (Voir la *Géologie de la Charente*, par H. Coquand.)

C. — Crétacé.

Le crétacé ne se montre dans aucun des départements dont nous étudions la constitution géologique. Il n'offre donc qu'un médiocre intérêt pour nous. Cependant, de même que le jurassique, il occupe une place parmi les terrains d'origine secondaire qui circonscrivent le massif central. A ce titre, il nous a paru utile d'en faire connaître tout au moins la situation.

On ne trouve aucune trace de cette formation à l'Est, au Nord et à l'Ouest. Mais elle devient extrêmement puissante au Sud-Ouest, entre Cognac et Angoulême d'une part, et Gourdon et Fumel d'autre part. Ce banc considérable passe par Barbezieux, Périgueux et Sarlat. Il atteint sa plus grande largeur entre Terrasson et Bergerac, dont il occupe partiellement le territoire.

La presque totalité des terrains crétacés de ces régions appartiennent au sénonien. Sur la lisière qui s'étend d'Angoulême à Cognac, par Châteauneuf, apparaissent successivement le cénamonien et le turonien, au-delà desquels on retrouve le jurassique supérieur déjà mentionné (1).

Propriétés agricoles des terrains secondaires.

Les sols calcaires sont réputés les plus productifs au point de vue cultural. C'est en effet dans les régions où la chaux domine que les plantes acquièrent le plus de vigueur; c'est dans les terrains calcaires que se développent les essences les plus parfaites, les bois les plus estimés, les céréales les plus appréciées, les prairies les plus riches, les arbrisseaux les plus utiles, les plantes les plus propices à la nourriture de l'homme et des animaux, et à

(1) La formation crétacée, dans cette contrée commune à la Charente et à la Dordogne, a été l'objet d'études approfondies de la part de MM Coquand, *Traité de Géologie* et Arnaud, *Bulletin de la Société géographique de France*, années 1879 à 1889, et *Actes de la Société linnéenne de Bordeaux*, années 1877 à 1883. Le lecteur désireux de connaître plus amplement ces terrains pourra consulter avec fruit ces éminents géologues.

l'alimentation de nos industries agricoles. Cela se comprend sans effort; les sols calcaires, en raison de leur perméabilité, permettent à l'air de circuler dans les pores de la terre, d'agir sur la matière qu'il décompose, et de faciliter l'assimilation par les plantes des produits devenus libres. Cette perméabilité favorise la pénétration des rayons calorifiques; le sol emmagasine la chaleur, la retient à l'état latent et en dispose lorsque s'accomplissent les différents actes de la vie végétale. Cette propriété des terres est également mise à profit par l'élément aqueux, tout aussi indispensable que l'air et la chaleur; il s'introduit à son tour dans le sol, l'imprègne de l'humidité nécessaire aux actions chimiques et concourt avec les autres éléments au but final : à la production et à l'accroissement des plantes utiles à l'homme.

C'est donc avec raison qu'on attribue aux sols calcaires des propriétés éminemment favorables à la végétation que ne possèdent pas les sols exclusivement siliceux, soit que ceux-ci manquent de perméabilité et pèchent par excès d'humidité, soit qu'ils ne renferment pas en proportion suffisante l'élément calcaire, dont les végétaux ont un besoin absolu. Mais il ne faudrait pas exalter plus que de raison les qualités des terrains à base de chaux, car ils sont souvent d'une perméabilité excessive qui leur nuit plutôt qu'elle ne leur est utile. Lorsqu'ils sont profonds et qu'aucune couche argileuse ne vient s'interposer entre leurs strates, l'eau passe à travers comme dans un filtre et se perd à des niveaux infructueux. L'excès d'une propriété de premier ordre a pour résultat, dans ce cas, d'amener la stérilité, là où il semblerait que la fécondité dût régner.

C'est le propre des terrains jurassiques et crétacés dépourvus d'argiles ou de marnes, comme en voit sur de grandes étendues dans la région des Causses, où la végétation s'arrête chétive et clairsemée, faute d'eau.

Mais dans les vallées dont les alluvions sont formées de graviers, de sables et de limon que les rivières ont empruntés aux terrains anciens en les traversant, lorsque la silice se joint au calcaire, c'est alors que le sol acquiert son plus haut degré de fertilité. La vallée de la Corrèze, dans l'arrondissement de Brive, les superbes vallées de la Dordogne, de l'Isle et de la Dronne, dans le Périgord, où ces conditions sont remplies, se font remarquer par leur surprenante fécondité. Tout y vient à souhait : la vigne, les arbres à fruits, les plantes herbacées, les plantes maraîchères, les plantes industrielles, le sorgho, la betterave, le tabac, etc., etc.

Usages. — Toutes les roches des terrains secondaires ont leur utilité. L'infralias fournit des grès assez résistants pour être employés comme moellons et même comme pavés. Le lias inférieur procure des grès castiniers, dont l'emploi est fréquent dans quelques hauts fourneaux pour la fusion des minerais. On retire du lias moyen et supérieur des marnes pour l'amendement des terres, et des calcaires pour ciment et chaux hydraulique. Les produits de l'oolithe inférieure servent aux mêmes usages et, en plus, sont employés dans la construction comme pierre à bâtir. Les calcaires de la grande oolithe sont recherchés comme pierres de taille, comme pavés, et fournissent une chaux grasse très fréquemment en usage dans l'agriculture. Dans l'oxfordien on puise des pierres propres au carrelage, à la taille et à l'empierrement des routes. Du corallien on retire des blocs à tailler très estimés et du calcaire donnant après calcination une chaux grasse recherchée comme engrais. De l'oolithe supérieure on extrait des calcaires lithographiques, de la chaux hydraulique, des moellons et de la pierre à paver. L'étage supérieur du jurassique, plus varié dans sa composition, fournit des argiles pour tuiles, des sables pour mortier, des moellons, des pavés et du gypse. Le crétacé, enfin, donne au briquetier et au foulonnier ses argiles ; au maçon ses pierres de taille, ses moellons et ses sables ; au mouleur une autre variété de sables, au chaufournier ses pierres à chaux et au cantonnier ses silex.

CHAPITRE XI

TERRAINS TERTIAIRES.

Si les terrains de l'époque secondaire sont rares en Limousin, ceux de l'époque tertiaire ne sont guère plus fréquents.

Ils abondent cependant sur les confins ouest de la Creuse et de la Haute-Vienne, et se montrent aussi, mais plus dispersés et beaucoup moins profonds, à l'intérieur, jusqu'aux altitudes de 380 et 400 mètres. La situation relativement élevée de ces derniers permet de supposer que, pendant la période tertiaire, les mers s'avançaient davantage sur les terres qu'aux temps jurassiques.

Toutefois, on peut admettre que ces terrains ont été déplacés par des soulèvements du sol primitif et détachés de la portion principale par la même cause qui les a poussés à des niveaux supérieurs, rompant la continuité des plages jusqu'alors uniformément horizontales. Ces deux hypothèses sont également admissibles. La dernière est au moins vraisemblable en ce qui concerne les dépôts situés au-delà des rivages tertiaires.

Quoi qu'il en soit, on peut affirmer qu'autrefois tous les bas plateaux des régions ouest limousines en étaient recouvertes. De nos jours, on n'en retrouve plus que des lambeaux, fermement assis il est vrai, mais susceptibles encore de remaniements, que l'action combinée du temps et des causes externes leur feront fatalement subir.

Depuis leur formation, en effet, ces terrains tout de surface ont été disloqués par les mouvements du sol, rejetés sur les pentes, désagrégés par les froids intenses et les chaleurs excessives, délayés par les eaux et finalement entraînés au fond des vallées, où leurs matériaux se confondent à ceux du diluvium et des alluvions récentes.

Cette dispersion des matériaux d'un terrain n'a rien d'étonnant, si l'on considère la multiplicité des causes qui ont concouru à la produire, le peu de cohésion des éléments, le manque de résistance des couches, leur faible épaisseur et leur situation inclinée sur le flanc des aspérités nouvellement soulevées et facilement attaquables.

Quoique morcelé et peu puissant, le système tertiaire n'en existe pas moins et peut être étudié à ses différents niveaux dans la région centrale. Mais ces niveaux sont inégalement distribués. L'inférieur, correspondant à l'éocène, le plus répandu, s'observe dans la Haute-Vienne et sur la lisière sud et ouest. Le moyen, miocène, n'apparaît qu'au nord de la Creuse. Le supérieur, pliocène, se montre en abondance à proximité de la Creuse et de la Haute-Vienne, dans la Vienne, l'Indre, le Cher et l'Allier, le Puy-de-Dôme et le Cantal.

Examinons ces différents étages dans chacune des contrées qui les présentent.

A. — Eocène.

Remarquons d'abord que ce terrain n'existe pas dans la Corrèze, ou si peu qu'il n'y a aucun intérêt à s'en occuper. Sa présence du reste n'a pas été constatée sur le territoire même de ce département, mais seulement sur quelques points limitrophes des environs de Terrasson et d'Excideuil (Dordogne).

Notons aussi qu'il n'y en a pas la moindre trace dans la Creuse. Donc, tout ce qui sera dit sur l'éocène dans ce chapitre ne s'appliquera qu'à la Haute-Vienne et aux zones frontières des départements de l'Ouest et du Sud-Ouest.

Ajoutons enfin que l'étage inférieur du tertiaire est représenté par deux sortes de terrains, correspondant l'un à l'éocène supérieur, l'autre à l'oligocène.

1° *Éocène supérieur.* — En général, cette formation est réduite à deux ou trois couches de faible épaisseur, d'où la marne et le calcaire sont exclus. De plus, elle est totalement dépourvue de fossiles, de sorte qu'on serait vraiment embarrassé de se prononcer sur son origine lacustre ou marine, si la diversité des couches qu'on observe dans les dépôts similaires beaucoup plus complets de la Dordogne et de la Charente, et la nature des débris paléontologiques qu'on y rencontre, ne donnaient la certitude que ce terrain doit son existence au séjour dans nos contrées d'une mer salée.

Les dépôts éocènes sont situés sur les plateaux encadrant les vallées de la Vienne et de la Gartempe. Partout où le sol est peu accidenté on est assuré d'en rencontrer des lambeaux, à la condition toutefois qu'on ne dépasse pas la limite de leurs gisements, qu'on ne retrouve plus à une altitude de 400 mètres.

Les points extrêmes qu'ils occupent dans l'intérieur de la Haute-Vienne sont : au Nord, Morterolles, à peu de distance de la Gartempe, 330 mètres d'altitude, et Beaune sur l'Aurence, à 350 mètres d'élévation ; au Sud, les Trois-Cerisiers, sur la route de Châlus à Nontron ; à l'Est, La Beylie, Dury, près de Magnac-Bourg et Meuzac (380-395 mètres). A part ces derniers, qui se trouvent isolés dans le Sud-Est, ces dépôts sont situés dans l'Ouest sur le trajet d'une ligne fictive qui s'étendrait du Nord au Sud par ou près Limoges.

Les points précis où on les observe sont : au Nord et au Nord-Ouest, Bonneuil, Lussac-les-Eglises, Azat-le-Riz, Saint-Remy, Defaur, Bussière-Poitevine, Sougère, sur la frontière ou à proximité, Beaune, Grossereix, La Bastide-Limoges ; à l'Ouest, Chaillac, Beaugé, La Malaise, Le Loubier, la Barre, La Grange-du-Breuil, Grand et Petit Pagnac, Verneuil, Puy-de-Mont, Mas-des-Landes, Isle, Texonnièras, Landouge ; au Sud-Ouest, Fargeas, Saint-Bazile, Champagnac ; à l'Est, La Beylie, Dury et Meuzac.

Les dépôts frontières du Nord-Ouest servent de couverture au jurassique et se confondent, au-delà des limites départementales, avec des dépôts analogues. Ceux de l'intérieur reposent directement sur les schistes cristallins ou le granit.

Le plus puissant de ces dépôts est sans contredit celui de Bellac, dont l'étendue est circonscrite par cette localité et le village de Lairaud situé au sud des bois de Rancon ; sa largeur est de 2,800 mètres en moyenne. Celui de Mézières a aussi son importance, car il se développe dans la direction de Bellac, qu'il atteint presque, sur une longueur de huit kilomètres; mais il est moins régulier et plus profond, notamment aux environs de Saint-Barbant. Citons enfin la longue et étroite bande de tertiaire qui de Pagnac gagne Beauge, distants l'un de l'autre de treize kilomètres. Les autres dépôts n'ont qu'une minime importance et une faible épaisseur.

D'une manière générale, l'éocène dans la Haute-Vienne est ainsi constitué : à la partie inférieure existe un lit mince de sable fin, jaunâtre, très homogène auquel sont mêlés des fragments de quartz semblables à ceux de l'argile. Celle-ci se superpose à la couche précédente et manque rarement. Elle n'est jamais bien pure ; le plus souvent elle contient des matières sableuses et du quartz blanc, de volume variable. Cette argile est blonde, jaune rougeâtre ou brune, fusible, ou réfractaire et plastique. L'épaisseur de sa couche, réduite à quelques centimètres dans les dépôts de second ordre, atteint quelquefois un mètre et plus.

Au dessus de l'argile s'étagent plusieurs couches de sables d'autant plus fins et réguliers qu'on les examine plus profondément.

A la surface ces sables sont associés à la terre végétale, à des graviers ou à des cailloux, parmi lesquels on reconnaît sur quelques points des quartzites divers, des opales communes, des arkoses et débris de roches indigènes (La Bastide, Pagnac, Bellac). Plus bas, lorsque la couche offre une certaine puissance, les sables se tassent, deviennent grésiformes, sans toutefois acquérir une grande cohésion, et présentent des zones ferrugineuses non constantes. L'ensemble de ces couches ne dépasse guère six mètres d'épaisseur.

La formation de Puy-de-Mont est à peu près la même que celle de Pagnac, sur laquelle Alluaud s'est basé pour établir la succession des différentes couches que nous venons d'énumérer ; mais à Puy-de-Mont l'éocène acquiert une puissance exceptionnelle. Au-dessous de la terre végétale qui n'a pas plus de 25 à 30 centimètres d'épaisseur, on trouve une couche de terre argileuse et graveleuse d'un brun rougeâtre, parcourue par des veines de quartz fragmentaire et parsemée de poches amygdalaires, souvent très allongées, d'argile grise.

A cette couche en succède une deuxième de nature semblable, plus profonde néanmoins, plus fine, moins foncée en couleur et moins sableuse. Puis vient une couche très mince de sable grossier et ferrugineux, au sein de laquelle on rencontre des plaques et des rognons pleins ou creux de limonite brune impure. Celle-ci est fréquemment interrompue et déviée de sa direction normale. Elle repose invariablement sur un lit étroit de cailloux à peine roulés.

Plus bas se montre une couche, puissante de quatre à six mètres, d'argile réfractaire, bariolée gris-bleu et rouge, dont on se sert dans l'industrie de la porcelaine pour assujettir les gazettes les unes sur les autres. Plus bas encore, une couche ondulée, à niveau variable et assez épaisse de sable fin, sec ou argileux, au-dessous de laquelle la sonde ne rencontre plus que des cailloux et de l'eau, termine cette série tertiaire qui atteint parfois une profondeur de quinze mètres.

Telle est la succession normale des couches de l'éocène dans les dépôts un peu importants. Mais il n'en est pas toujours ainsi. Très souvent l'argile se montre à fleur de terre sous un faible lit de graviers, ou même immédiatement au-dessous de la couche arable qui est alors sableuse et caillouteuse. C'est le cas de la plupart des dépôts de l'intérieur. Quelquefois l'argile manque complétement, comme à La Bastide ; d'autre fois c'est le sable ou la limonite qui fait défaut. Dans les dépôts plus profonds de l'extrême Ouest, aux couches inférieures s'ajoute un conglomérat argileux et grésiforme de sable et de cailloux. Enfin, dans quelques cas, très rares en Limousin, mais assez fréquents dans la Charente, la zone moyenne est constituée par un conglomérat d'argile ocreuse rouge et de très petits cailloux de quartz gris ou blanc, peu nombreux. Roumazière (Charente) offre des spécimens très intéressants de ce genre de conglomérats.

Dans ces dépôts les zones sont généralement horizontales. Mais il arrive fréquemment qu'elles sont interrompues, inclinées et parfois entièrement disloquées. Ce manque d'uniformité de direction s'explique facilement : il résulte d'un soulèvement sensible du sol sous-jacent à une époque postérieure à l'ère éocène.

En résumé, l'éocène, aux abords du Plateau Central, est uniquement représenté par de l'argile, des sables azoïques et des cailloux qu'il convient de subordonner à l'étage supérieur de ce système.

2° *Oligocène.* — Il est extrêmement difficile de discerner parmi les matériaux qui recouvrent l'éocène, ceux qui lui appartiennent en propre de ceux qui doivent être rattachés à la période oligocène. Lorsqu'il s'agit de faire la part qui revient à l'une ou l'autre de ces périodes les points de repaire manquent et la confusion règne.

Il est infiniment probable cependant que la contrée fréquentée autrefois par la mer éocène a dû être submergée par les eaux de la première phase oligocène ou de l'époque lacustre ; mais les indices qui pourraient fournir une certitude à cet égard sont rares et peu sûrs, surtout en ce qui concerne la deuxième phase de ce système. Quant à la première phase, il semble qu'elle soit suffisamment caractérisée dans les dépôts qui paraissent avoir cette origine pour qu'on soit autorisé à en admettre l'existence.

Quelle que soit la phase à laquelle ils appartiennent, les dépôts oligocènes du Limousin sont dépourvus de coquilles et de végétaux fossiles, et extrêmement limités en étendue de même qu'en profondeur.

Les uns proviennent vraisemblablement de l'époque des grands lacs. Ils consistent : 1° en graviers formés sur place aux dépends des roches voisines, ainsi qu'en témoignent la nature de leurs éléments et leur aspect demi-fruste ; 2° en cailloux à peine roulés ; 3° en galets étrangers à la contrée.

Les autres paraissent être le résultat d'actions thermales, car au lieu de s'étendre en surface comme les précédents, ils remplissent, à la manière des filons, des failles ou des crevasses dans les roches primitives, et les matériaux qui les composent sont d'un type différent.

Les premiers ne constituent pas de couches régulières. Leurs éléments sont plutôt disséminés sur le sol ou bien se confondent avec ceux de la première couche de l'éocène. En effet, on les trouve mêlés avec les cailloux de cette formation à Bellac, à La Bastide, à Pagnac, où, semblables aux blocs erratiques, ils gisent épars à la surface, sur des points souvent très éloignés des dépôts sédimentaires. Tels sont les arkoses, les opales, les quartzites dont nous avons mentionné l'existence dans l'éocène avec la pensée bien arrêtée de les rattacher à l'oligocène.

Ces galets sont analogues à ceux qu'on rencontre dans la Creuse et le Puy-de-Dôme, sur les plateaux riverains du Cher et de ses affluents, et paraissent avoir été transportés dans le Limousin par des cours d'eau venant du Nord et de l'Est. A ce propos nous ferons remarquer qu'il est possible, vraisemblable même, que l'un de ces cours d'eau en s'évasant en une sorte de lac ait été le point d'origine des dépôts de sable et d'argile réfractaire que nous avons signalé aux environs de Magnac-Bourg et de Meuzac, hypothèse que semble justifier le niveau élevé de ces dépôts et leur éloignement des autres dépôts tertiaires.

Si les galets, par leur nature et la forme qu'ils ont acquise, témoignent en faveur de la présence de rivières ou de fleuves sur le territoire limousin, les graviers et les cailloux incomplètement roulés attestent suffisamment, pensons-nous, l'existence simultanée d'une mer et d'un lac auxquels ces fleuves payaient leur tribut.

Une des phases de la période oligocène, en raison de ces faits, se dégage de l'hypothèse, devient moins problématique et n'attend plus pour recevoir une démonstration rigoureuse qu'un complément d'étude que nous nous efforcerons de fournir ultérieurement.

En attendant, rangeons dans cette phase les molasses ou conglomérats signalés par Manès qu'on rencontre en abondance au Sud-Ouest de Bussière-Poitevine, à Mézières, à Chaillac, à Bellac, à Azat-le-Riz, à Moutiers et à Lussac-les-Eglises. Ces conglomérats sont formés par des sables quartzeux et feldspathiques et par des cailloux de dimension variable, liés ensemble au moyen d'un ciment argilo-siliceux peu tenace.

Ils constituent des couches horizontales assez puissantes sur la frontière, plus minces à l'intérieur, au-dessous desquelles on trouve le plus souvent une argile sableuse feldspathique ou kaolinique.

Près de l'Expardelière, ce grès à gros éléments passe au psammite argileux, bigarré de jaune et de rouge, lequel se montre aussi aux environs de Mézières, de La Roussellerie et de Moulembert.

Entre Azat-le-Riz et Moutiers, des grès semblables s'observent en contact avec d'autres grès à ciment siliceux, liés à la formation des arkoses.

L'autre phase oligocène est plus probante. Elle est représentée par les dépôts des Bertranges et de Morterolles, dont il est question plus haut.

Le premier de ces dépôts occupe une crevasse ouverte dans le leptynite à une altitude de 420 mètres, parallèlement à un filon éruptif de nature pétro-siliceuse qui fait saillie de deux à trois mètres au-dessus du niveau du sol. Il consiste en un conglomérat de silex argileux brun et de marne grisâtre ou gris jaunâtre. Aucun fossile n'a été relevé dans ce conglomérat ; par contre on y observe de nombreuses concrétions de calcédoine et quelques rares cristaux d'urane phosphaté cuprifère.

Le second dépôt gît également dans une entaille du sol primitif. On le remarque auprès de Morterolles, canton de Bessines, enclavé dans le granit granulitique. Ici, comme aux Bertranges, la silice joue le rôle principal, mais sous des états un peu différents. Le conglomérat de Morterolles ne contient ni silex ni marne. Il est constitué par du quartz amorphe ou concrétionné, des graviers roulés du même minéral, des jaspes quartzeux diversement colorés, de la calcédoine rubanée, et enfin, par une argile siliceuse durcie qui cimente le tout. La fluorine cristallisée ou simplement granulaire abonde dans le ciment et y forme, conjointement avec la calcédoine, des veines entrelacées innombrables. Une coupe verticale pratiquée dans cet amas essentiellement siliceux met en relief la disposition zonaire ou rubanée qu'affectent les jaspes et la calcédoine ; celle-ci et le quartz à l'état cristallin tapissent une foule de géodes aménagées dans l'intérieur du conglomérat.

L'origine thermale de ce dépôt, dont la profondeur ne peut être appréciée, mais qui s'accuse sur une épaisseur de six mètres au moins, ne paraît faire aucun doute. La présence de la calcédoine, et mieux, d'un minéral fluoré parmi les matériaux de constitution le démontre surabondamment, ce nous semble.

A cette formation se lient probablement un dépôt de jaspes zonaires, calcédonieux, qu'on remarque dans une sorte de dépression creusée, à même les schistes cristallins, sur la droite de la route de Lavaufranche à Boussac (Creuse); quelques filons de quartz; le petit filon de résinite verte qui a été mis à découvert à Limoges lors du percement du tunnel des Charentes, le seul qui soit connu dans le département; et peut-être aussi quelques filons métallifères, entre autres celui d'antimoine sulfuré qui accompagne sur le même point le filon précédent. Mais n'insistons pas, l'âge de ces formations n'étant pas encore bien déterminé.

3° *Oligocène sidérolithique.* — Ce type de tertiaire, que M. de Lapparent a si bien mis en lumière dans son *Traité de géologie,* ne ressort pas d'une manière très évidente en Limousin. Mais s'il est douteux qu'il existe dans cette province, il n'en est plus de même dans les départements circonvoisins du Nord, de l'Ouest et du Sud.

C'est à lui qu'il faut rapporter les amas de sables grossiers et d'argiles rutilantes qu'on trouve au-dessus des calcaires jurassiques dans les Causses du Lot, de la Corrèze, de la Dordogne et de la Charente. C'est à lui aussi qu'il convient de rattacher les importants dépôts de sables, d'argiles et de fer qu'on observe dans les vallées de l'Allier, du Cher, de l'Indre, de la Creuse et de la Charente.

Tous ces dépôts se relient entre eux et entourent le Plateau Central d'une zone presque continue.

La limonite plus ou moins manganésifère et le manganèse oxydé s'isolent en grains, en rognons ou en petites masses tuberculiformes. Ces minerais sont généralement dispersés soit à la surface du sol, soit dans les couches superficielles. Exceptionnellement, ils forment des dépôts considérables. Le plus important gît dans la commune de Chaillac, près du village de Choignet (Indre). Le manganèse oxydé barytifère (psilomélane) est plus particulièrement abondant dans la Dordogne, aux environs d'Excideuil, de Saint-Jean-de-Cole, de Saint-Pardoux-la-Rivière et de Nontron. On le rencontre aussi à Ambernac et auprès du Moulin du Cluzeau, sur la rive droite de la Charente, dans le département de ce nom.

Enfin cette formation comprend des argiles silicatées, durcies (argilolites), qui se présentent avec des teintes variées de rouge et de vert (nontronite), et sous la forme sphéroïdale ou ovalaire, des arkoses et des conglomérats siliceux analogues à ceux de Morterolles.

B. — Miocène.

Le seul lambeau de miocène que présente le Limousin est situé au nord du département de la Creuse sur la Voueise, affluent du Cher. Il occupe un plateau à peu près circulaire, de douze à quinze kilomètres de diamètre, dont le centre est à 378 mètres d'altitude, et dont les bords plus élevés circonscrivent l'emplacement d'un ancien lac qui a dû rompre ses digues au point où la Voueise coupe la colline de Puy-Haut et à l'endroit où le ruisseau d'écoulement de l'étang des Landes a creusé son lit. Cet étang, le plus considérable du centre de la France, qu'on n'est pas parvenu à dessécher et dont les bas-fonds sont à un niveau inférieur au canal d'épuisement, fournit la preuve irrécusable du long séjour des eaux dans ce bassin.

La contrée s'y prête du reste merveilleusement en raison de sa configuration ; et ce n'est pas seulement pendant l'époque tertiaire que les eaux y ont stationné, c'est aussi pendant la période carbonifère, ainsi qu'en témoigne la nature anthraciteuse du sol sur lequel le dépôt repose.

Ce dépôt est donc d'origine lacustre. Ce point établi, voyons à quelle phase il convient de le rattacher. Sur leur carte, MM. Carez et Vasseur lui assignent un niveau correspondant aux sables de Fontainebleau (tongrien supérieur). De son côté, M. de Lapparent le range dans l'oligocène avec les terrains de même nature des régions voisines. Il est bien certain que la partie la plus rapprochée du sol de ce dépôt, dans lequel on observe quelques spécimens fossiles appartenant aux types Ostrea, Unio, etc., date du miocène ; mais il semble que les argiles et les sables gypsifères des couches inférieures, ainsi que le calcaire de la base, sont plus anciens et qu'on peut les rattacher à l'oligocène.

Quoi qu'il en soit, le tertiaire de la Creuse est d'une remarquable uniformité. Aux environs de Gouzon, qui est placé vers le milieu du bassin, le dépôt accuse une profondeur de vingt-cinq mètres au moins ; sur les bords l'épaisseur est considérablement réduite et ne mesure plus que quatre à cinq mètres.

A la base, existe un banc de calcaire qui n'a pas été entamé et qui paraît reposer sur le carbonifère, très abondant dans cette région. Au-dessus on rencontre des veines d'argile pure et de marne alternant entre elles. Plus haut apparaissent successivement : un banc de sable avec débris de grès, de calcaire siliceux et de lignite, une couche d'argile colorée par des oxydes de fer et

CARTE GÉOLOGIQUE
DU
LIMOVSIN

TERRAIN SECONDAIRE
CRÉTACE

TERRAIN TERTIAIRE
e Eocène
m. Miocène
p. Pliocène

Echelle métrique

de manganèse avec gypse lenticulaire, une autre couche de chaux sulfatée mêlée à l'argile, d'une épaisseur de 1^m 30, un lit de gypse d'une puissance de deux mètres, enfin des argiles pures ou sableuses contenant du fer hydro-oxydé. Une épaisse couche de sables et de graviers couronne le tout.

Le gypse n'a pas été rencontré sur tous les points explorés, ce qui démontre que cette matière se présente en amas plutôt qu'en couches continues. Elle existe en assez grande quantité aux environs de Gouzon et près de l'étang des Landes, mais elle n'est pas assez pure pour être exploitée avec avantage.

La marne a été signalée à Trois Fonds, à Saint-Chabrais, à La Feuillade, au Theil, à Balleyte, dans les communes de Banchereau, de Parsac, de Lépaud et de Bord.

On a cherché à en tirer parti dans l'amendement des terres; mais outre qu'on ne la trouve qu'en couches très minces, elle est trop pauvre en calcaire pour être employée à cet usage. Sur un seul point, à La Feuillade, commune de Gouzon, elle a fourni à l'analyse de 35 à 85 °/₀ de chaux carbonatée; partout ailleurs sa teneur en calcaire est inférieure à 20 °/₀ (Mallard).

Le tongrien change d'aspect au nord-ouest de Montluçon. La couche calcaire est plus puissante et plus superficielle, la marne est moins rare et les sables de couronnement sont moins épais. Il en est de même dans la vallée de l'Allier où cette formation est beaucoup plus fréquente. On peut la suivre depuis Saint-Pourçain et La Palisse, jusqu'à Brioude, par Gannat, Riom, Thiers, Clermont et Issoire. Plus au Sud, on en retrouve quelques lambeaux auprès d'Aurillac.

Dans ces régions extra-limousines, la marne qui surmonte le calcaire est très riche en fossiles des deux règnes. On y rencontre, d'après M. de Lapparent, les espèces suivantes : *Protopithecus antiquus, Mastodon angustidens, M. tapiroïdes, Anphicyon major, Rhinoceros sansaniensis, Chœrotherium Nouleti, Dicroccrus elegans, Anchiterium aurelianense,* associés à *Limnæa Laurillardi, Planorbis Goussardi, Helix sansaniensis, Clausilia maxima,* etc.

A Gergovie se présentent, entre deux nappes de basalte, le calcaire marneux et les sables fluviatiles à *Meliana aquitanica* avec *Melanopsis, Unio* et *Cyrena.*

Au Puy-Courny, près d'Aurillac, des graviers quartzeux et des argiles à *Dinotherium giganteum, Hipparion gracile, Machairodus cultridens,* reposent sur une nappe basaltique qui elle-même recouvre les marnes lacustres à *Potomides Lamarcki.* (De Lapparent.)

11

Au Nord-Ouest, quelques bandes étroites de miocène courent, parallèlement au pliocène, entre la Vienne et le Clain, depuis Château-Gervais jusqu'à Poitiers et Châtellerault.

Les contrées circonvoisines du Sud et de l'Ouest ne présentent aucune trace de terrain se rapportant à cette phase de l'époque tertiaire.

3° *Pliocène.* — Le Limousin n'a gardé aucune trace de la période pliocène. Il faut traverser la ligne frontière et gagner les départements de la Vienne et de l'Indre d'une part, ceux du Puy-de-Dôme et du Cantal d'autre part, pour constater la présence de dépôts se rapportant à cette formation.

Dans la direction Nord-Ouest, ces dépôts couvrent, au-dessus de l'éocène qui se montre lui-même par place, toute la région comprise entre Civray, Montmorillon et Argenton.

Ceux qu'on rencontre à l'Est, quoique moins puissants, moins nombreux et moins liés que les précédents, offrent néanmoins un très grand intérêt. Ils affleurent au sud de Saint-Pourçain et à l'ouest de La Palisse, dans la vallée de l'Allier, à l'ouest de Thiers, entre la Dore et l'Allier, et sur plusieurs autres points du Cantal.

Les Cinérites du Cantal — dit M. de Lapparent dans son *Traité de Géologie*, p. 1222 — par les empreintes découvertes à 960 mètres d'altitude, au Pas-de-la-Mongudo, près de Vic-sur-Cère et à Saint-Vincent (925 mètres), dans la vallée du Falgoux, ont permis de reconstituer la flore de cette période. On y rencontre le hêtre, *Fagus sylvatica pliocenica,* avec *Oreodaphne Heeri, Acer integrilobum, Quercus robur pliocenica, Sassafras Ferretianum, Tilia expensa,* le bambou de Meximieux et *Acer polymorphum.* C'est à une époque peut-être un peu plus récente qu'appartient la flore des marnes à tripoli de Ceyssac et les tufs ponceux de Varennes, près Murols, et de la Bourboule, où à côté du charme, de l'érable asiatique et crétois on trouve de nombreuses variétés de chênes, dont quelques-unes asiatiques, des trembles et des noyers. M. Julien a récemment étudié, sous le basalte de Cezallier, à Boutaresse, un gisement fossilifère dans des grès avec lignites, où l'on remarque *Fagus sylvatica pliocenica.*

La localité de Perrier, près d'Issoire, est célèbre par plusieurs couches de graviers ossifères dont les unes, subordonnées au pliocène moyen, contiennent *Mastodon arvernensis, M. Borsoni, Rhinoceros elatus, Marchairodus, Tapirus arvernensis, Antilope antiqua,* et les autres, appartenant au pliocène supérieur, renferment l'hippopotame. Le pliocène de Perrier comprend à la base un conglomérat ponceux avec gros blocs de trachytes et de basalte, une épaisse couche de sable fin, des argiles schisteuses et pyriteuses avec poissons et débris de plantes, et enfin un poudingue de gros cailloux de quartz roulé, mêlé de fragments de basalte.

La partie supérieure des couches de Perrier et les gisements de Tormeil, de Malbattu, des Peyrolles, dans la vallée de l'Allier, ont fourni les *Elephas meridionalis, Rhinoceros leptorhinus, Hippopotamus major,* etc.

CHAPITRE XII

TERRAINS QUATERNAIRES. — DILUVIUM.

L'époque quaternaire n'a laissé que des traces bien faibles en Limousin. Seuls les produits les plus lourds du diluvium en établissent l'existence.

Les formations alluviales anciennes ont débuté vers la fin de l'ère tertiaire. A cette époque le thalweg des rivières actuelles commençait à se dessiner. Les cours d'eau, moins encaissés et plus larges, charriaient avec leurs propres graviers, les matériaux plus anciens des dépôts antérieurement constitués, entraînaient au loin le limon et les sables, et abandonnaient sur leur parcours les cailloux et les graviers pesants.

Ces matériaux du diluvium subsistent, non seulement sur les plateaux les moins élevés des régions Nord et Est, sur des points où nous présumons que des fleuves tertiaires ont passé, mais aussi sur le flanc des coteaux bordant les rivières de l'ère présente, où ils se mêlent aux quartz à peine émoussés d'alluvions plus récentes.

On en trouve des vestiges non douteux sur différents points de la Haute-Vienne et de la Creuse, entre autres sur le territoire des communes de Bellac, de Bussière-Poitevine, de Grossereix, de Limoges-Ouest, de Pagnac, d'Isle, de La Malaise, de Chaillac, sur toute l'étendue de la plaine de Gouzon et dans la basse Corrèze.

Ces vestiges consistent en matières quartzeuses, galets de quartzites, cailloux de quartz souvent tourmalifères, graviers anguleux ou roulés, débris de roches et exceptionnellement fragments de silex et de produits volcaniques : mélanges assez confus, où il est possible néanmoins de discerner parmi les matériaux d'origine très différente, ceux qui appartiennent en propre à la formation diluvienne.

Ces matériaux sont rarement agglomérés. On les rencontre épars çà et là sur le sol ou mêlés à la terre végétale. Ceux qui recouvrent les terrains tertiaires se confondent avec les éléments de leur couche superficielle ; ils sont moins dispersés et plus reconnaissables.

A ces matériaux que le diluvium a déposés sur les plateaux, et dont une partie a été entraînée sur les pentes et dans les vallées, il convient d'en ajouter d'autres de nature organique ou d'origine minérale. Ce sont d'abord quelques tourbières, bien pauvres il est vrai, bien maigres, peu profondes et sans valeur, reposant sur les sables de quelques bas-fonds et de quelques cours d'eau, aux endroits où les rives atteignent leur largeur maxima.

Puis des bois fossiles, silicifiés en général, enfouis dans les terres tourbeuses de la Tardoire ou dans les sables des environs de Cieux et de Pagnac. Non loin de l'étang de Cieux, des troncs entiers, d'une conservation parfaite, ont été découverts en 1856 par des explorateurs chargés de rechercher les gisements d'étain et d'or, qu'on présumait exister aux abords du massif stannifère de Blond.

Enfin du wolfram, de l'étain et de l'or que recèlent les alluvions des vallées de Cieux, de Monsac, de la Glaïeule et des autres petites rivières de cette contrée.

Ces alluvions sont recouvertes par une terre tourbeuse, et reposent sur le granit cristallin dont elles sont séparées par une couche mince d'argile. Réduites le plus souvent à une couche de faible épaisseur, elles acquièrent au centre de la vallée de la Glaïeule de trois à quatre mètres de profondeur et jusqu'à quatre kilomètres de largeur. La zone productive repose sur l'argile et n'a jamais plus d'un mètre de puissance.

Le diluvium a marqué son passage dans la Creuse par des dépôts identiques à ceux de la Haute-Vienne. On en trouve des vestiges dans la région des plateaux, notamment sur les confins des départe-ment de la Vienne, de l'Indre et du Cher, dans la plaine de Gouzon, à Soumans, à Parsac, etc.

Il s'est comporté de la même façon dans la Corrèze, au sud de Brive, sur les rives de la Dordogne, de la Vézère, de l'Auvézère, de la Corrèze et dans la région des causses. Mais là comme ailleurs ses matériaux sont dispersés ou peu apparents.

En somme, le Limousin porte des marques évidentes de quelques-uns des phénomènes accomplis pendant l'époque quaternaire ; mais il est placé en dehors de l'aire très vaste où se sont déposés les sédiments les mieux caractérisés et les plus favorables à la détermination des différentes phases de cette époque.

CHAPITRE XIII.

ÉPOQUE ACTUELLE.

Alluvions récentes, tufs, terre végétale, humus.

Depuis les temps diluviens, la surface du globe n'a cessé de se modifier. Chaque jour amène des changements nouveaux dans la configuration du relief : les montagnes s'affaissent, les vallées se comblent, des alluvions récentes s'ajoutent aux alluvions anciennes.

La désagrégation causée par les agents externes sape les massifs, les ébranle et les réduits en poussière. Simultanément, les actions chimiques favorisées par les eaux poursuivent la destruction de la matière déjà entamée et l'achèvent. Dès lors, les particules inorganiques sont assimilables ; la végétation s'en empare, les élabore et les transforme en produits organiques putrescibles ; d'où naît l'humus. Celui-ci se mêle aux tufs improductifs et leur communique des propriétés fertilisantes inépuisables.

Ailleurs, au fond des océans et des lacs, les matériaux solides charriés par les rivières et les fleuves se précipitent, se condensent sous l'effort de pressions de plus en plus accentuées, empâtent les débris de la faune et de la flore marines, et forment des couches, des zones, des étages de sables, d'argiles, de marnes et de calcaires qui plus tard, dans quelques centaines de siècles, exerceront la savante sagacité des géologues futurs.

Tel est l'ordre immuable dans lequel s'opère et se poursuit l'œuvre de transformation de l'écorce terrestre. Le Limousin, en raison de son organisation toute primitive et de sa situation élevée au-dessus des sédiments, est remarquablement placé pour favoriser les actions destructives de la première heure. La désagrégation, acte simple et préparatoire aux phénomènes de la décomposition définitive, s'effectue sur ses larges surfaces et prépare les matériaux destinés aux alluvions. Ces matériaux, entraînés pour la plupart à mesure de leur production, n'y séjournent qu'un temps très court ; aussi les dépôts qui en résultent y sont-ils rares, peu profonds et peu étendus.

Sur le trajet des cours d'eau, aux points où les vallées s'élargissent, quel que soit leur évasement qui n'est jamais bien considérable, on constate la présence de sables bruts, de graviers anguleux, de cailloux conservant encore les contours de leur forme originelle et des fragments aux bords tranchants de roches autochtones, sur lesquels s'étale une couche de terre très peu profonde en général, mais d'autant plus épaisse que la pente est plus douce et les rives plus élargies.

Sur les sommets, des graviers seuls se montrent. A peine sont-ils revêtus, aux endroits les moins exposés, d'un léger manteau d'humus et de sable.

Dans les régions peu accidentées le sol est moins dénudé. Le tuf prend la place des graviers et la couche arable acquiert plusieurs décimètres de puissance.

Dans les bas-fonds, des végétaux frappés de mort s'accumulent. La terre s'imprègne de leurs essences, se couvre de leurs débris et devient tourbeuse.

Çà et là, dans les lieux placés à l'abri des influences climatériques les plus directes, la roche s'altère de proche en proche, de la surface aux parties profondes et se réduit en tuf.

Dans les déclivités, les particules les plus atténuées se séparent des eaux de suintement qui les ont apportées et forment des dépôts argileux.

Les lieux d'élection de ces produits de la désagrégation des roches se rencontrent en tous points, là où les conditions sont données pour chacun d'eux de se constituer. Il serait donc superflu de faire l'inventaire de leurs gisements. On remarquera toutefois que les graviers se trouvent sur les sommets élevés et les flancs arides; que les tufs occupent de préférence les collines et les plateaux inclinés; que l'argile élit domicile dans des cuvettes à niveau variable et plus spécialement dans les parties déclives; que la tourbe ne se montre qu'aux endroits dépourvus de pente; enfin que la terre végétale et l'humus existent partout où la vie est possible.

Ainsi se désagrègent les massifs les plus solidement constitués, les roches les plus dures, les matériaux les plus denses; ainsi se sont formés les sédiments anciens, ainsi se forment les alluvions nouvelles, le limon et les dépôts récents: travail lent, régulier et continu qui se perpétue sans désemparer à travers les âges géologiques !

Ces considérations générales ne doivent pas nous faire perdre de vue que nous avons à mentionner les points principaux sur lesquels les dépôts alluviens se font remarquer. On les observe dans la Creuse, le long du Cher et de ses affluents depuis leurs sources; sur le trajet de la Tarde, près de son origine, jusqu'à Chambon;

sur la Vouise, à la hauteur de Champagnat, jusqu'à Peyrat-la-Nonière; sur la Creuse, entre Fournaux et Glénic. Dans la région des hauts plateaux, on en trouve quelques traces sur la Vienne, la Maude et le Taurion, à peu de distance de leurs sources.

Dans la Corrèze, ces dépôts sont plus nombreux et plus importants, mais on ne les rencontre que dans la région du Sud, à partir de Brive. Ils se montrent le long de la Dordogne et de l'un de ses affluents, la Soucigne, depuis Argentat et Forges; sur le parcours de la Corrèze, de la Loyre, du Clau, de la Vézère, de la Logne et de l'Elle, à partir de Cornil, et successivement pour les autres cours d'eau, de Saint-Solve, de Donzenac, de Juillac, d'Ayen et de Perpezac-le-Blanc; sur l'Auvézère et le Dalon, dans la partie de leur trajet qui touche au département de la Dordogne.

Dans la Haute-Vienne enfin, les sédiments de nouvelle formation apparaissent sur la Vienne, à Chabanais, où la vallée s'élargit brusquement, sur la Gartempe à sa sortie du Limousin et sur le cours de la plupart des rivières de l'Ouest et du Nord-Ouest, au-delà des frontières déparmentales.

Propriétés et usages des terrains tertiaires et quaternaires.

Les plateaux recouverts de terrain tertiaire sont généralement incultes ou peu productifs. Le sol exclusivement argileux ou siliceux est froid, humide, imperméable, et ne permet pas à la végétation de prendre un grand essor. Seuls les bruyères, l'ajonc, le genêt, quelques rares et rustiques graminées, des labiées, des synanthérées, un petit nombre de légumineuses et d'ombellifères peu fourragères, y viennent spontanément. Les arbres y sont rabougris et clairsemés.

Les alluvions anciennes et récentes, particulièrement fécondes et parfois très riches en principes absorbables, conviennent très bien aux prairies grasses, naturelles ou artificielles, au blé et à la plupart des espèces pivotantes.

La terre végétale des régions moyennes, suivant l'épaisseur de sa couche qui varie d'après l'altitude et l'inclinaison du sol presque toujours peu accentuée, est plus ou moins fertile. Les céréales et les plantes tuberculeuses s'y plaisent, ainsi du reste que certaines essences arborescentes, telles que le chêne, le hêtre, le châtaignier et le frêne. Des prairies aux herbes fines, aromatiques et savoureuses tapissent ces régions sur une superficie de près de cent mille hectares (1). Cette exubérance de végétation herbeuse

(1) Dans la Haute-Vienne.

est due à l'imperméabilité du sous-sol et aux innombrables sources qui jaillissent à chaque repli de terrain.

Sur les sommets, le sol est à peu près nu. La mince couche de terre graveleuse qui le recouvre directement donne asile à une flore sauvage et chétive, impropre dans la majorité des cas à tout rendement utile.

Les terres cultivables sont pauvres en calcaire ; c'est la raison de leur peu de fécondité. Pour les améliorer il suffit, l'humus ne faisant pas défaut, d'y introduire l'élément calcaire réduit par la calcination à l'état d'oxyde. Cet agent alcalino-terreux développe à un haut degré leurs propriétés fertilisantes, et ses effets se font sentir, non seulement sur les plantes auxquelles il communique une remarquable vigueur, mais aussi, conséquence heureuse, sur les animaux qui puisent dans l'alimentation, par les herbes et le foin, les principes de taille, de force et de précocité qu'on exige plus que jamais des moteurs animés et des sujets destinés à la consommation.

La chaux est donc très utile, indispensable même à l'amendement des terres siliceuses à l'excès de nos régions, et l'on s'étonne que son usage ne soit pas plus répandu.

Il serait injuste cependant, d'accuser les cultivateurs d'indifférence à l'égard du chaulage, car un certain nombre d'entre eux le mettent en pratique annuellement; mais, si l'on considère l'énorme étendue de territoire qui réclame cette opération, on conviendra que son application est par trop délaissée.

Aussi, à l'exemple des auteurs qui ont écrit sur le Limousin, MM. Texier-Olivier, Manès, Alluaud et Astaix, nous insisterons auprès des propriétaires terriens pour qu'ils fassent usage de la chaux. Ils peuvent être assurés à l'avance qu'ils retireront de grands profits de cette pratique, et les sacrifices qu'ils s'imposeront recevront une ample compensation dans le rendement considérablement augmenté de leurs récoltes.

Les calcaires et les marnes abondent sur les limites départementales du Sud, de l'Ouest et du Nord ; les marnes de Saint-Bazile et de Saint-Barbant sont plus rapprochées encore ; le calcaire de Sussac gît en pleine région granitique. Comme on le voit la matière fertilisante est à nos portes, dans notre enceinte même : la délaisser serait commettre une grosse erreur, sinon une faute.

Mais parmi les produits que les terrains de sédiment procurent à l'agriculteur soucieux de perfectionner son système de culture, il en est un qui surpasse les autres en effets utiles : nous voulons parler du phosphate calcaire. Si les roches à base de chaux carbonatée et les marnes où cette matière entre dans une forte proportion constituent d'excellents condiments pour les terres argileuses ou argilo-siliceuses, les phosphates, plus actifs en raison de l'acide phosphorique qu'ils contiennent, fournissent un engrais de premier ordre, dont la valeur ne saurait être méconnue de nos jours.

On n'ignore pas que dans le squelette des végétaux l'acide phosphorique entre pour 0,05 à 2 centièmes. Or les sols siliceux ou entièrement calcaires, surtout s'il ont été épuisés par des cultures mal comprises, n'en contiennent que des quantités infinitésimales, insuffisantes à la nutrition ; et encore faut-il que les racines aillent à la recherche des éléments qui en renferment et en trouvent pour que la plante vive. Cela prend un temps fort long pendant lequel le végétal ne profite pas ou profite si peu qu'il reste anémié et sans force.

Mais si on fournit à ce végétal le moyen de s'approprier sans effort l'acide phosphorique qui lui est nécessaire, on le voit se développer avec une rapidité et une vigueur surprenantes. Sous son influence les récoltes augmentent dans des proportions extraordinaires. Le rendement du blé, par exemple, passe de 7 à 8 quintaux métriques à l'hectare à 18 et 20 ; celui des betteraves atteint de 25 à 30.000 kilogrammes, au lieu de 8 à 10.000 ; il en est de même pour les autres produits agricoles, notamment pour les légumineuses et les crucifères.

Le phosphate de chaux est donc indispensable aux terres argileuses et siliceuses. Son emploi s'impose aux propriétaires qui veulent faire de l'agriculture raisonnée et à plus forte raison à ceux qui procèdent par cultures intensives.

Les phosphates ne manquent pas en France. Ils sont exploités dans la Meuse, les Ardennes, le Pas-de-Calais, le Lot, l'Aveyron, le Gard et le Vaucluse. On en trouve de grandes quantités, sous forme de sables, dans la Somme et le Pas-de-Calais. Dans la région centrale cette matière est rare. A l'exception des gisements, assez médiocres du reste, de Germiny (Cher) ; de Fins (Allier) et d'Argenton (Indre), où les phosphates calcaires se présentent sous la forme de nodules dans le liasien et le toarcien, à l'exception des filons de Montebras qui fournissent des phosphates d'alumine et de ceux de Chanteloube qui donnent de l'apatite, du fer et du manganèse phosphatés, il n'existe pour ainsi dire aucun dépôt qui soit susceptible d'être exploité en vue de l'agriculture.

Mais si notre province est pauvre en phosphates, le département du Lot en possède d'énormes quantités ; on peut le mettre à contribution sans risquer jamais d'épuiser ses gisements.

Dans le cas où l'agriculteur éprouverait des difficultés à se procurer des phosphates naturels, il aurait la ressource d'employer les superphosphates qu'on obtient en faisant agir l'acide sulfurique sur les apatites du Canada ou de l'Espagne que l'industrie livre à des prix très abordables; ou bien, il pourrait faire usage des résidus d'usines dans lesquelles cette matière existe, comme celle du Creuzot où l'on peut s'en procurer à très bon marché. Les superphosphates sont beaucoup plus actifs que les phosphates et plus prompts dans leurs effets. Toutes choses étant égales d'ailleurs, l'emploi des premiers est plus économique que celui des derniers.

Usages. — Tous les produits de sédiment trouvent leur application, les uns dans les industries diverses, les autres dans l'agriculture. Parmi ces derniers, citons le calcaire et la marne dont nous avons fait ressortir les propriétés, le gypse si avantageux dans la culture des légumineuses, la terre de bruyère si utile aux horticulteurs, enfin le sable, stérile par lui-même, mais avec lequel on obtient la division des sols compacts et leur perméabilité à l'air et à l'humus.

Les produits que l'industrie utilise sont : l'argile, le tuf, certains sables et quelques grès.

Argiles. — La grande majorité des argiles de provenance tertiaire sont situées immédiatement au-dessous de la couche végétale ou sous une faible couche de sable. Elle sont plastiques et contiennent, en quantité variable, du sable, des graviers, des cailloux et souvent du mica. Ces impuretés sont cause que leur emploi est limité à la fabrication d'objets simples où l'art n'a rien à faire et où la main d'œuvre, en raison du peu de valeur de la matière première, ne peut être compliquée. Les plus grossières, connues sous le nom de terre glaise, n'ont d'autre usage que celui qui consiste à retenir l'eau dans les bassins d'irrigation, ou à niveler l'aire des granges et de quelques habitations. D'autres servent à la confection des tuiles et des briques; elles alimentent les tuileries qu'on rencontre en grand nombre dans le Haut et le Bas-Limousin, dans la région Nord de la Creuse et dans les départements circonvoisins.

Les argiles réfractaires trouvent leur emploi dans la fabrication des gazettes destinées à cuire la porcelaine. Ces dernières sont moins mélangées de sable. On les extrait de Grossereix, de Landouge et de Puy-de-Mont, pour ne citer que les gisements les plus rapprochés de Limoges.

Les argiles retirées des couches inférieures sont plus pures que celles de la surface. De plus, elles possèdent un certain degré de fusibilité qui permet de les utiliser dans la fabrication des poteries communes. Telles sont les argiles de La Malaise et de Saint-Junien. Limoges, Rochechouart et Saint-Junien confectionnent avec ces argiles des vases et de la vaisselle d'assez bonne qualité, d'un usage courant.

L'argile ferrugineuse de Breuil-au-Fa, celle de Rilhac, l'argile micacée de Dury, près de Magnac-Bourg et de Meuzac, moins fusibles et plus grossières, ne peuvent être employées qu'à la fabrication des poteries de qualité inférieure.

Les argiles ocreuses de Saint-Yrieix, de Puy-les-Vignes et de Puy-Catelin, bien qu'elles contiennent une assez forte proportion d'oxyde de fer et qu'à ce titre elles soient susceptibles d'être utilisées, n'ont aucune destination.

Graviers, sables, cailloux. — Les sables, on le sait, entrent dans la composition du mortier et servent à l'entretien des places publiques, des cours et des allées des jardins. Mais en outre de cette destination, quelques sables réfractaires, quartzeux par conséquent, comme ceux de La Bastide et de Puy-de-Mont, sont employés à la confection du colombin et des rondeaux avec lesquels on lute les piles de gazettes dans les fours à porcelaine.

Les cailloux ont aussi leurs usages. Ils constituent un des meilleurs ballasts pour les voies ferrées et un solide macadam pour les routes. Très utiles dans les contrées qui ne possèdent pas de roches dures, ils deviennent précieux dans celles qui n'ont ni roches ni cailloux.

Les cailloux de petite dimension, ainsi que les graviers, s'ajoutent au ciment dans un but d'économie et pour lui donner de la solidité, et à l'asphalte des trottoirs, des écuries et des étables qu'il est indispensable de recouvrir d'aspérités résistantes, à la surface tout au moins, pour le préserver d'une usure prompte et le rendre moins glissant.

On construit avec des cailloux de volume égal et de couleurs variées des mosaïques d'un bel effet dont l'usage est très répandu au bord de la mer et dans quelques villes riveraines.

Tufs. — A défaut de sable on se sert de tufs. Les meilleurs sont extraits des coteaux moyens et proviennent de la désagrégation des granits. La seule condition à exiger de ces produits détritiques, c'est qu'ils soient secs et graveleux, sans quoi le mortier auquel ils sont incorporés n'aurait pas les propriétés adhésives nécessaires. Les tufs gras n'ont aucune valeur.

Grès, poudingues. — Le rôle de ces produits est très restreint.

Le maçon utilise ceux qui offrent une certaine consistance lorsqu'il n'a pas d'autres matériaux sous la main ; mais en général il ne les recherche pas.

Minerais. — Les minerais, qu'on trouve en abondance dans les départements de la Dordogne, de la Charente, de l'Indre et du Cher, alimentaient autrefois un grand nombre de forges. Le fer et l'acier obtenus avaient acquis un renom très mérité qu'ils devaient à la présence du manganèse. Nontron, pour la Dordogne, était le centre de cette industrie jadis prospère, maintenant déchue sans retour. Notons toutefois que l'important dépôt de Chaillac (Indre) fournit encore un minerai très estimé dont l'exploitation se poursuit activement.

CHAPITRE XIV

FILONS MÉTALLIFÈRES.

En traitant des quartz et des pegmatites, nous nous sommes attaché par dessus tout à les envisager au point de vue purement géologique. Nous n'avons donc mentionné que les filons les plus importants et nous avons négligé les plus faibles dont la description aurait surchargé inutilement ce travail.

Parmi ces derniers, il en est quelques-uns qui contiennent des minéraux divers, et à ce titre il convenait de les faire connaître, au moins dans ce qu'ils ont de plus remarquable. D'autres stériles, en raison de leur composition particulière, ne pouvaient prendre place à côté de roches, avec lesquelles ils n'avaient aucune analogie. Pour ces motifs, nous avons cru devoir les grouper en un chapitre spécial. De cette façon le lecteur pourra se rendre un compte plus exact de l'importance minéralogique des terrains de notre province et trouvera réunis, aussi complets que possible, les renseignements susceptibles de l'intéresser à ce sujet.

HAUTE-VIENNE

Filons de la chaîne de Blond. — Ces filons traversent la chaîne dans toute son étendue. On en compte un assez grand nombre, mais en général ils sont étroits et pauvres en minerais, sauf du côté de Vaulry et de Cieux où l'étain oxydé, le wolfram et le fer arsénical se montrent en abondance dans le greisen et le quartz qui leur servent de gangue.

A Vaulry, Manès signale deux séries de filons affectant des directions différentes. Les uns sont orientés Nord 5° à 10° Est, les autres sont dirigés sous l'angle de 60° par rapport à la méridienne magnétique.

De ces derniers, l'un est composé de quartz compact et contient du mispickel et du wolfram; un autre est constitué par de l'argile lithomarge et renferme quelques cristaux de cassitérite; un troisième, stérile, est essentiellement formé de fluorine lamellaire violette.

Les filons de la deuxième série croisent ceux de la première sans les contrarier. Sur la coupe transversale qui en a été faite, on remarque une bande centrale de quartz carié dans lequel on trouve de l'étain, du wolfram et surtout du mispickel, et, de chaque côté, une salbande de greisen stannifère.

Ces filons, dont le nombre n'a pas été exactement déterminé, n'ont pas plus de trois à cinq centimètres d'épaisseur.

Ils renferment par place de la chaux phosphatée et fluatée, de la baryte et, en outre des minéraux précités, une faible quantité de fer arséniaté, de molybdène sulfuré, de cuivre natif, de cuivre oxydé noir, d'urane phosphaté et quelques traces d'or.

Les filons de Cieux, réduits pour la plupart, comme les précédents, à de simples veines de quelques centimètres, occupent sur le versant sud de la chaîne un point très rapproché du village de Monsac. D'après M. Mallard, ingénieur des mines, l'un de ces filons, le seul du reste qui soit bien apparent, est situé entre le granit à mica noir et le granit à deux micas. Sa direction, Nord-Est-Sud-Ouest, ne diffère pas sensiblement de celle que suivent plusieurs filons de Vaulry, et sa puissance atteint près d'un mètre.

Ce filon est constitué presque en totalité par du quartz au milieu duquel on observe des druses remplies de cristaux et, sur quelques points, par du greisen.

Les minéraux qu'on rencontre à Cieux sont moins abondants, mais tout aussi variés qu'à Vaulry : fer arsénical et arséniaté, wolfram, étain oxydé, molybdène sulfuré, or, tourmaline. L'étain se trouve le plus souvent au contact des épontes, et l'or, un peu moins rare que dans le gisement voisin, a été signalé plus particulièrement à la tête des filons, dans le quartz.

Les filons stannifères de Blond remplissent, dans les granits granulitiques, des fissures causées par le retrait de la matière. Ils paraissent donc subordonnés à l'apparition de ces granits. M. Mallard admet cette origine pour quelques-uns d'entre eux, et rattache la formation des filons Nord-Est aux actions postérieures qui ont surélevé le niveau de la partie orientale de la chaîne.

Autres filons subordonnés à la même chaîne. — Les filons stannifères et wolframifères de Cieux et de Vaulry ne sont pas les seuls dont on ait constaté la présence dans la chaîne de Blond. On en trouve plusieurs autres sur son parcours, non seulement dans la Haute-Vienne, mais aussi dans cet alignement de massifs qui prolonge la chaîne limousine à travers la Creuse jusqu'aux rives du Cher.

A Montebras, situé à l'extrémité Nord-Est de l'alignement, gisent d'importants filons d'étain.

A Chanteloube, placé sur le trajet du relief principal, les filons recèlent du wolfram, une certaine quantité d'étain et plusieurs autres minéraux que nous avons déjà énumérés et dont il sera question encore plus loin.

Un peu à l'est de cet ensemble de massifs et parallèlement à leur direction, le wolfram se montre à Puy-les-Vignes, près de Saint-Léonard, à Mandelesse, entre Limoges et Saint-Léonard, à Népoulas, entre Beaune et Razès, et à Janaillac (Creuse); enfin, l'étain existe à La Chèze, près d'Ambazac.

Les filons métallifères qui affleurent sur ces différents points présentent des caractères généraux communs et constants. Ils affectent tous, à de faibles écarts près, une même direction Nord-Est qui est également la direction que suit le relief. Tous siègent dans le granit granulitique à deux micas. Tous sont composés par les mêmes espèces minérales associées ou coexistantes.

De cette communauté de caractères on peut conclure, ce nous semble, à une communauté d'origine. Les actions qui ont soulevé les granits de Blond sont celles qui ont agi à la même époque sur les granits de Montebras, de Chanteloube et de Puy-les-Vignes, et les causes minéralisantes auxquelles les premiers ont été soumis sont aussi celles qui ont présidé à l'injection des seconds. Les filons stannifères et tungstifères sont donc liés à la même formation, et par conséquent contemporains.

Ces notions étant acquises, faisons ressortir les caractères propres à chacun de ces filons.

Filons de Chanteloube. — Parmi les filons qui sillonnent la chaîne de Blond et des massifs qui en dépendent, ceux de Chanteloube sont, sans contredit, les plus intéressants et les plus remarquables; non pas qu'ils comportent une grande quantité d'un même minéral, mais parce qu'ils renferment de nombreuses et rares espèces.

Cette localité, située entre Razès et Bessines, est le centre d'un vaste dépôt de pegmatite. Les filons s'y multiplient, acquièrent souvent une épaisseur considérable et prennent un faciès des plus variés.

Les filons principaux sont dirigés Nord-Est-Sud-Ouest; mais vu leur grand nombre, vu les allures qu'ils affectent, il est manifeste que plusieurs d'entre eux s'anastomosent par des filons de moindre importance, transversaux ou obliques à l'orientation générale. C'est ainsi, par exemple, que le filon secondaire de Malabard, en raison de l'analogie de structure, paraît se rattacher au filon principal de La Villate-Haute, et que le filon de La Barost paraît dépendre, pour la même raison, de celui de La Villate-Basse. Le gisement du Masbarbu, placé plus au Nord, du côté de Bessines, serait indépendant.

Quant au filon de Chanteloube même, il n'est que la continuation de celui de La Villate-Haute, bien qu'il en diffère par quelques caractères de détail.

Quoiqu'il en soit, ces filons ne sont pas uniformes. Souvent étranglés au point d'être peu distincts, ils s'évasent parfois en poches de grandes dimensions. Les éléments essentiels qui entrent dans leur composition sont le feldspath, le quartz et le mica. Le feldspath prédomine; il est extrêmement abondant sur quelques points, notamment à La Barost. Les variétés les plus connues sont l'orthose, le microcline et l'albite. Celle-ci se montre le plus ordinairement à l'état grenu; les autres sont cristallisées et atteignent souvent un volume extraordinaire. Le quartz hyalin ou translucide, blanc, gris enfumé ou d'un noir intense, se présente sous la forme sphalloïde, prismée et pyramidée. Ses cristaux atteignent fréquemment des proportions considérables.

Le mica, très commun, au lieu d'être réparti d'une façon régulière parmi les autres éléments de la pegmatite, forme des agglomérations globuleuses de toutes les dimensions, depuis les plus petites jusqu'aux plus grandes; à Masbarbu, il n'est pas rare de rencontrer des blocs de muscovite cubant plusieurs mètres.

Chaque filon possède une ou plusieurs variétés de mica. La muscovite, d'un blanc argentin, en lames plates ou semi-sphériques est particulière à La Villate-Haute; la muscovite blanche ou noire, associée à la biotite lépidomélane en larges plaques ondulées, entourant parfois le quartz, abonde à Masbarbu; la rubellane, la biotite eucamptite, manganésifère, sont la propriété exclusive de La Villate-Basse et de La Barost; enfin, la lépidolite et le mica palmé gisent, le premier à Chanteloube, le second à Malabard.

Les minéraux accessoires sont inégalement distribués. Pour éviter des redites, nous les examinerons dans l'ordre de leur importance, avec chaque gisement.

Gisement du Masbarbu. — Eléments dominants : mica muscovite, en masses volumineuses; émeraude béril verdâtre ou bleuâtre, en prismes de toutes dimensions; éléments secondaires : orthose, quartz cristallin enfumé, revêtu de biotite noire, apatite.

La Barost. — Orthose microcline, très abondant, quartz enfumé, cristallisé et pointé, quartz babylonien moins fréquents, mica biotite violet en lamelles testacées, plus rare ; minéraux accessoires : apatite, triplite, manganèse oxydé, émeraude jaune, verdâtre, opaque ou translucide, émeraude incolore ou nuancée de vert ou de bleu (celle-ci enchassée dans une argile grise), lithomarge, lenzinite, tourmaline.

La Villate-Basse (carrière inondée). — Microline dominant, gros blocs et sphéroïdes de biotites manganésifère testacée, eucamptite, rubellane ; peu de quartz; triplite; zwieselite, vivianite, huréaulite; émeraude, grenat spessartine.

La Villate-Haute (carrière Alluaud). — Albite lamellaire et microcline; mica sphérique, quartz gris et enfumé, béril blanc bacillaire; wolfram cristallisé, wolfram tantalifère (assez fréquent); baïerine, colombite, niobite, tantalite, malacon, spessartine, manganèse oxydé, phillipsite, apatite.

Chantcloube. — Albite grenue, microcline et orthose; peu de quartz; lépidolite verdâtre, muscovite; étain tantalifère, urane phosphaté, uranocre.

Malabard. — Albite et microcline; triplite, hétérosite, triphylline, alluaudite, dufrénite, vivianite; mica palmé, lépidolite verte.

Filons de Razès. — Au sud de Chantcloube, le granit à gros grains et à deux micas est traversé par plusieurs filons de feldspath. L'un d'eux, situé près du village de Chatres, a donné quelques phosphates ferro-manganésiens qu'on ne retrouve plus aujourd'hui.

Filons de La Croizille et de Margnac. — Plus au Sud, à La Croizille et à Margnac, des filons de pegmatite assez importants ont été exploités il y a une vingtaine d'années. Dans celui de La Croizille, qui se prolonge dans la direction Nord-Est à travers l'étang du même nom, on a trouvé, outre du feldspath, du quartz

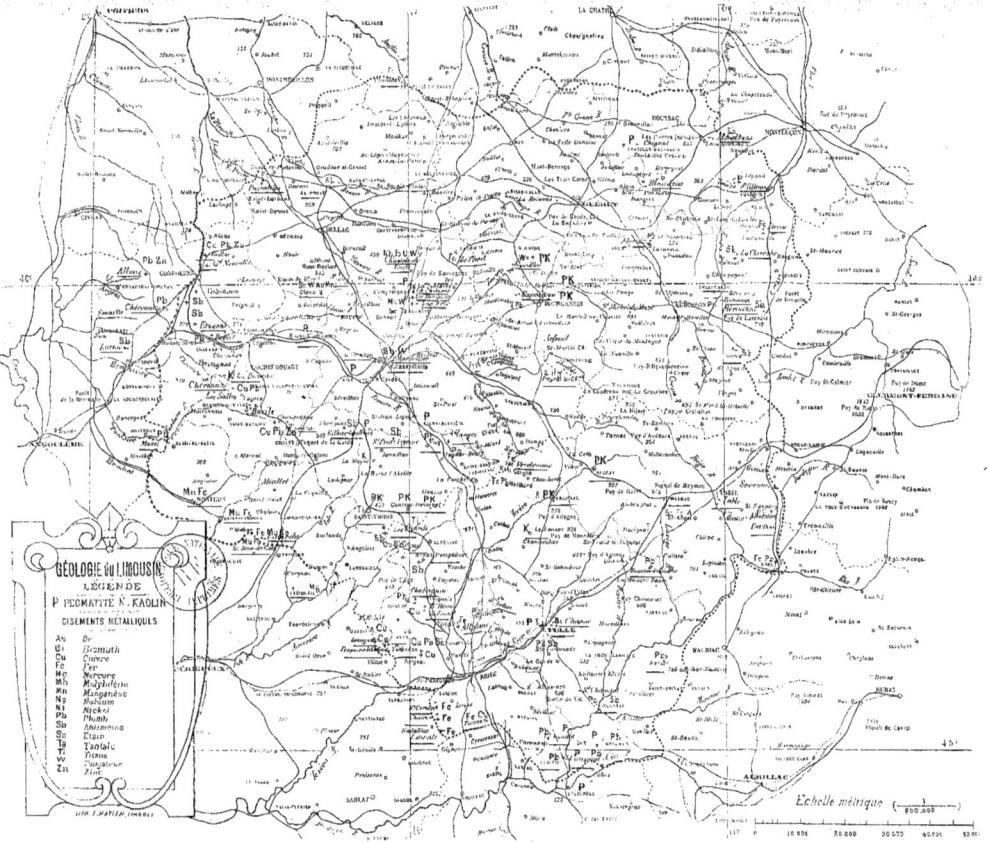

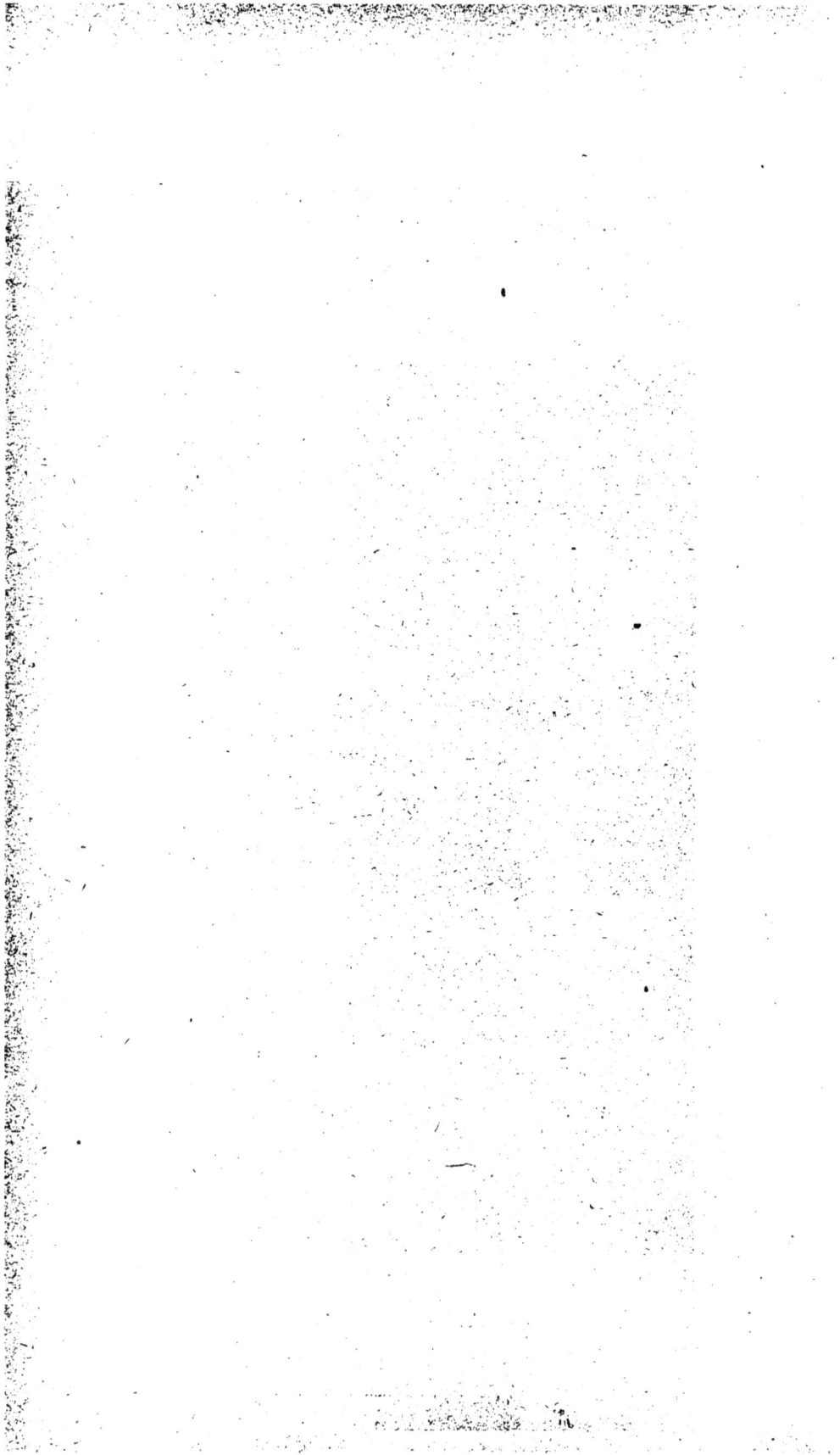

enfumé, complètement enveloppé de mica biotite, du béril et du tantalite stannifère. Ce dernier minéral est assez fréquent au village de La Chabanne, situé sur le trajet du filon ; mais il n'existe qu'en petites masses aplaties et dispersées d'une cristallisation confuse.

De Margnac, commune de Compreignac, on a retiré de la lépidolite gris-verdâtre, du quartz cristallin très noir, très odorant après choc, du béril et du manganèse oxydé et phosphaté (1).

Ces carrières, comme celles de Chanteloube, sont complètement abandonnées ; mais si l'on en juge d'après la direction imprimée aux anciens travaux, on reconnaît que ces filons affectent l'un et l'autre l'orientation Nord-Est commune aux filons précédents.

Filons des Hureaux et de La Chèze. — A l'est de La Croizille, dans la commune de Saint-Sylvestre, existent deux gisements remarquables. Celui des Hureaux, abandonné lui aussi, malheureusement, a eu sa part de célébrité. Alluaud y a découvert le phosphate qui porte son nom, l'alluaudite, de la dufrénite, de la vivianite et de l'huréaulite.

Celui de La Chèze, où l'extraction des feldspaths s'effectue d'une façon intermittente, est composé d'une pegmatite granulitique à grains serrés et fins et d'orthose liminaire blanc. On y trouve de gros blocs anguleux de lépidolite d'un rose violet, souvent compacte et siliceuse, de la damourite cristallisée ou compacte verte, siliceuse et translucide également, du béril blanc opaque, divers microclines cristallisés, dans lesquels l'orthose et l'albite ou la pétalite enchevêtrent, parallèlement à la base, leurs lamelles cunéïformes, de la topaze en cristaux microscopiques, de l'apatite rose, de l'étain tantalifère en très petits cristaux et plusieurs autres minéraux indéterminés. L'un de ceux-ci, sous la forme de mouches, est disséminé dans la lépidolite et répond aux caractères suivants qui le rapprochent de certaines espèces originaires de Suède, et plus particulièrement de l'yttro-tantalite : couleur jaune paille ou

---

(1) C'est à Margnac qu'a été découverte la plus belle poche à cristaux qu'on ait signalée dans le Limousin. Les cristaux étaient énormes ; quelques-uns pesaient plus de cent kilogrammes ; les uns étaient bipyramidés, les autres adjacents aux parois de la poche. Seule la limpidité laissait à désirer ; le même cristal, en raison de sa grosseur, présentait plusieurs teintes ; une partie était blanche et transparente, limpide même, une autre d'un beau noir, une troisième enfumée. Bien peu d'échantillons ont été conservés, car presque tous ces cristaux, connus dans le pays sous le nom de cailloux de verre, ont été cassés et ont servi à macadamiser la route de Paris, de la borne 13 à la borne 23.

jaune brunâtre, translucidité très prononcée, aspect résineux, cassure sub-concroïdale, dureté aux environs de cinq.

Filons de Puy-les-Vignes, de Mandelesse et de Népoulas. — Ces filons diffèrent des précédents en ce que la matière constituante est le quartz au lieu que ce soit la pegmatite. Cependant ils se rapprochent sous ce rapport de ceux de Vaulry et doivent leur être assimilés. Du reste, ils ont cela de commun avec tous les filons que nous venons de passer en revue, qu'ils gisent dans des roches de même nature et qu'ils sont dirigés dans le même sens : considérations importantes à noter eu égard à leurs relations réciproques et par conséquent à leur origine.

Découvert en 1795 et fouillé en 1809 sous la direction de M. de Cressac, le gisement de Puy-les-Vignes a été exploité activement vers le milieu du siècle présent, et tout récemment par une société allemande dont le but évident était de priver la France d'un minerai utile à la fabrication des aciers de guerre. La concession appartient encore à cette société étrangère qui se contente d'interdire les abords de la mine sans exécuter aucun travail sérieux.

Le wolfram est assez abondant. On le trouve dans le quartz, associé au mispickel et à la pyrite jaune dans laquelle M. Darcet a constaté des traces d'or. On rencontre aussi dans ce gisement de la baryte, de la tourmaline, de la scorodite, de la pharmacosidérite et de la schéclite. M. de Cressac y a signalé de l'étain oxydé, du bismuth natif et du cuivre arséniaté.

A Mandelesse, M. Alluaud, puis M. Mallard, ont reconnu l'existence du wolfram associé au mispickel, et d'une très faible quantité de molybdénite et de schéclite, dans un étroit filon de quartz dirigé Nord, 10° à 20° Est. Nous avons pu nous convaincre nous-même de la présence de ces minéraux dans des quartz de surface provenant des environs de Mandelesse. Ce gisement offre de grandes analogies avec celui de Puy-les-Vignes et, comme on va le voir, avec celui de Népoulas.

Le filon de Népoulas, découvert par Alluaud, coupe le granit à deux micas dans la direction sus-indiquée. Le quartz amorphe ou cristallin dont il est composé renferme du wolfram, du fer sulfuré arsénical, du fer oxydé hydraté et des traces de schéelin calcaire.

Filons wolframifères de la Creuse. — M. Mallard a rencontré, entre Le Soulier et Janaillat (Creuse), un filon de quartz wolframifère analogue à celui de Népoulas et de Mandelesse. Ce filon, dont l'importance n'a pu être appréciée, est subordonné au granit à deux micas et dépend incontestablement du système général d'éruption auquel appartiennent les filons précédents.

Enfin pour terminer ce qui a trait aux gisements stannifères et wolframifères, mentionnons l'existence probable du schéelin ferruginé aux environs de Guéret.

M. Mallard, à qui nous sommes redevables de cette découverte vraisemblablement exacte, l'a déduite de l'examen qu'il a fait au musée de cette ville d'échantillons de quartz contenant du wolfram et provenant d'un point indéterminé, mais circonvoisin du chef-lieu de la Creuse.

En résumé, les filons que nous venons de passer en revue sont échelonnés sur un même alignement, gisent dans des roches de même nature et sont composés des mêmes minéraux essentiels. Ils établissent la liaison entre les points les plus éloignés et les plus importants de cette remarquable formation, les subordonnent aux mêmes actions minéralisantes et leur assignent une commune origine.

Filons divers. — Passons maintenant à un autre ordre de filons, moins anciens généralement et plus dispersés. Ces filons, métallifères pour la plupart, siègent dans le gneiss ou dans le leptynite et rarement dans le granit.

Baryte sulfatée. — Plusieurs filons de barytine ont été signalés dans la Haute-Vienne. Le plus connu affleure au moulin de La Garde, commune de Limoges, à Mazérolas et au Pont-Rompu, où il atteint deux mètres environ de puissance. Ce filon coupe, dans la direction Nord-Sud, le gneiss et le porphyre quartzifère. Le sulfate de baryte dont il est entièrement formé, présente la structure laminaire et la coloration blanche habituelle à cette espèce minérale.

Deux autres filons de même nature, contemporains sans aucun doute, se montrent auprès du Vigen, sur la route de Saint-Yrieix, et au Mazet, entre Limoges et Saint-Léonard. Comme les précédents, ils traversent le gneiss et le porphyre, et cette situation, au milieu de la roche la plus récente des terrains anciens, leur assigne une origine relativement peu reculée.

Plomb sulfuré. — L'existence de la galène, associée au fer arsénical et quelquefois au cuivre pyriteux, a été constatée dans plusieurs filons de quartz subordonnés au leptynite et aux schistes amphiboliques.

Entre Glanges et Vicq, le plomb sulfuré se montre, sur une étendue de huit à neuf kilomètres, dans un grand nombre de filons verticaux et parallèles, orientés Nord-Sud et d'une puissance de trente à quarante centimètres. Le minerai a pour gangue la chaux carbonatée, la baryte sulfatée et le quartz. Il affleure notamment à Glanges, à Saint-Geniez, à Saint-Bonnet, à Aigueperse et à Saint-Hilaire-Bonneval.

Trois filons ont été exploités à proximité de Glanges, sous Cibœuf et sous Fargeas. La connaissance de ces gisements remonte à une époque assez reculée; mais ce n'est qu'en 1724 que des recherches sérieuses furent entreprises. L'extraction, peu active pendant la première moitié du xviii° siècle, prit un certain développement en 1763, sous l'impulsion donnée par le marquis de Mirabeau qui, deux ans plus tard, céda ses droits à une compagnie dont il resta le principal actionnaire jusqu'en 1785. Plusieurs étages de galeries et de nombreux puits furent creusés. On retira une assez grande quantité de minerai de bonne nature; mais par la suite, pour un motif ou pour un autre, épuisement de la mine ou manque de capitaux, la concession, après avoir passé en d'autres mains, fut complètement abandonnée (1788). De beaux échantillons de pyromorphite verte cristallisée ont été recueillis dans cet intéressant gisement.

Aux Roches, près de Saint-Junien, au contact du diorite et du leptynite, un autre gît de galène a été découvert dans un filon quartzeux dirigé Nord-Nord-Ouest, Sud-Sud-Est. Le minerai, peu abondant et trop disséminé, n'est pas susceptible d'une exploitation lucrative.

Auprès de Tamisac, sur la route de Châlus à Champagnac, nous avons trouvé tout récemment, dans un filon de quartz lié à la formation du leptynite, des petites masses de galène associée au cuivre, au zinc et au fer sulfurés. Ce filon, peu puissant et peu fertile, ne paraît avoir aucun avenir.

Il en est de même du plomb sulfuré cuprifère à gangue quartzeuse qui a été reconnu, il y a quelques années, aux environs de Chéronnac.

Enfin, la galène a été signalée au Theil, près de Laurière, à Puy-Maillard, commune de Veyrac, à Brachaut, près de Limoges et au moulin de Besson, près de Saint-Yrieix. Cette dernière est à petites facettes, moins foncée en couleur que les minerais ordinaires de plomb, et paraît très riche en argent.

Antimoine sulfuré. — La contrée comprise entre Saint-Priest-Ligoure et la limite sud du département est parcourue par de nombreux filons de quartz antimonifères, verticaux, irréguliers et plus ou moins fertiles. Ces filons coupent le leptynite dans une direction un peu oblique à la méridienne et s'arrêtent à la limite des formations voisines. Ils apparaissent à Saint-Priest-Ligoure, au château de Biards, canton de Saint-Yrieix-la-Perche, et sur plusieurs points du territoire de Glandon et de Coussac-Bonneval. La stibine, presque toujours accompagnée de produits de la décomposition antimoniale, stibicosine, exitèle, kermès, abonde par place.

Exploités à ciel ouvert dès 1765, la plupart de ces filons, ceux de Biards plus particulièrement, ont fourni un minerai d'une grande pureté qu'on expédiait à Orléans où il était employé à la confection des caractères d'imprimerie, et à Bordeaux qui le livrait à une compagnie hollandaise.

Un autre filon d'antimoine sulfuré, flanqué de deux autres plus petits, existe à Limoges même. Ils traversent la ville du Nord-Ouest au Sud-Est, de la gare Montjovis où ils ont été mis au jour au moment de la percée du tunnel des Charentes, au Nouveau-Pont où l'un d'eux a été rencontré récemment. La portion active du filon principal mesure de quinze à vingt centimètres sur le trajet exploré, ce qui permet de supposer qu'il est régulier dans son parcours sous Limoges tout au moins.

Ce filon est traversé obliquement par des veines de résinite verte dont l'origine tertiaire paraît probable. Le minerai présente, à la surface, une couche terreuse, blanche, d'acide antimonieux et à l'intérieur, des amas allongés, transversaux ou obliques, d'exitèle, lamellaire, gris-jaunâtre, lustrée.

L'antimoine sulfuré a été observé sur plusieurs points de la Haute-Vienne : à Rilhac-Lastours, à Isle, près de Limoges, et à la Blaterie, près du Dorat. Le quartz blanc, concrétionné, tabulaire ou grenu, qui sert de gangue au minerai de ce dernier gisement forme un filon de trois à quatre mètres de puissance, dans le leptynite qu'il coupe de l'Ouest-Nord-Ouest à l'Est-Sud-Est.

Mercure. — En 1835 Alluaud aîné a découvert un dépôt de mercure natif à Peyrat-le-Château dans un granit porphyroïde altéré. Le minéral était condensé dans les déclivités de la roche et existait aussi à l'état de dispersion dans le tuf environnant. Il put en recueillir une dizaine de kilogrammes, soit en puisant à même les cuvettes, soit en comprimant la terre qui en était imprégnée.

La présence du mercure liquide dans une formation qui n'en renferme pas normalement et où l'on a pas trouvé de cinabre, minerai le plus ordinaire des gisements de cette nature, jointe à ce fait que la découverte a été faite sur l'emplacement d'un ancien château dont les propriétaires pouvaient avoir intérêt à employer ce métal, nous confirme dans l'opinion que nous avons exprimée ailleurs, à savoir : que l'existence du mercure à Peyrat est la conséquence d'un fait accidentel et non le résultat d'une action minéralisante d'ordre naturel. Quoi qu'il en soit, il est prudent de faire des réserves au sujet de l'origine incertaine de ce gisement.

Fer. — Le fer pyriteux est très abondant dans la Haute-Vienne. On le rencontre dans un grand nombre de filons, liés à la formation primitive, et dans presque toutes les roches anciennes, mais il est généralement disséminé et inexploitable. Le fer sulfuré arsénical est également très fréquent ; on le trouve dans les mêmes circonstances que le précédent, moins dispersé toutefois, et plus accessible aux recherches. Il existe en masses assez considérables à Puy-les-Vignes, à Saint-Sulpice-Laurière et à La Mérine, entre Saint-Yrieix et Coussac-Bonneval. Dans cette dernière localité, le mispickel contient de l'or en quantité à peine pondérable et de l'argent dans la proportion de 1,5 mil. (Darcet). A Saint-Sulpice-Laurière le minerai est associé au fer hydroxydé et à la pyrite martiale. Aucun de ces gisements n'a été exploité d'une façon suivie.

A l'état limoneux, le fer se montre dans tous les sols tertiaires un peu profonds sous la forme de rognons ou de plaques. Il fréquente surtout les couches argilo-sableuses qui surmontent l'argile et les sables cailouteux qui précèdent la marne, sur les points où cette matière existe. On le trouve en abondance à Puy-de Mont, près d'Aixe, à Pagnac, à Chaillac, près de Saint-Junien, à Saint-Bazile, aux environs de Bellac, Mézières, Bussière-Poitevine, Lussac-les-Eglises et en général sur toute la frontière Nord-Ouest du département.

On le rencontre sous le même état dans les schistes argileux de Puy-Catelin, situé entre Mézières et Gajoubert. Il forme en ce point un banc de 0^m70 de puissance sur l'exploitation duquel on avait fondé des espérances qui ne se sont pas réalisées.

Un gisement de *limonite manganésifère* a été exploité à Verdenne, commune de Surdoux, par la Compagnie des forges de Commentry. Le minerai retiré, dont nous ne connaissons pas exactement la composition, avait donné d'excellents résultats pour la fabrication des aciers Bessemer. Un éboulement ayant entraîné la machine d'épuisement au fond de la mine, la Compagnie jugea à propos de renoncer à son entreprise.

Titane. — On trouve le titane oxydé dans les torrents et à la surface du sol labouré, après les pluies d'orage. On ne lui connaît dans nos contrées aucun gisement régulièrement constitué. On avait pensé tout d'abord que ce minéral hantait les filons de quartz ; mais en raison de son abondance sur certains points et de l'inaltérabilité du quartz, il était peu probable que cette hypothèse fut fondée. Il était bien plus naturel de lui assigner comme gangue la roche elle-même et non les filons qui la traversent. Cette question, du reste, a été tranchée depuis peu. L'auteur d'une part, et M. Besnard du Temple d'autre part, constataient simultanément la présence du rutile dans le leptynite gneissique de Férussac, près de Saint-Léonard et dans le leptynite amphibolifère d'Aixe-sur-Vienne. Dès lors plus de doute sur le gisement de cette espèce minérale : le titane peut exister dans les quartz subordonnés aux leptynites, mais il est infiniment plus fréquent dans le corps de la roche où il entre comme élément accessoire.

Alluaud a fait remarquer que ce minéral, qui s'est formé par sublimation dans les diorites, n'a jamais pénétré dans les pegmatites qui leur sont subordonnées. Cette observation a eu pour but de démontrer que les pegmatites sont postérieures aux roches amphiboliques.

Les environs de Saint-Yrieix-la-Perche sont plus particulièrement le lieu d'élection des titanes ; mais on les rencontre aussi sur plusieurs autres points : à la Grolière, près de Saint-Yrieix-sous-Aixe ; à Aixe-sur-Vienne, à Férussac, au Pont-Rompu, aux environs de Coussac-Bonneval, dans le leptynite, et à La Bachellerie, dans une argile détritique. Ce minéral se présente sous la forme de cristaux assez bien conservés, d'un beau rouge rutilant ou gris de fer, d'autant plus foncés que la proportion d'oxyde ferrique est plus forte. Quelques-uns de ces cristaux sont cannelés, genouillés et très nets dans leurs lignes.

Fer titané. — *Fer chromé.* — Enfin, pour terminer ce qui a trait aux minéraux de la Haute-Vienne, nous mentionnerons les roches déjà nommées où l'on observe le fer titané ou chromé. La nigrite est très fréquente dans presque toutes les roches amphiboliques. Comme le rutile, elle se trouve dans les sillons, dans les fossés et dans les ruisseaux, partout où les amphibolites ont éprouvé un commencement d'altération. On peut en recueillir des quantités assez considérables sur les terres arrosées par la Ligoure, l'Aixette et le Vincou qui charrient, en outre du sphène, des grenats et des débris d'amphibole.

Le fer chromé est plus rare, mais on en découvre assez facilement dans les alluvions provenant de la décomposition des serpentines, notamment aux environs de La Coquille (Dordogne), de La Roche-l'Abeille et du Mas, près de La Porcherie (Haute-Vienne).

CORRÈZE

De tous les gîtes de minerais de ce département, le plus remarquable, sinon le plus important, est celui de Meymac, situé à cinq kilomètres du point le plus élevé du Plateau-Central (978 mètres).

Des travaux de recherches entrepris en 1867 par M. Adolphe Carnot, ingénieur en chef des mines, et M. Veny, conducteur des ponts et chaussées, amenèrent la découverte du wolfram et du mispickel d'abord, et deux ans plus tard, du bismuth qui n'avait été trouvé jusqu'alors qu'en Saxe.

Les minerais sont contenus dans un filon quartzeux qui apparaît au travers d'une roche granitoïde à grain fin, à mica blanc, devenant par place verdâtre et onctueuse au toucher, laquelle elle-même est subordonnée à un granit à mica noir, porphyroïde et tourmalinifère.

Les espèces recueillies dans les affleurements de ce filon sont : le wolfram, qui se présente en masses importantes, la schéelite, l'acide tungstique hydraté, le bismuth et quelques uns de ses dérivés, le mispickel, le fer sulfuré et oxydé hydraté, la molybdénite et le plomb carbonaté, sulfaté, chloro-phosphaté ou molybdénaté.

Les minerais de tungstène renferment comme ceux de Chanteloube de 0,40 à 1,10 p. °/₀ d'acide tantalique.

Le bismuth existe sous quatre états différents : à l'état natif, de sulfure, d'hydrocarbonate et d'oxyde. On rencontre le bismuth natif en noyaux cristallins d'un vif éclat, disséminés dans le quartz.

Le sulfure de bismuth, plus commun que le précédent, diffère notablement des sulfures similaires de Saxe. D'après M. A. Carnot, qui a fait de nombreuses analyses de ce minéral et à qui nous avons emprunté les documents que nous reproduisons ici, la bismuthine de Meymac ne contient que 14,25 p. °/₀ de soufre au lieu de 19, et sa composition peut être exprimée par la formule : $16(Bi, Pb, Cu^2, Fe) S + (Sb^2 As) S^3$.

Le bismuth hydro-carbonaté (bismuthite) provient de la décomposition du sulfure ; il est assez fréquent et pourrait être exploité. Le bismuth oxydé (bismite) enveloppe d'une couche mince et terne le bismuth natif aux dépens duquel il s'est formé. Enfin, le mispickel bismuthifère, le minerai le plus abondant, contient de 1,62 à 6,58 p. 0/0 de bismuth pur et de 0,16 à 1,07 p. 0/0 de cobalt.

Il serait à désirer que les travaux d'exploitation, interrompus depuis longtemps déjà, fussent repris. Ce gisement est loin d'être épuisé, et il est possible, probable même, que des recherches un peu suivies aboutiraient à la découverte d'amas de minerais assez importants pour que l'extraction en fut lucrative (1).

Le plomb sulfuré, l'antimoine et le fer sont plus abondants dans

---

(1) Au dernier moment, nous apprenons que de nouveaux travaux d'exploration ont été entrepris. Nous souhaitons à leur auteur le succès le plus complet.

la Corrèze que dans la Haute-Vienne. Le fer pyriteux et hydroxydé se trouve en assez grande quantité, soit dans les filons de quartz, associés ou non avec le plomb, l'antimoine et le cuivre, soit dans les schistes phylladiens, soit encore dans les terrains de sédiment. Ces derniers sont particuliers à l'arrondissement de Brive. Quelque soit l'état sous lequel il se présente, le fer existe à Allassac, Chartiers-Ferrière, Deveix, commune de Bort, Estivals, Meilhard, Saint-Cernin-de-Larche et Turenne.

Le plomb sulfuré, souvent argentifère, affleure avec le quartz, quelques fois avec la baryte, en maints endroits : à Argentat, Auriac, Ayen, Mercœur, Monestier-Port-Dieu, Meilhard, Moustier-Ventadour, Nonards, Sadroc, Ribeyrol, commune de Bort, Lestrade, au nord de Beaulieu, Causioil, Tulle et Chabrignac. Presque tous ces gisements ont été fouillés, mais bien peu ont été l'objet d'une exploitation sérieuse. Ceux de Chabrignac et de Tulle sont les seuls croyons nous, qui aient fourni en abondance un minerai de bonne qualité. Les travaux, facilités pendant quelque temps par la proximité de la surface des filons, ont cessé faute de capitaux lorsqu'il s'est agi de les pousser à une certaine profondeur.

L'antimoine sulfuré forme des filons de plusieurs décimètres de puissance aux environs de Tulle, à Labbe près d'Ussel, à Argentat et à Ayen où il coexiste avec la galène, à Ségur enfin, où il est associé au cuivre pyriteux. Comme les précédents, ces filons ont été fouillés à plusieurs reprises ; aucun d'eux n'a été activement exploité.

Le cuivre sulfuré et carbonaté a été signalé à Ayen, Saint-Robert, Yssandon, Perpezac-le-Blanc, Saint-Bonnet-la-Rivière, Turenne et Louignac.

Dans ces localités le cuivre se rencontre en veines ou en couches horizontales de deux à cinq centimètres d'épaisseur au milieu du brasier et des sables provenant de la désagrégation des grès du permien. C'est un minerai de transport facilement accessible, mais trop souvent mêlé de matières arénacées qui y figurent dans des proportions variant des deux tiers aux quatre cinquièmes.

Les gisements de Saint-Robert, de Perpezac, d'Ayen et d'Yssandon sont connus depuis très longtemps. Signalés en 1710, ils furent attaqués par plusieurs côtés à la fois sous la direction de l'intendant de Tourny (1741). On n'obtint qu'un médiocre résultat, pour la raison, que nous avons donnée plus haut sans doute, et les recherches cessèrent. Elle furent reprises plus tard, mais sans plus de succès.

Enfin, des indices d'étain ont été relevés à Pompadour et auprès d'Arnac, et des traces de bismuth à Chanac près de Tulle (Mouret).

CREUSE.

Le département de la Creuse possède, en outre des affleurements de wolfram dont nous avons déjà parlé et sur lesquels nous ne reviendrons pas, un très remarquable gisement d'étain, quelques filons de plomb et d'antimoine, et des dépôts peu importants de fer et de manganèse.

Gisement d'étain de Montebras. — Découvert en 1859 par M. Mallard, sur l'emplacement d'anciennes fouilles pratiquées, selon toute vraisemblance, à une époque antérieure à la domination romaine, ce gisement a été exploité dès 1865 sous la direction de M. l'ingénieur Moissenet. L'extraction du minerai a été productive pendant une dizaine d'années, après lesquelles les travaux cessèrent faute d'un capital suffisant. De nouvelles recherches ont été entreprises en 1891 et se poursuivent aujourd'hui avec une grande activité.

Montebras, commune de Soumans, est situé à l'extrémité nord-est de la chaîne de montagnes dont Blond occupe l'extrémité sud-ouest. Les filons stannifères affleurent à l'est du village et affectent la direction déjà indiquée pour les filons similaires de la Haute-Vienne. Ces filons ont été explorés à des profondeurs variant de 20 à 110 mètres et sur une longueur de 750 mètres de l'Est à l'Ouest et de 400 mètres du Nord au Sud.

Le minerai est engagé dans un greisen composé de quartz blanc ou gris, alvéolaire, et de mica jaune finement écailleux, surabondant. Ce greisen forme des filons puissants dans un granit cristallin porphyroïde, à feldspath rose et à mica noir, lequel est subordonné à un autre granit plus ancien, plus général, friable, à deux micas et à gigantolite.

Au Nord-Est et au Sud-Ouest, parallèlement au granit à mica noir, court un dyke très large de granulite grise, porphyroïde, à cristaux de feldspath rose et de quartz bipyramidé, désagrégée et kaolinisée par place. Cette roche qui correspond à l'elvan des anglais, renferme des amas considérables d'amblygonite dans laquelle on rencontre quelques mouches rayonnées d'étain oxydé.

La cassitérite se présente en masses cristallines parfois très volumineuses et plus fréquemment en cristaux plus ou moins nets, de dimensions variables, disséminés dans des blocs de greisen ou de gilbertite pure. Exceptionnellement, le quartz et l'amblygonite lui servent de gangue. On la trouve aussi en cristaux microscopiques dans la granulite et dans l'argile qui en provient.

La composition de la cassitérite de Montebras est identique à celle du minerai d'étain de Vaulry, de Chanteloube et de La Chèze ; les andrides niobique et tantalique y entrent pour un à deux centièmes. Cette particularité très remarquable, que ne présentent pas les étains des autres gisements de l'Europe, fournit un argument de haute valeur en faveur de la contemporanéité de filons stannifères qui affleurent sur différents points de la chaîne de Blond, depuis son origine jusqu'à Soumans.

Outre les roches que nous avons mentionnées ci-dessus, on rencontre à Montebras, subordonnée au granit à mica noir, une granulite d'une autre espèce se caractérisant par un grain fin, uniforme, serré, et par une teinte violette due à l'étain oxydé ; de nombreux filons de quartz aux cristaux inachevés, enchevêtrés dans tous les sens, quelques-uns transparents ou translucides, le plus grand nombre opaques, laiteux et enduits partiellement d'une couche écailleuse d'oxyde de fer et de manganèse ; des veines de pegmatite à feldspath violet ; des poches d'argile kaolinique stannifère ; enfin, des amas de fluo-phosphate d'alumine.

L'amblygonite est très abondante dans l'elvan, elle s'y présente en masses sphéroïdales volumineuses, alignées, comme les filons de quartz, suivant la direction Nord 10° Est. Ce minéral est traversé par de nombreuses veines d'un beau bleu, formées d'une double couche très mince de turquoise et d'une couche centrale de wavellite. Celle-ci se montre aussi en mamelons semi-globulaires à structure radiée dans des cavités de l'amblygonite. Elle est d'autant plus fréquente que l'amblygonite est plus altérée, ce qui porte à croire que le phosphate cristallisé est un produit d'altération du phosphate spathique.

D'autres phosphates ont été observés à Montebras : c'est d'abord la chalcolite qu'on trouve en écailles cristallines ou en cristaux à la surface du minerai et dans le greisen. C'est aussi le phosphate double de fer et de cuivre qui forme des enduits amorphes sur le quartz ou dans les joints de la micacite. C'est enfin l'apatite bleue ou violette, assez abondante, qui se présente en cristaux pseudomorphes, associés au mica et parfois au quartz.

Jusqu'à ce jour le gisement de Montebras a fourni à l'industrie de l'étain, du fluor, de l'acide phosphorique, de la lithine, des sables et de l'argile. Nous avons la conviction qu'il aura encore de nombreuses années de prospérité, car tous ses produits sont utiles.

Ajoutons qu'il ne serait pas surprenant qu'on trouvât aux environs du dépôt d'amblygonite une eau assez riche en lithine pour être employée en médecine. Si cette espérance se réalisait, l'exploitation de la source assurerait à elle seule plus de bénéfices que tous les autres produits réunis.

Autres gisements. — Le plomb sulfuré, carbonaté et hydrocarbonaté se montre dans un filon de quartz, orienté Nord-Nord-Est, à Mornat, près d'Ahun. Ce minerai contient de 0,0015 à 0,002 d'argent. Il coexiste avec du fer sulfuré et de la chaux carbonatée. Des traces de minerais semblables ont été relevées à Bellegarde, à Babonneix et à Bosmoreau.

L'antimoine sulfuré apparaît à Villerange, commune de Sussac, à Drux, commune de Reterre, à Chirade, commune de Mainsat, à Crocq, à Mérinchal et à Blaudeix.

Le gisement de Blaudeix est assez important. Fouillé à une époque indéterminée, très reculée probablement, ainsi que le fait supposer l'état du sol autour de l'unique galerie qui existe encore, ce gisement a été exploité il y a quelques années, et depuis concédé, si nos renseignements sont exacts, à la compagnie de Lavaveix-les-Mines.

M. de Cessac qui a beaucoup contribué au développement des sciences naturelles dans la Creuse et qui s'est particulièrement occupé de géologie, a observé dans les granits de Banchereau des veines irrégulières, généralement minces, de manganèse oxydé. Le fer hydroxydé a été signalé par cet auteur à Bousogle, à Mazuras, à La Brionne, à Clugnat, à Boussac dans le granit et à Véraux dans le gneiss. Il existe aussi en assez grande abondance, associé au manganèse, dans le tongrien de Gouzon. Le fer pyriteux est commun dans le bassin houiller de la Creuse, à Chanteau notamment. On le rencontre aussi sous des formes cristallines diverses dans l'argile kaolinique de Saint-Jean d'Aubusson.

CHARENTE

Gisements divers de la zone de ceinture. — Le tertiaire de ce département abonde en fer hydroxydé, souvent allié au manganèse oxydé. Sous l'un ou l'autre de ces états, le minerai a été recueilli pour l'alimentation des forges, qu'on trouvait autrefois en grand nombre dans cette région de l'Angoumois, sur le territoire des communes suivantes : à Ambernac, à La Feuillade, près de Marthon, autour d'Orgedeuil et de Voulton, près de Montbron, aux environs de Sainte-Catherine, de Cers, de Montembœuf, du Mas, commune de Saint-Etaury, et plus à l'Ouest, autour de Ruffec.

Le fer sulfuré simple ou arsénical forme des masses assez considérables dans les filons de plomb de Confolens et de Saint-Germain-de-Confolens. On l'observe également, associé avec l'antimoine, auprès d'Etagnac et, avec la galène, à Boyat et à Brigueil.

Les marnes supérieures de l'oxfordien, les argiles lignifères de l'étage gordonien et les argiles tégulines du carentonien contiennent un grand nombre de rognons de pyrite blanche scalénoédrique radiée, transformée en sulfate à l'extérieur, sur les points exposés à l'air libre, et en oxyde dans les couches superficielles de la roche où elle a pris naissance.

Le plomb sulfuré est fréquent. On le rencontre au sud et au sud-ouest d'Alloue engagé dans un dépôt silicieux tertiaire (Coquand), aux environs de Confolens et de Boyat dans les schistes cristallins, à Montbron, à Menet et à Chéronies, dans le lias. Les minerais d'Alloue et de Boyat renferment une proportion très notable d'argent.

L'antimoine sulfuré a été exploité à Lussac, à Etagnac et à Villechaise au sud de Confolens.

Le zinc sulfuré coexiste avec la galène aux environs de Confolens. On a constaté sa présence à la Grange-Cambourg entre Saint-Germain et Confolens, ainsi qu'à Grand-Neuville et à Alloue. Dans ce dernier gisement le minerai s'est transformé par altération en carbonate et en hydro-silicate. A Grand-Neuville il est argentifère.

Le cuivre pyriteux et carbonaté entre dans la composition des minerais de plomb zincifère de Confolens et d'Alloue.

A l'état natif il existe à Boyat, dans la propriété de M. de Boyat, qui l'a découvert il y a une trentaine d'années. On le trouve tantôt en masses importantes, isolées et amorphes, tantôt en cristaux cubiques disséminés dans la galène argentifère. C'est sans contredit le plus riche gisement de cuivre de l'ancien Limousin. Il est très peu connu, et nous nous faisons un devoir de le signaler à ceux qui voudraient en tirer profit.

DORDOGNE

Le fer et le manganèse sidérolithiques abondent dans ce département. On rencontre le premier à l'état d'hydroxyde et sous la forme de masses tuberculeuses ou de nobules, soit à la surface, soit dans les couches superficielles du sol tertiaire, depuis les limites du Lot jusqu'aux confins de la Charente, où semblable formation s'observe.

Le second moins commun, assez fréquent néanmoins, affecte la forme de rognons semblables à ceux du silex. Ce minerai qui n'est autre qu'une psilomélane amorphe gît plus particulièrement aux environs d'Excideuil, de Saint-Jean-de-Cole, de Saint-Pardoux-la-Rivière et de Nontron.

Il existe un minerai d'une autre nature à la Lardie commune de Saint-Romain, canton de Thiviers : c'est le fer pyriteux qu'on trouve en abondance dans un schiste carburé de l'époque cambrienne. Ce dépôt est exploité pour la fabrication de l'acide sulfurique. L'examen de quelques échantillons de calcite subordonnée à ce dépôt nous a permis de constater la présence de filaments rares et déliés de nickel sulfuré.

INDRE — VIENNE — CHER

Le fer sous la forme de pisolithes ou de masses globuleuses est très abondant dans le tertiaire de ces départements. Recueilli avec soin autrefois, ce minerai servait à alimenter un grand nombre de forges qui ont été abandonnées successivement. La cause de cet abandon réside dans l'éloignement ou la rareté du combustible, dont le transport trop onéreux absorbe tous les bénéfices de fabrication. Seules les industries placées dans les centres houillers ont des chances de prospérer, ou tout au moins de maintenir la lutte contre la production étrangère.

Toutefois l'exploitation du fer sidérolitique n'est pas complètement délaissée. L'important dépôt de Chaillac (Indre), où ce minéral existe à l'état d'hydroxyde et de peroxyde, associé parfois au manganèse, fournit en permanence un minerai très estimé facile à extraire, à transporter et à réduire.

RÉSUMÉ

Malgré sa situation peu élevée par rapport au relief général (1,000 mètres au plus), le Limousin est une des rares contrées qui soit restée émergée à travers les âges géologiques, depuis l'époque la plus reculée jusqu'à nos jours. Aussi a-t-il conservé intacts, sinon son faciès originel que les causes soulevantes et les actions du dehors ont pu modifier, au moins sa constitution primitive, sa forme d'ensemble, ses allures d'autrefois.

A différentes époques, des mers sont venues jusqu'à ses pieds déposer leurs matériaux et leurs sédiments, mais aucune ne l'a submergé complètement.

Le sol de cette contrée est donc constitué en majeure partie par des roches cristallines, consolidées dès les premières heures du refroidissement.

Les granits prédominent. Moins anciens que les micaschistes au travers desquels ils ont fait éruption, ces roches occupent le centre commun aux trois départements, et de là s'irradient dans des directions diverses tout en se maintenant aux altitudes les plus élevées.

Autour d'eux, à un niveau sensiblement inférieur, les micaschistes et les talschistes apparaissent en bancs puissants, s'enchevêtrant avec d'autres bancs non moins puissants de leptynites. Ceux-ci, placés plus bas et sur des points plus excentriques, surmontent les gneiss moins fréquents qui se montrent à la base de ces formations primitives.

Pendant l'acte du refroidissement, des éléments nouveaux interviennent, et par leur présence changent la nature des roches préexistantes ou en forment de nouvelles. C'est d'abord l'élément amphibole qui donne naissance aux diorites, aux syénites et aux amphibolites. Puis la chlorite qui transforme, en se substituant au mica, les granits en protogines. Enfin le pyroxène, dont la substance, plus ou moins modifiée par métamorphisme, pénètre et injecte les leptynites.

Plus tard, les soulèvements du sol, le retrait de la matière occasionnent des failles, des crevasses et des déchirures qui sont comblées les unes, celles qui communiquent avec les couches en fusion, par des groupes d'éléments qu'une force irrésistible pousse du dedans au dehors; les autres, celles qui n'intéressent qu'une partie de la croûte terrestre, par des matériaux tenus en suspension dans les eaux d'infiltration, thermales ou autres. Dans le premier cas, le remplissage est immédiat; certaines granulites, les pegmatites et les porphyres apparaissent. Dans le second cas, la précipitation des éléments solides est longue : lentement se forment les filons de quartz, de chaux carbonatée, de baryte sulfatée et de minéraux divers.

Dès lors le massif central est constitué définitivement. Ses puissantes assises sont désormais à l'abri des bouleversements qui se produiront à une époque ultérieure dans les régions voisines de l'Est. La période primitive a accompli sa tâche. Les roches ignées à base de quartz, de feldspath, de mica, d'amphibole, de chlorite et de diallage n'interviendront plus sous leur forme première dans la formation de la croûte terrestre.

Cependant, avant l'arrivée sur les plages limousines des mers dont les dépôts doivent transformer le faciès de la contrée, des phénomènes intermédiaires s'accomplissent. Des roches cambriennes, dites de transition, se montrent sur les limites régionales, au sud de la Corrèze, au nord de la Dordogne, à l'est de la Charente et au nord de la Creuse. Ce sont les schistes phylladiformes à séricite et à macle, les phyllades satinées, les schistes argileux, les schistes carburés d'Allassac, de Donzenac, de Sainte-Féréole, de Lanouaille, de Thiviers, de Montembœuf, de Miallet, de Montbron, des environs de Rochechouart, de Mézières et de Véraux.

Nous entrons maintenant dans une autre phase géologique. Les continents sont submergés, les eaux abandonnent les particules solides qu'elles ont arrachées aux roches primitives, des dépôts de nature diverse se forment. D'abord grossiers, les matériaux de ces dépôts s'atténuent par la suite, changent de caractères et deviennent d'autant moins compacts que leur précipitation est plus récente.

Nous l'avons dit, le Plateau-Central n'a pas été recouvert en entier par l'élément liquide. Pendant la période anthracifère, la mer de ce nom, qui s'étend du Morvan à la Montagne Noire, contourne le Limousin à l'est et l'aborde par plusieurs côtés. Au nord, elle couvre la dépression de terrain que traversent le Cher, la Tarde et la Vouise; la vallée de la Creuse, entre Aubusson et Glénic; le territoire de Saint-Michel-de-Veisse, de Bosmoreau, de Bousogle et d'Arfeuille. Au Sud-Est et au Sud, elle baigne les environs de Lapleau, de Bort, d'Argentat et de Cublac. Sur tous ces points, des dépôts de houille exploitée, des dépôts d'anthracite stérile, des grès, des conglomérats et des schistes à empreintes attestent l'existence et le long séjour d'une mer tempérée, au sein de laquelle la vie pour la première fois acquiert un développement considérable.

L'ère *permienne*, intimement liée à la période précédente, est peu distincte dans la Creuse, mais s'affirme avec netteté au sud de la Corrèze. Caractérisée par des grès de couleurs sombres, rouges pour la plupart, stratifiés ou schisteux, en général quartzeux, quelque fois argileux, cette formation s'observe au-dessus du houiller, à Ahun, à Lapleau, à Bort, à Argentat, à Cublac et sur plusieurs autres points de la Corrèze, notamment à Allassac, Vignols, Brive, Lanteuil, Meyssac, etc.

A l'époque primaire succède, sans transition bien tranchée, l'époque secondaire, remarquable entre toutes par la variété et la puissance des dépôts qu'elle a fournis. Pendant cette longue phase géologique, les eaux envahissent périodiquement le Bas-Limousin et les régions circonvoisines du Nord, de l'Ouest et du Sud et abandonnent chaque fois des éléments nouveaux et une faune spéciale.

Le *trias*, situé à la base de cette vaste formation, apparaît sous la forme de grès quartzeux, mal liés, souvent sableux, bigarrés de teintes claires, rouges, violettes, vertes surtout, caractéristiques. Ses couches épaisses, profondes, non stratifiées, s'étalent sur une grande étendue de l'arrondissement de Brive. On les voit au-dessus du permien ou directement appuyées sur le sol primitif autour de cette ville, aux environs de Donzenac d'Allassac, de Voutezac, d'Objat, de Saint-Viance, de Varets, de Juillac, de Menzac, d'Yssandon, de Villac, de Saint-Robert, d'Ayen, de Cublac, de Beaulieu, de Meyssac, etc.

Le *lias*, première phase de la formation jurassique, s'éloigne des régions permiennes et ne se montre plus qu'à l'extrémité sud du département corrézien. En revanche il affleure sur une zone assez régulière entourant le Limousin, depuis Terrasson au Sud, jusqu'à Argenton au Nord-Ouest, par Montbrun au Sud-Ouest, et Isle-Jourdain à l'Ouest.

Les grès infraliasiques, fins ou grossiers, feldspathiques ou calcaires, lustrés ou terreux, souvent kaoliniques ; les calcaires dolomitiques, les cargneules, les argiles vertes, les jaspes de l'étage inférieur ; les calcaires à *Pecten æquivalvis*, les marnes à *Ostrœa cymbium* de l'étage moyen ; les calcaires hydrauliques et les marnes à *Ammonites bifrons* et *radians* de l'étage supérieur s'observent dans toute leur intégrité auprès d'Ayen, de Terrasson et de Montbron.

A Excideuil, à Thiviers, à Saint-Jean-de-Cole, à Nontron et à Chassenon, l'étage moyen dépouillé des couches supérieures, apparaît sur une faible étendue.

13

Enfin, du côté de Saint-Basile, de Mézières, de Saint-Barbant, de Coulonges, de Bussière-Poitevine, d'Azat-le-Riz, de Lussac-les-Eglises et en général sur la lisière ouest, le lias ne comporte plus que des marnes, des calcaires incohérents et des grès feldspathiques.

L'*oolithe*, moins variée mais plus puissante, se développe avec une remarquable uniformité autour de Beaulieu, de Saint-Robert, d'Ayen et au delà des frontières sud-ouest. Ses étages, bajocien, bathomien, oxfordien et corallien, caractérisés par une faune particulière, sont surtout visibles à l'est de Terrasson, autour de Montbron et à l'ouest d'Argenton. En dehors de ces régions ils sont incomplets et souvent peu distincts.

Le *jurassique supérieur*, très étendu dans le Lot, la Charente et la Dordogne, n'apparaît dans le Limousin qu'à l'extrémité sud-est de la Corrèze.

Le *crétacé* enfin, dernière période de l'époque secondaire, si riche en fossiles de toutes sortes, si remarquable par la nature de ses calcaires et l'aspect de ses horizons, couvre une partie de la Charente et de la Dordogne, remonte jusqu'auprès de Terrasson, et déjà atténué, disparaît aux portes mêmes de la Corrèze.

L'époque *tertiaire*, pendant laquelle des dépôts marins et lacustres se sont formés à des niveaux que n'ont pas atteints les formations sédimentaires précédentes, a laissé de nombreuses traces dans la Creuse, dans la Haute-Vienne et dans les départements circonvoisins.

L'*éocène* se montre par lambeaux, au-dessus du crétacé, dans la Dordogne et la Charente, en recouvrement du jurassique sur la zone de ceinture ouest, et directement en rapport avec le sol primitif dans la Haute-Vienne.

Le *miocène*, phase tongrienne, s'étend sur le carbonifère de la plaine de Gouzon et sur les roches primitives qui le circonscrivent.

Le *pliocène*, conjointement avec l'éocène, couronne les dépôts secondaires du département de la Vienne dans lequel il reste confiné. Ce même terrain envahit sous une autre phase la vallée de l'Allier, et vient sceller d'empreintes végétales les cinérites du Puy-de-Dôme et du Cantal qui portent en outre de nombreux vestiges d'ossements divers.

Le *diluvium*, dernière période des âges paléozoïques s'accuse avec quelque fermeté loin des sources, au fond des vallées à pentes douces et sur quelques rives anciennes; mais en général ses éléments sont dispersés et d'autant plus rares que le niveau est plus élevé.

Les *alluvions récentes* moins accentuées encore, fréquentent les régions inondées, les bas-fonds, les berges des rivières à des altitudes variables, et comme les alluvions anciennes, ne sont réellement visibles qu'aux points où les cours d'eau ralentissent leur marche et s'évasent.

Minéraux. — Aux diverses périodes de la consolidation, des filons métallifères affleurent de toutes parts. Le fer sulfuré se montre dans toutes les formations. Le titane, le plus âgé des métaux, se condense dans les roches primitives. Le wolfram, l'étain, le bismuth, le tantale, le nobium prennent naissance par sublimation au sein des granits et des gneiss au moment de l'apparition des pegmatites. Le cuivre, le zinc, l'antimoine et le plomb, unis au quartz ou à la baryte, forment des filons ou des dépôts dans tous les terrains. Le manganèse s'associe au fer limoneux, et celui-ci, le plus abondant et le plus utile des minerais, se multiplie à l'infini dans les sols subordonnés à la période oligocène.

Enfin, une foule de minéraux, tels que : émeraude, béril, topaze, zircon, tourmaline, cordiérite, disthène, grenat, épidote, sphène, phosphates, fluophosphates et bien d'autres encore, se mêlent accidentellement aux éléments des roches, comme pour en varier l'uniformité de structure et affirmer l'inépuisable fécondité de l'œuvre créatrice.

FIN

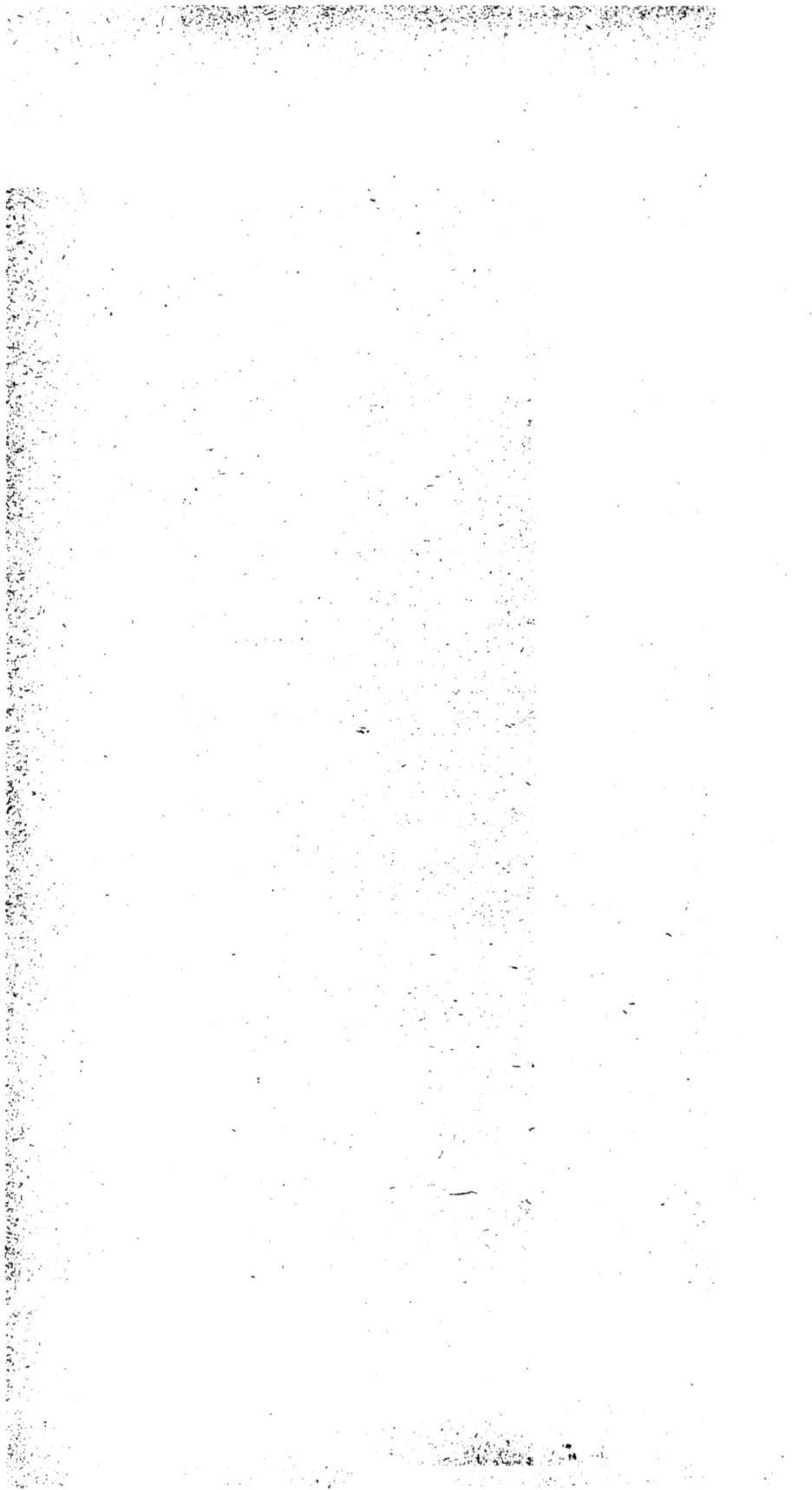

INDEX BIBLIOGRAPHIQUE

Ephémérides de la Généralité de Limoges (Mines et carrières). — Année 1765.

Journal d'agriculture (Mines de plomb de Glanges). — Paris, 1771.

Statistique générale de la France, Département de la Haute-Vienne (M. TEXIER-OLIVIER). — Paris, 1808.

Annuaire de la Haute-Vienne (Mine d'étain de Vaulry). — Années 1815, 1817, 1820.

MANÈS. — *Description géologique et minéralogique du département de la Haute-Vienne.* — 1832.

BOUILLON jeune. — Sur les mines de Lapleau (Corrèze) et de Bourganeuf (Creuse). *Bulletin de la Société d'agriculture, sciences et arts de la Haute-Vienne*, t. XIV.

ALLUAUD aîné. — Sur le mercure natif de Peyrat-le-Château. (Même Bulletin, t. XIV).

DESILES. — Note sur les carrières de Sussac. (Même Bulletin, t. XVI).

DE CESSAC — Notices sur la géologie de la Creuse. (*Mémoires de la Société des sciences naturelles et archéologiques de la Creuse*, bulletins 1, 3, 5, 1er volume).

DE BOUCHEPORN. — *Carte géologique de la Corrèze*, d'après Elie de Beaumont. Explication de cette carte. — 1848.

NÉRÉE BOURÉE. — *Cours de géologie agricole.* — Paris, 1856.

COQUAND. — *Traité des roches.* — Paris, 1857.

— *Géologie du département de la Charente.* — Besançon, 1858.

ALLUAUD. — Aperçu géologique et minéralogique du département de la Haute-Vienne. (*Mémoires du Congrès scientifique de France.* — Limoges, 1859.

ASTAIX. — Note sur les marnes de Saint-Basile. (Mêmes mémoires).

LE TOUZÉ DE LONGUEMARD. — Esquisse géologique sur les terrains de la Vienne. (Mêmes mémoires).

MALLARD. — *Note sur les gisements d'étain du Limousin et de la Marche.* — Paris, 1867.

MALLARD. — *Carte géologique de la Haute-Vienne.* — 1869.

Charles d'ORBIGNY. — *Des roches.* — Paris, 1868.

Adolphe CARNOT. — Sur la découverte d'un gisement de bismuth en France (*Annales de chimie et de physique*, 5e série, t. III, 1874).

FOUQUÉ et Michel LÉVY. — *Minéralogie.* — Paris, 1878.

Edouard JEANNETTAZ. — *Les roches.* — Paris, 1884.

MARROT et MOURET. — *Carte géologique de la Dordogne.* — Paris, 1882.

DE LAPPARENT. — *Traité de géologie.* — Paris, 1885.

G. VASSEUR et L. CAREZ. — *Carte géologique de la France.* — 1886.

MOURET. — *Notice sur le lias des environs de Brive.* — Brive, 1887.

MOURET. — *Notice sur la stratigraphie du Plateau central.* — Paris, 1890.

ERRATA

Pages	lignes	au lieu de	lisez
3e...	dernière	mollasse..............	molasse.
8e...	14e et 15e	Gioux (Creuse)........	Gioux (Corrèze).
9e...	6e.....	se rattachant au Pliocène	au Pliocène et au Miocène.
12e...	20e....	horneblende...........	hornblende.
36e...	30e...	fer oxydulé titanifère,..	fer titané.
55e...	23e....	fer arséniaté..........	fer arsénical.
71e...	dernière	irer.	tirer.
76e...	10e....	cosidérable...........	considérable.
79e..	24e....	Le Mas comme de Meilhard	Le Mas près de La Porche-rie (Haute-Vienne).
80e...	23e....	id.	id.
113e...	30e....	la disposition..........	la forme.
117e...	13e....	Saint-Michel-de-Veysse.	Saint-Michel-de-Veisse.
118e...	13e....	il y quelque...........	il y a quelque.
123e...	15e....	pâte émaillée.........	pâte à émail.
160e...	3e et 7e.	Voucise..............	Vouise.
176e...	15e....	de biotites.	de biotite.

TABLE ALPHABÉTIQUE

Acerdèse, 69.
Actinote, 69.
Albite, 51, 54, 70, 71, 175, 176.
Alluaudite, 55, 176, 177.
Alluvions, 9, 17, *164*, 165.
Altitudes, 2, 9.
Amblygonite, 187.
Amphibole, 25, 48, 75, 86.
Amphibolites, 12, 61, 73.
— calcarifère, 74.
— feldspathique, 74.
— porphyroïde, 74.
— schisteuse, 74.
Anorthite, 74.
Anthracite, 126, 128.
Antigorite, 86.
Antimoine oxydé, 181.
— sulfuré, 50, 112, 180, 185, 189.
Apatite, 48, 55, 70, 176, 187.
Aphanite, *92*, 127, 132.
Aplite, 62, 63.
Ardoise, *40*.
Argile, 48, 138, 139, 140, 155.
— à porcelaine, *118*.
— bigarrée, 137.
— endurcie, 115, 144.
— lenzinite, 70, 114, 176.
— lithomarge, 70, 173, 176.
— plastique, 155.
— réfractaire, 155, 156.
— rutilante, 159.
— sableuse, 155, 158.
— stéatiteuse, 27.
— verte, *138*, 141.
Argilolite, 115, 159.
Argilophyre, 54, *102*.
Argilo-schiste, 41.
Arkose, 155, 158.

Asbeste de serpentine, 86.
Astrophyllite, 70.
Au Limousin, 1.
Baïérine, 176.
Bajocien, 146, 149.
Bathonien, 147.
Baryte sulfatée, 25, 29, 54, 117, 142, 179.
Barytine, 25, 29, 54, 117, 142, 179.
Basalte, 92, 162.
Baudissérite, 85, 86.
Béril, 55, 70, 75, 176, 177.
Biotite, 51, 55, 70, 175.
Bismite, 184.
Bismuth natif, 52, 184, 185.
Bismuthine, 184.
Bismuthite, 184.
Blende, 180, 189.
Bois fossile, 164.
Brasier, 133.
Brèche porphyrique, 13, *100*.
Bronzite, 86.
Cailloux, 155, 157, 158, 166.
Calcaire, 25, 27, 48, 61, 76.
— argileux, 48, 135.
— castinier, 142.
— crayeux, 134.
— compact, 142, 147, 149.
— cristallin, 8, 14, 106.
— dolomitique, 141, 142, 144.
— ferrugineux, 140 à 149.
— gréseux, 138, 141.
— hydraulique, 142, 149.
— lithographique, 138, 141.
— magnésien, 107, 146.
— marneux, 140, 141, 144, 146
— métamorphique, 8, 14, 107.
— micacé, 107.
— oolitique, 138, *149*.

Calcaire primitif, 8, 14, *106*.
— sableux, 138.
— saccharoïde, 107.
— travertineux, 146.
Calcédoine, 114, 115, 158.
Calcite, 25, 27, 140, 142.
Callovien, 147.
Cambrien, 8, 15, *125*.
Carbonate de chaux, 8, 14, 106, 140.
— de magnésie, 25, 27, 142, 146.
Carbonifère, 8, 16, *126*.
Cargneule, 138.
Cassitérite, 55, 173, 178, 186.
Castine, 142.
Cenamonien, 150.
Chalkolite, 158, 187.
Chaux carbonatée (voir calcaire et calcite).
— phosphatée, 48, 55, 70.
— sulfatée, 140, 160.
Chiastolite, 38.
Chlorite, 25, 27, 36.
Chloritoschiste, 13, *26*.
Chloritotalschiste 13, *26*.
Chrysotile, 86.
Cinérites, 162.
Cipolin, 8, 14, 106.
Colombite, 176.
Composition du sol, 3.
Configuration du sol, 1.
Conglomérat, 127, 132, 156, 157, 158.
Corallien, 147, 148.
Cordiérite, 25, 101.
Cornbrash, 146, *147*.
Cours d'eau, 2.
Crétacé, 150.
Cuivre, arséniaté, 178.
— carbonaté, 61, 189.
— natif, 55, 173, 189.
— oxydé noir, 55, 173.
— phosphaté, 55, 158.
— pyriteux, 55, 176, 180, 185.
— sulfuré, 55, 176, 180, 185.
Damourite, 55, 71, 177.
Désagrégation des roches, 165.
Devonien, 126.
Diabase, 5, 12, *73*.

Diallage, 79, 86.
Diallagite, 6, 14, 34, *87*.
Diluvium, 9, *163*.
Diopside, 85, 86.
Diorite, 5, 12, *73*.
— chloritifère, 75.
— épidotifère, 75.
— labradorique, 74.
— micacé, 76.
— quartzifère, 76.
Dioritine, 74.
Disthène, 37.
Distribution des eaux, 2.
Division des roches et terrains, 19.
Dolomie, 25, 27, 142, 146.
Dufrénite 55, 176, 177.
Eclogite, 88.
Elvan, 95.
Emeraude, 48, 55, 70, 176, 177,
Eocène, 9, 16, *153*.
Epidote, 30, 66, 75, 81.
Epoque secondaire, 8, 16, *133*.
— primaire, 3, 10, *124*.
— primitive, 3, 10, *20*.
— quaternaire, 9, 17.
— tertiaire, 9, 16, *152*.
Errata, 198.
Etain oxydé, 25, 52, 173, 178, 185,
— oxydé tantalifère, 55, 71, 177.
Eucamptite, 70, 175.
Euphotide, 74.
Eurite, 101.
Exitèle, 181.
Feldspath albite, 51, 55, 176, 177.
— labrador, 64.
— lithique, 55-71.
— microcline, 51, 55, 176, 177.
— oligoclase, 45, 51.
— orthose, 45, 51, 54, 55, 176.
— résinite, 181.
Felsite, 101.
Fer arséniaté, 112, 173, 178.
— arsénical, 25, 30, 48, 173, 182, 188.
— chromé, 85, 86, 183.
— hydroxydé, 41, 159, 182, 188,
— limoneux, 41, 155, 159, 160, 182, 188.

Fer manganésifère, 159, 176, 177.
— oligiste, 71, 190.
— oxydulé, 69.
— phosphaté-manganésifère, 55, 70,
    176, 177.
— sulfuré, 25, 27, 30, 48, 61, 69,
    76, 117, 144, 180, 188, 190,
— titané, 183.
Filons de baryte, 179.
— de granulite, 62.
— de quartz, 17, 109.
— de résinite, 159, 181.
— minéralifères, 172.
Fluorine, 29, 48, 115, 158.
Fraidronite, 42.
Gabbro, 87.
Galène, 25, 30, 179, 185, 188, 189.
— argentifère, 180, 185, 188, 189.
Galets, 163.
Gigantolite, 52, 186.
Gilbertite, 114, 186.
Gneiss, 4, 10, 28.
— amphibolifère, 28.
— granitique, 28.
— leptynoïde, 28.
— micaschisteux, 28.
— œilleté, 28.
— protoginique, 28, 60.
— rouge, 29.
Grammatite, 107.
Granit, 3, 4, 10, 43.
— à deux micas, 9, 45.
— amphibolifère, 47.
— cristallin, 11, 43.
— gneissique, 10, 47.
— granulitique, 11, 50.
— kaolinique, 52.
— intermédiaire, 49.
— pinitifère, 52.
— porphyroïde, 46.
— protoginique, 46, 60.
Granulite, 7, 12, 50, 60.
— granitique, 50.
— pegmatoïde, 9, 62, 75.
— protoginique, 60.
Graphite, 25, 27, 30.
Grauwacke, 127.
Graviers, 157, 161, 166.

Greisen, 15, 54, 114, 173.
Grenats almandins, 25, 48, 53, 66, 76, 85.
— spessartines, 55, 70.
Grenatite, 76.
Grès argileux, 130, 135, 138.
— arkose, 155, 157, 158.
— bigarré, 8, 132, 133, 134.
— bitumineux, 127.
— calcarifère, 127, 128, 140.
— feldspathique, 141, 143.
— ferrugineux, 130, 136.
— houiller, 130, 143.
— jaspé, 140, 143.
— lustré, 141.
— ocreux, 136.
— macigno, 138, 141.
— micacé, 131.
— psammite, 143.
— quartzeux, 130, 135, 137.
— rouge, 8, 16, 132.
— sableux, 136, 138, 141.
— vert, 135.
Gypse, 140, 160, 161.
Halloysite, 147.
Harkise, 190.
Harmophanite, 62, 64.
Hématite brune, 159, 182, 188.
— rouge, 190.
Hémithrème, 107.
Hétérosite, 55, 176, 177.
Hornblende, 69, 73, 75.
Houille, 127, 129.
Houiller, 8, 16, 126.
Humus, 165.
Huréaulite, 55, 176, 177.
Hyalomicte, 15, 54.
Index bibliographique, 197.
Infralias, 8, 137.
Introduction, IV.
Jaspe, 114, 115, 138, 140, 141, 146, 158.
Jurassique, 136.
Kaolin argileux, 68, 118.
— caillouteux, 68, 118.
— sec, 118.
Kermès, 181.
Kersanton, 54, 83.
Kimméridien, 148.
Labrador, 67, 69, 74.

Lave, 92.

Lenzinite, 70, 114, 176.

Lépidolite, 55, 71, 175, 176, 177.

Lépidomélane, 70, 176.

Leptynite, 3, 10, 32.

— amphibolifère, 33, 35, 36.

— grenatifère, 33.

— protoginique, 33.

Lias, 8, *137*.

Lignite, 60.

Ligourite, 75, 82.

Limonite, 41, 155, 159, 160, 182.

Lithomarge, 70, 173, 176.

Macigno, 138, 141.

Macle, 36, 38, 43.

Magnésite, 86.

Malachite, 185, 189.

Malakon, 55, 70, 176.

Manganèse oxydé, 147, 188.

— oxydé barytifère, 147, 159, 176, 190.

— phosphaté ferrifère, 55, 176.

Marne, 144.

— feuilletée, 138.

— sableuse, 139, 161.

Mélaphyre, 34, *101*, 132.

Mercure natif, 181.

Mica, 54.

— astrophyllite, 70.

— biotite, 51, 55, 70, 175, 176.

— damourite, 55, 71, 177.

— eucamptite, 70, 175, 176.

Mica gilbertite, 114, 186.

— hémisphérique, 70, 176.

— lépidolite, 55, 71, 175, 176, 177.

— lépidomélane, 70, 175, 176.

— Muscovite, 55, 70, 175, 176.

— palmé, 54, 70, 176.

— rubellane, 70, 175.

Micaschistes, 3, *4*, 10, *21*.

Microline, 51, 64, 70, 71, 175, 176.

Microgranulite, 97.

Micropegmatite, 70.

Minette, 42.

Miocène, 9, 16, *160*.

Mispickel, 25, 30, 48, 173, 178, 182, 184.

Molasse, 157.

Molybdène sulfuré, 55, 70, 112, 173, 184.

Molybdénite, 55, 70, 112, 173, 184.

Montagnes, (chaînes de), 7.

Muscovite, 55, 70, 175, 176.

Nickel sulfuré, 190.

Nigrine, 36, 66, 76, 79, 183.

Niobite, 52, 55, 70, 176.

Nontronite, 159.

Oligocène, 16, 156.

Oligoclase, 45, 51, 54, 70, 73, 75,

Oolithe, 145.

— ferrugineuse, 146.

— grande, 147.

— inférieure, 146.

— moyenne, 147.

— supérieure, 148.

Opale, 155.

Or natif, 112, 173.

Ordre de succession des roches, 9.

Orthose, 45, 51, 70, 71, 75, 175, 176.

Oxfordien 147, 148, *149*.

Pegmatite 7, 53, 54, 66, 175.

— albitique, 70.

— des diorites, 69.

— des granits, 69.

— des schistes cristallins, 67.

— hébraïque, 48, 68.

Permien, 3, 8, *131*.

Permo-carbonifère, 3, 8, 15, *131*.

Péridot, 34.

Pétalite, 55, 71, 177.

Péthuntzé, 68.

Pétrosilex, 101.

Pharmacosidérite, 112, 178.

Phonolithe, 92, 130.

Phosphate de chaux, 70, 168, 176, 187.

— de cuivre et d'urane, 158, 187.

Phosphate de fer et de manganèse, 70, 176.

— d'urane, 70, 173, 176.

Phyllades, 38, 40, 41.

Pierre à aiguiser, 132.

Pikrolite, 86.

Pinite, 52, 96, 98, 102.

Pliocène, 9, 162.

Plomb carbonaté, 184.

— molybdénaté, 184.

— phosphaté, 180, 184.

— sulfaté, 184.

Plomb sulfuré, 25, 30, 112, 179, 185, 188, 189.

Plombagine, 25, 27, 30.

Porphyre 5, 12, 54, *94.*

— amphibolifère, 99.

— bréchiforme, 13, 100.

— celluleux, 100.

— chloritifère, 96.

— euritique, 98.

— granitoïde, 95, 98.

— pétrosiliceux, 98.

— pinitifère. 96.

— quartzifère, 97.

Portlandien, 55 148.

Poudingue, 127, 130, 163.

Prascolite, 48.

Propriétés agricoles des chlorito-talschistes, 27.

— des diorites et amphibolites, 79.

— des gneiss, 32.

— des granits, 57.

— des leptynites, 37.

— des micaschistes, 26.

— des protogines, 61.

— des roches serpentineuses, 90.

— volcaniques, 94.

— des terrains secondaires tertiaires et quaternaires, 167.

Protogine, 58.

Psammite, 143.

Psilomélane, 147, 159, 189.

Puberckien, 148.

Pyromorphite, 180.

Pyroxène, 76.

Pyroxénite, 91.

Pyrite de cuivre, 55, 176, 180, 185.

— de fer, 76, 117, 180, 188.

— magnétique, 48.

Quaternaire (époque), 17, *163.*

Quartz, 6, 15, 45, 51, 53, 70, *109,* 114.

— babylonien, 176.

Quartz carié, 113, 173.

— enfumé, 70, 175, 176, 177.

Quartzite, 17, 118, 144, 159.

Relief du sol, 1.

Résinite, 159, 181.

Résumé, 191.

Rétinalite, 86.

Ripidolite, 25, 48.

Roches accidentelles des terrains primitifs, 106.

— amphiboliques, 72.

— *division des,* 19.

— granitiques, 43.

— granulitiques. 50 62.

— pegmatoïdes, 62.

— protoginiques, 46, 59.

— porphyriques, 94.

— pyroxéniques, 91.

— serpentineuses, 84.

— volcaniques, 91.

Rubellane, 70, 175.

Rutile, 36, 182.

Sables (époque secondaire). 126, 138, 141.

— (époque tertiaire), 144, 155, 159, 160.

— aurifères, 164.

— stannifères, 164.

Schéelin calcaire, 178, 184.

— ferruginé, 173, 176, 178, 184.

Schéelite, 178, 184.

Schistes amphibolifères, 33, 35, 36, 74.

— ardoisiers, 40.

Schistes argileux, 41.

— à séricite, 41.

— cristallins, 3, 10, 20.

— houillers, *127,* 128, *129,* 130.

— maclifères. 34, *38.*

Schistes micacés, 21.

— phylladiens, 34, *38.*

— rouges, 133.

— talco-chloriteux, 26.

Scorodite, 178.

Sénonien, 150.

Serpentine, 6, 13, *85.*

— asbestoïde, 86.

— chromifère, 86.

— grenatifère, 86.

— tabulaire, 86.

— varioloïde, 87.

Sillimanite, 25, 29, 37, 61.

Silurienne (période), 126.

Sol (composition du), 3.

— (configuration du), 1.

Sperkise, 188.

Spessartine, 55, 70, 173.

Sphène, 48, 69, 75, 76, 81.

Stibicosine, 181.

Stibine, 30, 112, 180, 181, 185, 188.

Superficie des terrains de la Haute-Vienne, 9.

Superphosphates, 169.

Syénite, 47, 73, 75, 81.

— feldspathique, 82.

— granitoïde, 81.

Talc, 27.

Talschistes, 10, 13, 26.

Tantalite, 52, 55, 70, 176.

Terrains primitifs, 16, 20, 21, 26, 28, 32.

— primaires, 124.

— quaternaires, 8, 17, 19.

— secondaires, 8, 16, 133.

— tertiaires, 8, 16, 152.

Tertiaire, (époque), 8, 16, 152

Titane calcaréo-siliceux, 48, 69, 75, 76, 81

— oxydé, 25, 36, 182.

Tongrien, 160.

Topaze, 55, 71, 177.

Tourbe, 164.

Tourmaline, 25, 37, 54, 69, 112, 173, 176, 178.

Trachytes, 162.

Travertin, 146.

Trémolite, 107.

Trias 8, 134.

Triphylline, 55, 176.

Triplite, 55, 70, 176.

Tufs, 165.

Tungstate de chaux, 178, 184.

— de fer et manganèse, 25, 48, 52, 55, 173, 176, 184.

Turonien, 150.

Turquoise, 187.

Urane hydroxydé phosphaté, 55, 70, 187.

— phosphaté cuprifère, 158, 175, 176.

Uranite, 55, 70, 173, 176

Uranocre, 70, 176.

Usage des calcaires primitifs, 108.

— chlorito-talschistes, 27.

— diorites et amphibolites, 79.

— gneiss, 32.

Usage des granits cristallins, 30.

— — granulitiques, 36.

— kaolins, 122.

— kersantons, 84.

— leptynites, 37.

— leptynolites, 43.

— micaschistes, 26.

— porphyres, 105.

— quartz, 118.

— roches du diluvium, 167.

— — secondaires, 151.

— — serpentineuses, 90.

— — tertiaires, 167.

— — volcaniques, 93.

— schistes phylladiens, 40.

— syénites, 82.

Variétés de calcaires primitifs, 108.

— diorites, 74, 80.

— gneiss, 30.

— granits, 50, 58.

— granulites pegmatoïdes, 66.

— houille, 127.

— kaolins, 120, 123.

— leptynites, 37.

— micaschistes, 25.

— minette, 42.

— pegmatites, 69, 72.

— porphyres, 95, 105.

— protogines, 61.

— quartz, 112.

— schistes phylladiens, 38 à 41.

— serpentines, 90.

— syénites, 82.

Variolite, 87.

Vermiculite, 86.

Villarsite, 50.

Vivianite, 55, 176, 177.

Wacke, 92, 127, 132.

Wavellite, 187.

Wernérite, 29.

Wolfram, 25, 48, 52, 55, 173, 176, 178, 184.

— tantalifère, 70, 176.

Wollastonite, 48.

Zinc sulfuré, 180, 189.

Zircon, 48.

Zwieselite, 176.

TABLE DES MATIÈRES

	Pages.
Au Limousin..	I
Introduction.......................................	II

LIVRE Ier

CHAPITRE 1

A — Relief du sol.................................	1
B — Distribution des eaux..........................	2
C — Composition du sol.............................	3

CHAPITRE II

Ordre de succession des roches et des terrains.......	10

LIVRE II

Roches et terrains

Division..	19

CHAPITRE I
Roches primitives

Schistes cristallins................................	20
A — Micaschistes.	
Composition. — Situation. — Etendue. — Altitude. — Direction. — Rapports.— Roches dérivées.— Localités. — Minéraux.— Echantillons d'étude. — Propriétés et usages..........................	21
B { Talschistes...... / Chloritoschistes.. / Chloritotalschistes }	26
C — Gneiss..	28
D — Leptynites......................................	32
E — Schistes phylladiens............................	38
F — Schiste ardoisier...............................	40
G — Schiste à séricite..............................	41
H — Schiste argileux................................	41
I — Minette..	42
J — Leptynolithe...................................	42

CHAPITRE II
Granits

Généralités. — Division.... 43
A — Granit cristallin.
Composition. — Situation. — Etendue. — Direction. — Rapports. —
Variétés. — Minéraux. — Echantillons à consulter. — Propriétés
agricoles. — Usages.. 45
B — Granit granulitique........ 50
C — Protogine.. ... 58

CHAPITRE III
Roches pegmatoïdes.................................... 62
A — Granulite pegmatoïde........................... 62
B — Pegmatite. 66

CHAPITRE IV
Roches amphiboliques.... 72
A — Diorite............................. 73
B — Syénite.................... 80
C — Kersantite.... 83

CHAPITRE V
Roches serpentineuses et diallagiques... 84
A — Serpentine.. 85
B — Variolite. 87
C — Diallagite........•.. 87
D — Eclogite. 88

CHAPITRE VI
Roches pyroxéniques.... 91
A — Roches volcaniques... 91
B — Aphanite, Wacke........... 92

CHAPITRE VII
Roches porphyriques......................... 94
A — Elvan................................ 95
B — Porphyres quartzifères, microgranulites.................... 97
C — Porphyre granitoïde........................... 98
D — Porphyres euritiques et pétrosiliceux..................... 98
E — Porphyre amphibolifère........................... 99
F — Porphyres bréchiformes...... 100
G — Porphyres celluleux................................ 100
H — Eurite et pétrosilex..................................... 101
I — Argilophyre............................. 102

CHAPITRE VIII
Roches accidentelles des terrains primitifs
A — Calcaire primitif, cipolin........................ 106
B — Dépôts et filons de quartz....... 109
C — Kaolins........ 118

CHAPITRE IX

Roches des terrains primaires..................................... 124
A — Cambrien 125
B — Silurien-Devonien................................... 126
C — Houiller et carbonifère.............................. 126
    Anthracite et houille................................... 126
    Bassins houillers de la Creuse et du Taurion................ 127
    Bassin de Saint-Michel-de-Veisse....................... 128
    Bassin du Cher.. 129
    Bassins de la Corrèze. — Dépôts de Lapleau, de Bort, d'Argentat, de
      Cublac et d'Allassac................................. 129
D — Permien.. 131

CHAPITRE X

Terrains secondaires.................................... 133
A — Trias, grès bigarrés.................................. 134
B — Série jurassique...................................... 136
    Lias inférieur, lias moyen, lias supérieur................ 137
    Oolithe... 145
    Oolithe inférieure, moyenne, supérieure................. 146
C — Crétacé.. 150

CHAPITRE XI

Terrains tertiaires.................................... 152
A — Eocène.. 153
    Eocène supérieur....................................... 154
    Oligocène... 155
    Oligocène sidérolithique............................... 159
B — Miocène... 160
C — Pliocène.. 162

CHAPITRE XII

Terrains quaternaires. — Diluvium....................... 163

CHAPITRE XIII

Epoque actuelle

Alluvions récentes, tufs, terre végétale, humus.............. 165
Propriétés et usages des terrains tertiaires et quaternaires........ 167

CHAPITRE XIV

Filons métallifères..................................... 172

HAUTE-VIENNE

Filons de la chaîne de Blond............................... 172
Filons subordonnés à cette chaîne......................... 174
Filons de Chanteloube.................................... 174
Filons de Puy-les-Vignes, de Mandelesse et de Népoulas....... 178
Filons wolframifères de la Creuse......................... 178
Filons divers : baryte, plomb sulfuré, stibine, fer, titane, mercure.......... 179

CORRÈZE

Minerais de bismuth.................................... 183
Minerais d'antimoine, de cuivre, de fer et de plomb............................. 185

CREUSE

Minerais d'étain.. 186
Minerais d'antimoine, de fer et de plomb.................................... 188

CHARENTE

Gisements divers de la zone de ceinture...................................... 188

DORDOGNE, INDRE, VIENNE, CHER

Fer et manganèse sidérolithiques... 189

Résumé.. 191
Index bibliographique.. 197
Errata... 198
Table alphabétique... 199

CARTES GÉOLOGIQUES

HORS TEXTE

N° 1 Carte des schistes et cristallins.
N° 2 — des granits et granits granulitiques.
N° 3 — des roches éruptives autres que les granits.
N° 4 — des roches primaires.
N° 5 — des terrains secondaires.
N° 6 — des terrains tertiaires.
N° 7 Cartes d'ensemble.
N° 8 Coupes diverses.

Limoges, imp. veuve H. Ducourtieux, rue des Arènes, 7.

APPENDICE

Aux minéraux que renferme le gisement bismuthifère de Meymac, il convient d'ajouter le cuivre et l'étain, découverts, il y a quelques mois, à proximité des anciens travaux. Les recherches dirigées par un ingénieur anglais, M. Treloar, dans le but unique d'obtenir le minerai stannifère, ont fourni des résultats encourageants.

L'étain oxydé, généralement associé au cuivre et au fer sulfurés, existe sous la forme de très fines granulations, invisibles à l'œil nu, dans une hyalomicte plus ou moins micacée. Le cuivre est assez abondant par place. On le trouve de préférence à l'état de sulfure, disséminé dans les joints et à l'intérieur du granit, et à l'état de carbonate vert, dans l'argile provenant de la décomposition des feldspaths. L'étain fréquente plutôt le greisen où il se montre seul le plus souvent, et quelquefois en association avec le cuivre pyriteux ou le fer sulfuré arsénical.

Certains échantillons de greisen très quartzeux, et d'autres, presque entièrement composés de mica, ont fourni à l'analyse 12 °/₀ de minerai.

Dans l'état actuel des travaux on ne peut préjuger l'avenir réservé au gisement. Mais un fait indéniable se dégage des recherches accomplies jusqu'à ce jour : c'est la présence de l'étain et du cuivre en un point où l'existence du bismuth et du tungstène avait été constatée antérieurement. D'un autre côté, la formation de Meymac se rapproche des autres formations stannifères de la région centrale par des caractères généraux communs que l'observation met en évidence. En effet, le greisen du gisement corrézien ressemble à s'y méprendre à celui de Vaulry. Cette roche est en outre subordonnée à un granit dur, gris ou rose, à mica noir dépourvu de forme cristalline, dont l'analogie avec le granit stannifère de la commune de Soumans est frappante. Enfin, une granulite rose à grain fin, plutôt feldspathique que quartzeuse, recueillie aux environs de la mine, affecte des caractères de structure et de composition à peu près identiques à ceux que présentent l'elvan de Montebras et la granulite à étain tantalifère de La Chèze.

Ces analogies remarquables conduisent aux conclusions suivantes, à savoir : 1° que l'existence de l'étain à Meymac est la conséquence logique de la constitution du gisement et de la nature de ses matériaux ; 2° que si ce minéral s'y trouve, aux points explorés, à l'état de dispersion et en quantité minime, il y a des probabilités pour qu'on le rencontre, sur d'autres points, en proportion plus forte et même, peut-être, en filons productifs exploitables.

TABLE DÉTAILLÉE DES CARTES ET DES COUPES

Cartes

	Pages
CARTE générale (1)...	1
— des schistes cristallins....	32
— des granits et granulites.	48
— des roches éruptives et volcaniques.	80
— des terrains primaires et du trias..	128
— des terrains secondaires moyens.	144
— du crétacé et des terrains tertiaires.	160
— des gisements métallifères.	176

Coupes

PLANCHE I. AB. — Par Limoges et Tulle.	
— CD. — Par Guéret et Meymac.	
PLANCHE II. EF. — De Périgueux à Montluçon	210
— GH. — De Monthron à Clermont-Ferrand	
PLANCHE III. IJ. — Suivant la méridienne 1° 10' O	

(1) Un dérangement dans le report sur pierre a modifié d'une façon sensible l'emplacement des terrains secondaires inférieurs et des alluvions. Le lecteur voudra bien faire la part de cette erreur de lithographie, et rétablir ces terrains aux points qu'ils doivent occuper le long des cours d'eau.

Coupes suivant des *Plans verticaux*

Echelle des distances horizontales $\frac{1}{160.000}$ Echelle des hauteurs verticales $\frac{1}{12.000}$

N.O. 33°23'30" S.E.

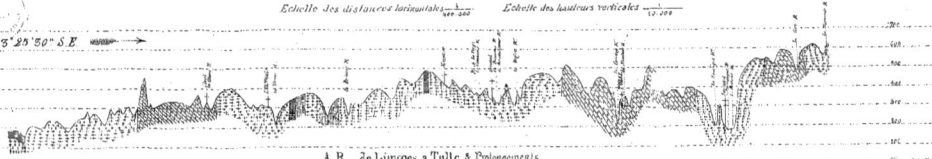

A.B _ de Limoges a Tulle & Prolongements.

N.O. 16°42' S.E.

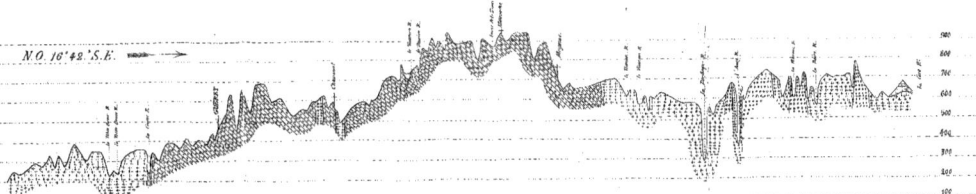

C.D _ de Guéret à Meymac & Prolongements.

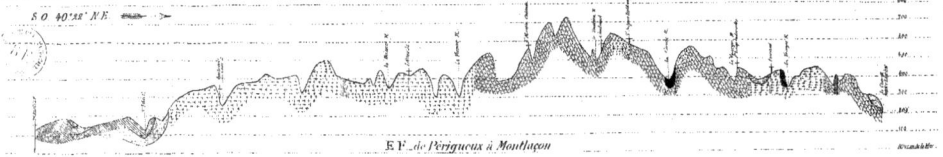

E.F _ de Périgueux à Montluçon

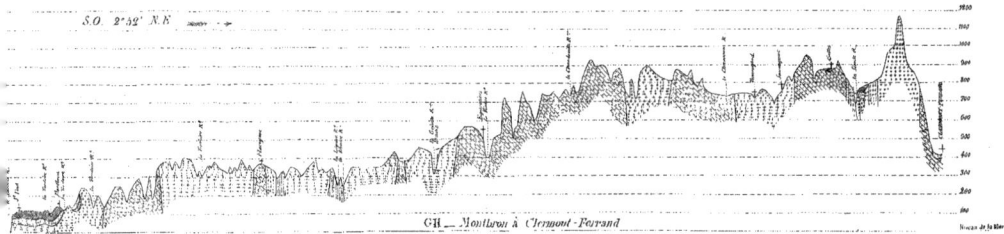

G.H _ Montluron à Clermond-Ferrand

IJ _ suivant laméridienne par l'IO.°. _ Ouest

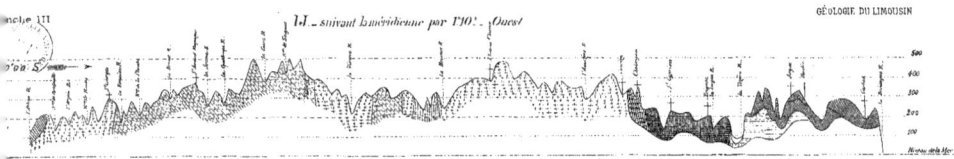

500
400
300
200
100
Niveau dela Mer.

LÉGENDE

Alluvions	Lias & Infralias	Schistes cristallins
Pliocène	Trias	Diorites-Amphibolites
Miocène	Permo Carbonifère	Serpentines
Éocène	Houiller	Porphyres
Crétacé	Cambrien	Roches volcaniques
Jurassique supérieur	Granite Granulites	

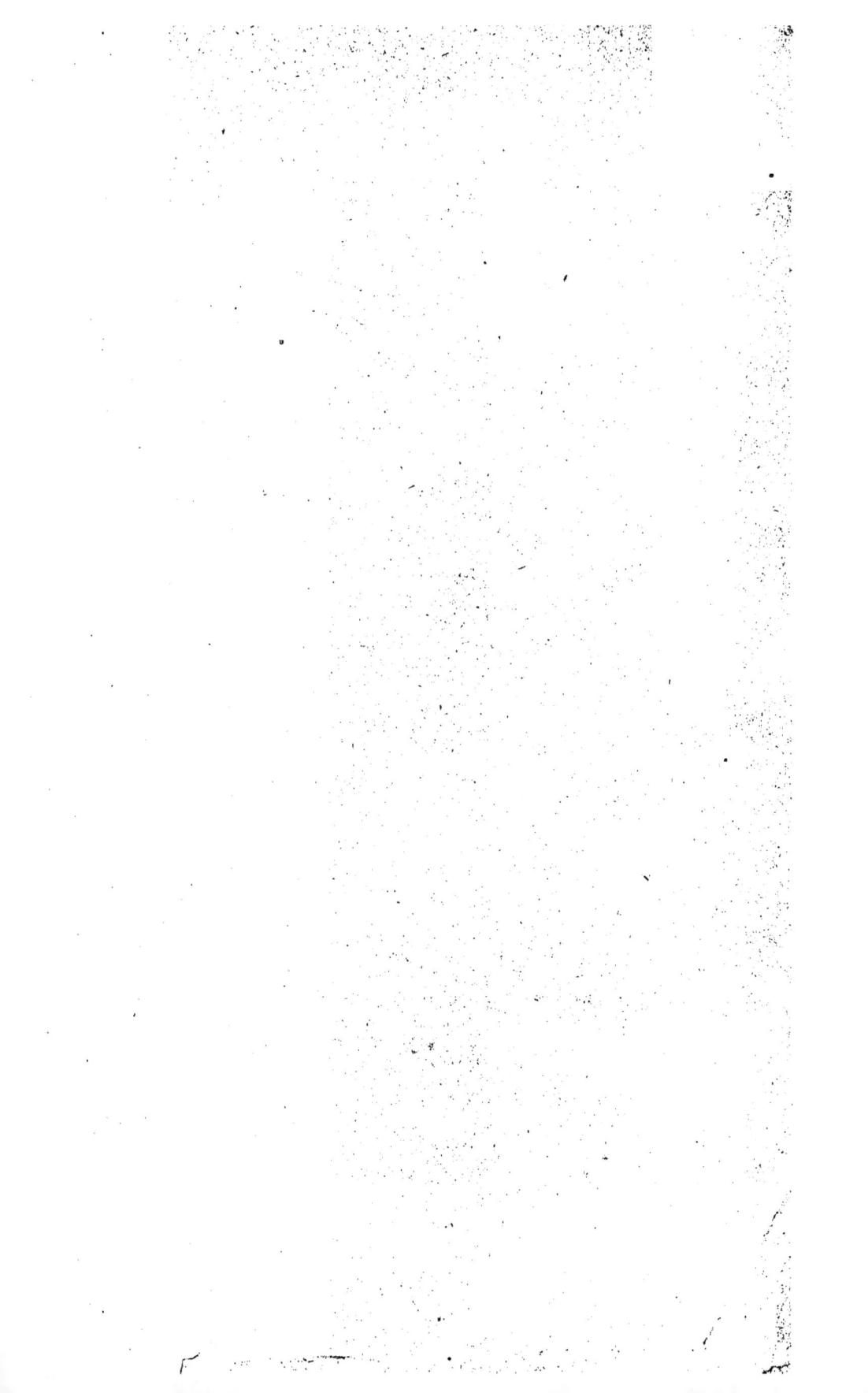

Librairie V° H. DUCOURTIEUX, Limoges

EXTRAIT DE LA BIBLIOGRAPHIE LIMOUSINE

Le Gay-Lussac, revue des sciences et de leurs applications, journal mensuel illustré. — In-8 raisin, orné de gravures. Six années parues L'année... . 6 fr.

Le Limousin médical, journal mensuel de la Société de médecine et de pharmacie de la Haute-Vienne. — In-8. Quinze années parues. L'année... 5 fr.

Le Règne végétal, revue mensuelle publiée par la Société botanique du Limousin, organe du Muséum du Limousin. — In-8°. Deux années parues. L'année.... .... 3 fr.

Bulletin de la Société archéologique et historique du Limousin. — In-8 orné de gravures. Quarante volumes parus. L'année. 7 fr.

Mémoires de la Société des sciences naturelles et archéologiques de la Creuse. — In-8. Six volumes parus.

Bulletin de la Société des lettres, sciences et arts de la Corrèze, siège à Tulle. — In-8. Treize volumes parus.

Bulletin de la Société scientifique, historique et archéologique de la Corrèze, siège à Brive. — In-8. Treize volumes parus.

Bulletin de la Société Les Amis des sciences et arts à Rochechouart. — In-8. Un volume... .. .. 6 fr.

Commission météorologique de la Haute-Vienne, comptes-rendus annuels, par Paul GARRIGOU-LAGRANGE. — In-8. Quatre volumes parus.

Carte géologique de la Haute-Vienne, par A. MALLARD.

Carte géologique de la Corrèze, par de BOUCHEPORN.

Carte géologique de la Creuse, par P. de CESSAC.

En Limousin, dessins de MM. J. de VERNEILH, Ernest RUPIN, Jules TIXIER, Ch. BERNARD, Michel SOULIÉ, G. FORESTIER, etc. Texte de M. René FAGE.

Album historique et pittoresque de la Creuse, par P. LANGLADE.

Le Limousin, Haute-Vienne, Creuse, Corrèze. Notices scientifiques, historiques et économiques. — 1 vol. grand in-8 orné de 100 gravures et de 12 cartes.. .... 6 fr.

Nontron, par RIBAULT DE LAUGARDIÈRE. — 1 vol. in-8................ 5 fr.

Annales manuscrites de Limoges, dites manuscrit de 1638, publiées par Emile RUBEN, Félix ACHARD et Paul DUCOURTIEUX. — 1 vol. in-8. 10 fr.

Le vieux Tulle, par René FAGE, avec dessins de MM. Ch. BERNARD, P. CAPPON, G. FORESTIER, E. RUPIN, M. SOULIÉ et Jules TIXIER. — 1 vol. in-8... . 7 fr. 50

L'OEuvre de Limoges, par Ernest RUPIN. — Deux volumes grand in-4°, ornés de plus de 600 dessins ou chromo-lithographies,............ 100 fr.

Les émaux peints à l'exposition rétrospective de Limoges en 1886, par Louis BOURDERY. — 1 vol. in-8 orné de 3 planches... 4 fr.

L'art rétrospectif à l'exposition de Limoges, par Louis GUIBERT et Jules TIXIER. — 1 vol. in-8 orné de 103 gravures . ... 10 fr.